公元787年，唐封疆大吏马总集诸子精华，编著成《意林》一书6卷，流传至今
意林：始于公元787年，距今1200余年

一则故事　改变一生

意林青年励志馆

先有公主梦，再修女王心

《意林》编辑部 编

吉林摄影出版社
·长春·

图书在版编目（CIP）数据

先有公主梦，再修女王心 /《意林》编辑部编. --长春：吉林摄影出版社, 2017.1（2024.3重印）

（意林青年励志馆）

ISBN 978-7-5498-2825-8

Ⅰ.①先… Ⅱ.①意… Ⅲ.①女性–修养–青年读物 Ⅳ.①B825.5-49

中国版本图书馆CIP数据核字（2016）第291115号

先有公主梦，再修女王心　XIAN YOU GONGZHUMENG，ZAI XIU NÜWANGXIN

出版人	车　强
主　编	顾　平　杜普洲
责任编辑	吴　晶　王维夏
总策划	徐　晶
丛书统筹	吕　娜
策划编辑	吴　双
设计总监	资　源
封面设计	资　源
美术编辑	郭　宁
封面绘图	XuAn
开　本	889mm×1194mm 1/16
字　数	350千字
印　张	11.5
版　次	2017年1月第1版
印　次	2024年3月第6次印刷

出　版	吉林摄影出版社
发　行	吉林摄影出版社
地　址	长春市净月高新技术产业开发区福祉大路龙腾国际大厦A座17楼
	邮　编：130117
电　话	总编办：0431-81629821
	发行科：0431-81629829
网　址	www.jlsycbs.net
经　销	全国各地新华书店
印　刷	河北盛世彩捷印刷有限公司

书　号	ISBN 978-7-5498-2825-8	定　价　24.90元

启　事

本书编选时参阅了部分报刊和著作，我们未能与部分作品的文字作者、漫画作者以及插画作者取得联系，在此深表歉意。请各位作者见到本书后及时与我们联系，以便按国家相关规定支付稿酬及赠送样书。

地址：北京市朝阳区南磨房路37号华腾北搪商务大厦1501室《意林》编辑部（100022）

电话：010-51900482

版权所有翻印必究

（如发现印装质量问题，请与承印厂联系退换）

目 录 CONTENTS

青年励志馆
先有公主梦，再修女王心

我的美丽，是你无法替代的姿态

当优秀成为一种习惯……	一只特立独行的猫 002	"不够美小姐"的独白……	荞 麦 012
成为一个精神上优秀的人……	周国平 002	光优秀还不够，你是否无法替代……	李尚龙 013
认真的人连刷牙都用力……	蒋初一 003	形象永远走在能力前面……	杨 澜 014
自卑的人更容易强大……	毕淑敏 004	牙套记……	张庆琳 015
你去闯荡吧，我更喜欢安逸……	赤木与森 005	简单，就是风情万种……	艾小羊 016
我想红，有错吗……	李筱懿 006	你的容貌，就是生活待你的样子……	唐嘟嘟 017
以貌取人，取的是什么……	河边的少女喵 007	玫瑰从来不慌张……	李筱懿 018
笨笨的"女主角"为什么获得男神的青睐 …	语嫣欧尼 008	不漂亮但很有魅力……	曲玮玮 019
限量版人生……	黄竟天 009	年轻时，谁不曾一本正经地浪费时光……	吴浩然 020
女汉子的高跟鞋……	蔡 婧 010	去活出生命的美感……	李月亮 021
你不必讨好每个人……	彭小玲达达令 011	追求有灵气的自己……	林清玄 022

昂首绽放，永远不会活在框框里

男生的长相到底有多重要……	刘 同 024	不自虐，怎能拥有酣畅快意……	淡淡淡蓝 030
自卑也是一种十足强大的力量……	国 馆 024	你不需要相信任何人对你的评价……	Joy liu 031
那一年我的开学季……	马海霞 025	不要在别人的目光里变得平庸……	薛瘦脱 032
读书这件事……	马 云 025	我们是不是真的不如别人……	孙晴悦 033
约等于女神……	檐 萧 026	我人生中最重要的那一年……	林清玄 034
找一个迷人的理由……	［美］丹尼斯·魏特利 027	宝藏……	［乌克兰］肖洛姆·阿莱汉姆 034
你只是看起来爱读书……	李月亮 028	再艰难，也要笑给别人看……	蓑衣 035
一个数学奇才的浪漫情书……	化 君 029	曾以为，人生无法改变……	药师兜 036

我就是想要最好的	黎饭饭 037	做一个怪人有什么不好	July鲸鱼 042
请做取悦自己的贵族	张小娴 038	等等身后的灵魂	张 前 043
求求你别再把悲情和苦难当佳话	曹 林 039	所谓天生的不足，都和自己有关	李尚龙 044
优秀才是你的发言权	杨熹文 040	求人不如求己	林清玄 045
所谓素质，不过是细节	远 方 041	为什么你总是得不到你想要的	竹 芒 046

活得漂亮，世界才会把你温柔相待

姑娘，生活中没那么多女士优先	花绚水静 048	对着镜子练习笑，让我变成了一个爱笑的人	任性学 060
风骨	荆 墨 048	要有改变的能力，也要有适应的心态	李尚龙 061
变成一个自己喜欢的人	刘 同 049	优质普通人	李筱懿 062
让一切变得更好	冯 仑 050	少女心是一种超能力	巫小诗 063
给生活点缀一朵花	张君燕 051	可以慢，但不能停	沈十六 064
站着的乞讨者	雾满拦江 052	自律生活，散发优雅的光芒	子 沫 065
相信一双清澈的眼睛	孙健勇 053	你对生活认真，生活才会还你热情	沐 沐 066
我二十岁过得很不好，但我不会一生过得都不好		重的东西，要轻轻地放	桃花石上书生 067
	伊 心 054	穷治好了我那么多的"病"	杨熹文 068
只有你活得漂亮了，世界才会把你温柔相待		巴黎地下	冯骥才 069
	王 珣 055	教养是让别人舒服，自己也不苟且	陶妍妍 070
是不公平，那又怎样	傅首尔 056	门风与涵养	于 丹 071
船到桥头未必直	刘 墉 057	留着所有的力气变美好	孙晴悦 072
是啊，我自卑	Celia 058	把心安顿好	周国平 072

真正的修养，能抵抗世间所有的不安

偷钱记	卑屈的猫格 074	你所有的偏见，都只是因为你还未达到那个层级	
既然不能随便拿别人的东西，那郑重接过来好了			夏至未眠 079
	张嘉佳 075	别人的房间	艾小羊 080
远离让你感到自卑的人	林特特 076	咸也好，淡也好	林清玄 080
为自己挑好一点儿的敌人	陶瓷兔子 077	美人有态	张凌凌 081
讨人喜欢，比长得好看更重要	蔡康永 078	一辈子怀揣少女心	残小雪 082
一事精致，便能动人	李林泽 078	甜甜的诱惑	未 羊 083

葆有初心	张　丹	083
好的生命状态比选择更重要	晓　秋	084
音量显示你的出身环境	刘　墉	085
会"遗传"的幸运基因	肖　卓	086
舍得，舍不得	蒋　勋	087
善待自己，体现在生活的每一个细节里	柳主任	088
善忘者明	叶春雷	089
你到底会不会聊天	李筱懿	090
守得安静，才有精进	倪志良	091
一半为生计，一半为生活	梅　素	092
吐丝的蜘蛛与吐丝的蚕	黄小平	092
被"富养"长大是什么样的感受	林一芙	093
可以不漂亮，但你得有质感	徐　嘤	094
会夸人的女孩子，运气才真的不会差	鹿十七	095
别再以貌取人了	摇铃铛	096
真正拉开差距的是低潮期	丰言丰语	097
想像蔡康永一样会说话吗	佚　名	098
晒书也有鄙视链，这样晒才能脱离低级趣味	宋　彦	099
自律，才是真正的高修养	简·爱	100
我矮，所以你得低头啊	江　罗	101
嫉妒的A面	张晓晗	102

高贵的气质，来自不辜负自己的奋斗

有一个拿得出手的兴趣爱好有多重要	蜜丝赵	104
自然领袖	王鼎钧	105
那些为颜值加分的事	林特特	106
如何把一所普通大学读成名校	朱　东	107
别做恃爱行凶的人	入江之鲸	108
看得见幸福才能享有幸福	毕淑敏	109
别人的青春	林深之	110
毫不费力的美	子　沫	111
寂寞是最好的增值期	李尚龙	112
读书才是最好的美容	毕淑敏	113
你的努力有一斤，还是八两	夏苏末	114
外物轻重	张远山	114
阅读能改变你一生的风格	傅佩荣	115
牛津大学：录取学生主要看气质	聂雨辰	116
生命在阅读中高贵与优雅	池　莉	117
善用被监禁的时间	吴淡如	118
教你一个让自己变优秀的办法	赵晓晴	119
精致就是把钱花在小事上	艾小羊	120
如果你躺在那里，是不会有人把世界给你的	王迟迟	121
所有的惊艳，都来自有所准备	吃饱了睡	122
阅读的最大理由是想摆脱平庸	余秋雨	123
慢慢来才是人生那条可走的"捷径"	夏苏末	124
你可以不平凡	周杰伦	125
真正的情商高手，用聆听征服世界	剑圣喵大师	126
法式人生观	樊　博	127
四大名著，中国人的四种修行	儒风大家	128
拼才华的古代花美男	夫　子	129
当我们大学忙着恋爱时，德国学生在干吗	佚　名	130
读书与美丽	严歌苓	131
每一刀的敬畏	李晓燕	131
专注是一种生活态度	梁文道	132
村上春树与女收银员	孙建勇	133
下班后的生活，改变了人一生	李尚龙	134
"第一网红"Papi酱：做自己喜欢的事是制胜法宝	张临军	135
如何成为一个有趣的人	个人的体验	136
不当一生的灰姑娘	吴淡如	138

深爱着生活，终将被生活所深爱

篇目	作者	页码
漂亮的女人惊艳世界，伟大的女人改变世界	路人甲	140
学会放下	林清玄	141
喝青蛙汁的穷游女孩	孙建勇	142
脱下裙子，才知道她的美	柯玉生	143
千万不要期望全世界的人都喜欢你	张艾嘉	144
人生不该在小节上浪费工夫	蔡澜	145
极限民：生活的主角不是物品	马峥	146
最坏的结局，不过是大器晚成	王宇昆	147
复旦女神严幼韵：每天都是好日子	津田	148
自由是枷锁中最粗的一条	吴淡如	149
带67本书去隐居	翁家研	150
八年学会一堂课	杨梅	151
鲁迅、老舍、金庸凭什么是大师	孔庆东	152
隔天的"谢谢"	［日］松浦弥太郎	153
一世得体	刘若英	154
限量感动	子沫	155
出身不好，还有一条路可以通往高贵	沐儿	156
一个人成熟的标志是什么	周国平	157
英国首相怎么跟人吵架	安光系	158
什么是民国范儿	许纪霖	159
真正的优雅，能抵抗世间所有的不安	慕容素衣	160
我身边那些伟大的人	闫红	161
做更好的自己	李筱懿	162
从战痘开始聊起	辛晓阳	163
越努力的时候，越不要让自己变难看	杨熹文	164
品位到底是什么	张嘉玮	165
高贵，缘于羞涩	茵茹	166
把小事做好的人，生活总不会亏待他	洋气杂货店	167
内在的洁净	毕淑敏	168
人活两个"我"	米丽宏	168
满脸胡须的姑娘也很美	方湘玲	169
从汪涵给我开门说起	冯小凤	170
只有自己足够"怪"，生活才会够滋味	石顺江	171
我可以接受失败，但不能接受不去尝试	杨澜	172
每一种怒气都有一致的本质	吴淡如	173
孤独的人养着一只精神的孔雀	谢海云	174
一个人和三个人称	周国平	175
留白	问远	175

我的美丽，是你无法替代的姿态

  小学的时候，我喜欢粉红色的连衣裙，有蓬松的喇叭袖，腰间镶着美丽的蕾丝，头上总是扎着大大的发球，还一定要穿上画有魔法公主的鞋子；初中的时候，我喜欢彼得潘领的白衬衫，绑上利落的马尾辫，配上一双英伦风的牛津鞋；高中的时候，我喜欢干干净净的校服。

  时光卷走他人的故事，我们只剩下自己，我知道不管自己多少岁，都要美丽、要善良、要宽容、要美好。

当优秀成为一种习惯

□ 一只特立独行的猫

表姐曾在上海一家很大的国际广告公司工作,风光无限。但后来因为想要离家近点儿,以便照顾父母,于是回到了家乡的小城市。远在北京的我替她感到十分可惜。

表姐丝毫没有懈怠,前前后后去了好几个当地比较有名的企业。她习惯了以公平竞争为核心的大城市公司,对家族企业显然不是太适应。即便这样,她还是很努力地一边改变自己,一边寻找适合自己的地方。终于,她在当地一家著名的特产生产公司落住了脚。

作为广告总监,几年来,表姐为这家公司打造了全城的广告投放。她问我最多的就是最近行业里有什么好书,有什么好的资源能分享给她。

去年,表姐换了一家更加高大上的公司做副总,此时的她,无论是收入还是社会地位,都算得上当地的上层人群了。可她依然非常努力地工作,下班后继续读书。她经常跟我交流读书心得。很多书,我也有,可我都摆着没看。

其实我在北京的工作跟表姐差不多,但是很显然,我没她努力,也没她勤奋。

我觉得我在大城市里,又在行业里最好的公司,只要跟着大家一起混着,就不会太过掉队。在北京这么多年,仗着北京资源丰富,我就觉得这一切都是自己的。

其实并不是。那么多博物馆,我去过的不超过三个;那么多旅游胜地,我去过的不超过五个;周末那么多的同城活动——书友会、名人见面会、话剧表演音乐会,我也没看过几场……你看,城市再大,资源再多,你不参与,只在自己的小世界里打转,跟在小地方有什么区别?

老家的人们习惯了安逸,上班得过且过,下班吃喝玩乐,晚上八九点就洗漱准备睡觉。而表姐经常晚上11点还没下班,下了班在这个时间也是看书。她把在上海的工作标准带回了老家,即便周围人都晃晃悠悠得过且过。表姐对自己和团队要求却非常高,所以,她的团队非常有干劲儿有士气,和她一样优秀。表姐在大城市待过,深知小城市里资源匮乏,但环境不动,人可以动。她经常自费去上海、香港参加各种行业会议和培训。没有资源,就自己出去找资源;没有人给你掏钱,就自己给自己投资。

她不仅广泛读书,还坚持做笔记,把书中的内容与自己的工作融会贯通,学以致用。

任何一个城市、一个公司、一个老板,都不会拒绝勤奋用功、热爱学习、自我要求高的人。当你回到小城市抱怨日子无聊没劲儿、生活没有希望的时候,多半是因为你自己放松了标准。

大城市很大,好公司很多,但只有自己在其中参与并成长了,资源才是自己的。生活,在哪里都可以忙碌地奋斗,在哪里也都可以安逸地享受。当别人在吃喝玩乐的时候,你是坚持最久、最用功的那一个,你一定有出头的那一天。

成为一个精神上优秀的人

□ 周国平

所谓人文修养,是指一个人通过教育和自我教育,使之为人的那些精神禀赋得到很好的生长,成为一个精神上优秀的人。

阅读是与历史上的伟大灵魂交谈,借此把人类创造的精神财富"占为己有"。写作是与自己的灵魂交谈,借此把外在的生命经历转变成内在的心灵财富。信仰是与心中的上帝交谈,借此积聚"天上的财富"。这是人生不可缺少的三种交谈,而这三种交谈都是在独处中进行的。

阅读是个人的精神生活,一个真正有阅读爱好和习惯的人,必定是自己选择适合他的精神食粮。使我反感的正是现在这种由强势媒体主宰多数人阅读取向的局面,一段时间里人们一窝蜂全去读某一个作家或某一本书,我在此意义上称之为"大众文化消费",定性非常准确,一点儿没有冤枉他们。

一个不读书的人是没有根的,他对人类文化传统一无所知,本质上是贫乏和空虚。

认真的人连刷牙都用力

□ 蒋初一

上了大学我第一次住集体宿舍，草莓是我们寝室最小的妹子，也是她们班综合分第一名。新生会上，草莓主动发言说自己希望从幕后专业走到台前，她之前学过播音，迫于身高没有考上主持系。

第一次见面，我不喜欢草莓，觉得她是一个野心太重而且不自知的女孩子，跟她交流也只是敷于表面，我不是很想跟她深交。

刚认识的时候，草莓每天都化妆，我好奇她比我齐全的瓶瓶罐罐，草莓会把我按在椅子上，强行给我化妆。草莓学播音的时候跟老师学过化妆，连眉毛尾端都修得整整齐齐。寝室里其他两个女生自己琢磨着化妆，经常把睫毛膏涂晕，遮瑕也会留一点儿没有抹匀，这样的事情在草莓身上一次都没有发生过，她的动作干净利落，完成后会对着镜子仔细端看。

我开始关注草莓，不管是学习还是生活，她都充满活力与自信，并且非常认真仔细，这是一个学霸的必备技能，这也是我第一次与学霸的亲密接触。

在学校，草莓经常去上表演课，第一次作业是模仿动物，老师要求每个人都去动物园观察。于是第二天草莓起得很早，去海洋馆看海豹表演，回寝室后她把袜子套在手上，整个人就趴在地上打滚。为了表演得更生动，草莓要我们演游客，做投食、逗弄的动作，她接下了我做的每一个动作，连面部表情都模仿得很像。回课后，草莓说老师只给了一般的评价，并没有表扬她，被表扬的同学模仿的是狗，越生活就越困难。有一次表演课，课堂练习是"丑"和"骚"，草莓抽中了"骚"。撩头发、摆"S"形、把领口拉到肩，草莓做了自己能做的最大胆的动作，但老师依旧不满意。老师说："还不够到位。"

我记忆最深刻的就是有次学校表演，角色需要一个比较胖的姑娘，于是草莓就每天吃高热量的食物，并且一天要吃好几顿，对于大学生来说，体重最重要了。许多女生为了美都不吃饭，而她可以为了一个配角就放弃自己的外形。

很多时候，表演不是凭着字面上的意思乱演，写文章需要解题，表演同样需要。草莓在表演课上跌倒了太多次，学什么都得不到好评，再怎么努力都得不到老师的认可，我以为她会颓靡下来，或者多抱怨几句，可是没有。我也经历过这种事情，我把最好的给你，而你却说它一文不值，如果是我，我早就怒火中烧，可是草莓仍旧每天充满活力，丝毫没有抱怨老师的意思。

草莓学的专业实践性比较强，所以她们班的同学基本上不怎么学理论，更多的是体验生活，换句话说，就是天天在外面潇洒度日。我们学校没有门禁，草莓完全可以跟同学们玩到凌晨再回来，但她从没有这样做过。排练完小品，草莓大部分时间都在寝室里，她会在我敲键盘的时候读英语，让我在完全忘记英语这门课之前敲醒我，她正在为这门课认真复习。

期末考试前，草莓整理了一本思修笔记和近代史笔记，这两门课开卷考试，上课听课的人几乎为零，而草莓就是不被"几乎"包括进去的那一丁点儿人。查分，草莓门门优秀，我门门都差那么一点儿。"学霸"从我的嘴里说出来，再没有了嘲讽的意思。

放假回家前的最后一个晚上，我和草莓站在一起刷牙。我刷了一会儿就漱口吐泡沫，起身擦干嘴，再看草莓，她还在刷牙。草莓对着镜子非常用力地刷着口腔里的每一个角落，似乎牙刷每天都会经过同样的路径，少刷一块地方、少刷一秒钟都不可以。我擦了擦手，吞下了快说出口的那句"你怎么刷这么长时间啊"，我已经得到了答案。认真的人做每一件事情都仔细，不光是对待学习，刷牙都不算是一件小事。

自卑的人更容易强大

□ 毕淑敏

关于自卑，心理学家阿尔弗雷德·阿德勒讲过这样一个小故事。有三个小朋友，第一次到动物园去，他们被狮子的威严吓坏了。一个小朋友躲在妈妈的背后说："我要回家。"另外一个小朋友脸色苍白，但他仰着头说："我一点都不害怕。"第三位小朋友恶狠狠地瞪着狮子，问妈妈说："我能向它吐口唾沫吗？"

这三位小朋友当中，谁在狮子面前表现出自卑了呢？这三个孩子实际上都怕，都自卑，但每个人都根据自己的生活方式，以自己的方法表达了这种感觉。

"自卑情结"是个体心理学最重大的发现，自卑感是人类处境得以改善的原因所在。因为你认识到了自己的无知，意识到了自己需要为将来有所准备，你才可能更加努力和进步。自卑本身并不是耻辱，但如果久久地挣扎在自卑当中不能自拔，成了很大的压力，这就成了一个问题。

阿德勒说："许多人，当问到他们是否觉得自卑时，他们会回答没有。有的甚至会说，正好相反，我觉得自己比周围的人要高出一筹啊。"

一个高傲自大的人，他心里想的是：别人很可能会忽视我，我要让大家看到，我可是个人物。一个人说话的时候手势很夸张，他心里想的很可能是：如果我不拼命强调的话，我的话就会没有力量。

同理，如果谁穿了一件新衣或是名牌鞋子在大家面前走来走去，生怕别人看不见，很可能掩盖的是曾被忽视的自卑。由于他的自卑，就产生了夸张的补偿行为。

小时候，我性格内向，害怕当众讲话，也曾因为自己的外语成绩不好而自卑。中学时就读于北京外国语学院附属学校，很多同学从小就受到外语的熏陶，可我父亲是军人，连一句外文的"你好"都不会说。因为这种自卑，有一段时间，我每天上课想的就是怎样才能有几门功课不及格，转到外校去。

我还因为自己身高体胖而自卑。每逢到街上买衣服的时候，售货小姐歧视地一瞥，对我说：这里没您能穿的号，到别处去看看吧。我都生出羞愧之感，好像买不到衣服是自己的错。

不敢当众讲话一事，后来我仔细分析过原因，其实就是追求完美，生怕自己给人留下不好的印象。我就对自己说，我就是这样一个人，有优点也有缺点，尽量把自己的观点发挥出来，就算完满完成了任务。我不再希求夸奖，讲话时的紧张和自卑情绪就有了很大的转变，甚至有人说，我看你发言的时候，从容淡定，十分沉着啊！只有我心里才知道自己走过怎样艰难的历程。

关于外语成绩一事，心想反正我已经做好了转学的准备，在转学之前，就破釜沉舟地努力一次吧。这样想之后，"无望一身轻"，每天轻轻松松地学习，居然很快就名列前茅了。

关于胖到买不到衣服一事，我想这不是我的错，是工厂和商家想得不够全面，不够人性化。

毕竟人是各式各样的，我们还有很多重要的事情要做，不必因为别人而扰乱了自己的心绪。

俗话说，魔高一尺，道高一丈，自卑在哪里出现，咱们就在哪里把它化为力量。每一片树叶都有自己存在的理由。

你去闯荡吧，我更喜欢安逸

□ 赤木与森

我的朋友是一个很简单的人，简单到几句话就能讲清楚她成长至今二三十年的履历。

她出生在一座不知名的城市，一路读的是非重点小学、初中，直到高中毕业，留在省内读了一所二本学校的普通专业。毕业后回家找了一份普通的工作，养活自己之余还能存一点儿救急钱。然后她遇上了一个对她特别好的男朋友，已经准备挑个良辰吉日把自己嫁出去。

工作生活舒适安逸，但她却慌了。原因是年前参加朋友聚会时，她发现以前的同学都在大城市里打拼，他们"朋友圈"里的生活似乎非常精彩。

唯有她整天在朋友圈里发发猫狗，下班和男朋友吃吃饭，周末还能睡个懒觉看看电影，有种未曾努力拼搏，岁月就已经静好的感觉。她慌不择路地跑来问我，她是不是也应该抛弃安逸跑去闯一闯。

老实说，看到她来问我的时候，我有点儿蒙。因为她是朋友圈里很多人羡慕的对象，并不只是羡慕她的生活安逸，而是羡慕她能发自内心地享受安逸。

她整天只发猫猫狗狗，是因为她在当地的流浪动物收容所做义工，她说自己工作不忙，但其实她再忙也不在朋友圈唉声叹气，她说自己整日只和男朋友在一起吃饭，其实他们的甜蜜和怡然自得不刻意表达也会满溢出来。可是现在，我们有多羡慕她，她就有多慌张。

我思考了一下，发自内心地对她说："你对自己现在的生活满意吗？"

她有点儿为难，停顿了一下才开口："我其实挺满意的，但是我很慌，我觉得所有人都在拼命努力，只有我一个人过早地享受安逸。"

她搅了搅咖啡，继续说："现在的社会，好像不拼命努力就是一种罪过。"

语毕，她想了想又补充了一句："你的文章里不是说，不要在二十岁的时候过八十岁的生活，你也一直提倡拼搏吧？"

我忽然有点儿自责，现在像我这样的作者实在是太多了，他们总是在自己的文字里拼命地填充正能量，鼓励所有举棋不定的人趁着年轻去拼搏，告诉大家"年轻就是要闯荡，青春就是要奋斗"。

然而却一直都忽视这样一部分人，他们发自内心地享受安逸，他们喜欢慢节奏的生活，喜欢早成家享受天伦之乐，喜欢在家乡这种不算大却离爸妈更近的地方工作，喜欢工作之后给自己留下余地放松身心，喜欢一年一次外出旅行去别人的故乡感受陌生的熟悉。可是这部分人却被朋友圈里整日刷屏的"鸡汤"数落成不思上进。他们开始怀疑自己的选择是否正确，是否没有过上年轻人该有的生活。

对不起，我该给你们道歉。我现在可以告诉你，你这样的生活，你自己的选择，没有错。

现在每个人都嚷嚷着要活出自己的精彩，活出自己喜欢的样子，这话没错。可你也要明白，安逸的生活也是自己喜欢的样子，妥帖的小日子也有它独特的风景。精彩是相对而言的，生活是活给自己的，不是晒在朋友圈等待一个个点赞的。

有人将精彩定位成"功成名就家财万贯行万里路"，你也可以把它定位成"平平淡淡柴米油盐读万卷书"。他征服他的星辰大海，你沉醉于你的厨房与爱，这两种选择无关贵贱，不分高低。

何况，在小城市不代表安逸，在大城市不代表精彩，你在小城市充实快乐，或许你羡慕的人正在大城市孤独寂寞。要知道，无论什么时候，你所处的地方都与你过得精彩无关。评价自己不需要和他人相比，时刻记得"此心安处是吾乡"就足够了。

最后，我告诉我的这位朋友："只要你享受现在的生活，就请继续肆意地活着，没人能要求你必须闯荡江湖，我也始终捍卫你享受安逸的权利。"

我想红，有错吗

□ 李筱懿

曾经有档节目准备邀请我做心理老师，先发来一段被点评的视频。视频的主角是一个在横店做演员的女孩。和身边绝大多数普通姑娘一样，她独自漂泊多年，抱有一腔明星梦，在各种各样的影视剧里跑龙套，从20岁跑到29岁，有一点儿积蓄和一套属于自己的小房子，独来独往自得其乐，只是没有男朋友，作为一个大龄女青年因为婚事而被父母唠叨，所以，她上节目找男友。

她娓娓叙述着自己的经历，思路清晰，谈吐良好，编导问她最大的梦想是什么。这时，她才流露出难得有些情绪起伏的样子，双手交叉，紧紧互握了一下，很真诚地看着镜头，略微有点儿不好意思地说："我想红。"视频到这儿就结束了。很显然，是故意到这儿结束的。以至于视角是并不特别友好的俯视。

编导打来电话："老师，您觉得这个人物的标签是什么？能不能设定成普通姑娘距离明星梦有多远，提醒女孩们过得现实一点儿，然后现场你再做一些解读，问她一些相对尖锐的问题。"

我听完后很老实地说："我不喜欢这个预设的立场。"是的，我不太喜欢这段带着自以为是的精英视角，有点儿嘲讽小人物的努力的视频。

我不喜欢故意让一个没有任何过错的女孩在大庭广众下出丑，再断章取义成所谓的"爆点"，当了12年媒体人，我了解"炒作"的方式和威力，但是，正因如此，我才更尊重一个人原本的面貌和真实的心愿。

我对编导说："你是否觉得这个设定太武断？因为她是个普通人，即便她在自己的基础上尽力，即便她的愿望有点儿不切实际，我们就要选择否定和嘲笑她吗？"

编导小声地说："可是，她怎么可能红？"

我客气地结束谈话没有再争论，知道又遇上了我们生活中最常见的"资源歧视"——因为人微，所以言轻；因为人丑，所以作怪。

对美貌、财富、学识等资源的拥有者怀有盲目的崇拜、敬意和宽容，对芸芸众多的所谓"小人物"却缺乏起码的尊重和同理心。

是的，即便她不能红，做做有关红的无伤大雅的梦有什么不行？为什么要招来哂笑呢？小个子的拿破仑当年也说过"不想当元帅的士兵不是好士兵"，假如他没有当上元帅，这肯定不是名言和励志故事而是笑话，他确实是千千万万名想当元帅的普通士兵中的幸运者，可是，如果没有这千千万万庞大的基数，他成功的概率也会降低吧？最可怕的不是怀有微渺的奢望，而是连一点儿向好的心都没有，心甘情愿活成一摊稀软的泥；或者，只有空想，没有行动，躺着做白日梦。现实有点儿冷，普通人需要个念想取暖，他们不是不明白梦想到现实的距离，只是自我调节生活的角度。

这么多年，《简·爱》的那段台词依旧经典：你以为，因为我穷，低微、不美、矮小，我就没有灵魂没有心吗？你想错了。我的灵魂跟你的一样，我的心也跟你的完全一样。要是上帝赐予我财富和美貌，我一定要让你难以离开我，就像我现在难以离开你。

普通人有普通人的努力和争取，即便这样的扑腾就像不起眼的河流里一朵微弱的水花，也不应该被轻视。而我们欠缺的，恰恰是给普通人足够的尊重，我们的眼光、角度和精神，都有点儿势利。

直到现在，我都特别喜欢一个段子：将军遇到下士，骄傲地说："汤姆，如果不是因为你爱喝酒，估计现在已经是上士了。"下士敬了个礼，同样骄傲地回答："亲爱的将军，每当我喝完酒就觉得自己已经是将军了。"

每次想起这个段子，我都在心底哈哈笑，我喜欢"汤姆"，因为他充满了小人物的智慧，他有自己的理想和满足，未必堂皇高远，却乐天知足。

而我们绝大多数人，都只不过是这个苍茫世界中的"小人物"。

我谢绝了那期节目。在心底，我尊重每个普通人用微小的努力和希望改变自己的愿望，哪怕那有点儿与众不同。

另外，我还特别想对那个女孩说："春光正好，你想红没错。"

以貌取人，取的是什么

□ 河边的少女喵

内在的涵养和思想，能够潜移默化地改变一个人的容貌，你的脸就是你灵魂的模样。

在我不长不短，二十几年的生命轨迹里，就有人给我的心灵，播撒了这样一颗种子。

那是幼年时期，我还住在四合院的矮小平房，那时候，隔壁有一位特别的奶奶。

奶奶独居，有个孙女，高挑漂亮，在外学芭蕾。那个年代，提倡保守与节俭，美丽不被看好，一切美好的事物都会被说成庸脂俗粉、思想腐败，似乎任何对外彰显的美都成为一种罪恶。

纵然是那样的时代，奶奶却活成了特立独行的存在。

自有记忆起，只要是晴日，我总能在微弱星光的晨曦里听到遥远而悠扬的曲目，揉揉眼睛，就看到奶奶在小院里练太极。

那时候的奶奶，头发半青半白。待她练完拳，我也醒了，戳在门口望着她。

那时候的奶奶真好看，眼睛像挂在天上弯弯的月牙，闪着动人的光彩。

奶奶从不对自己的容貌懈怠。她每天换下衣服，认真清洗自己的脸，在斑白的鬓角抹好油，擦上孙女从上海寄来的雪花膏，穿合身的绸缎衣服，提一个竹篮，去菜场。

每到这时，总会招来闲言碎语，女人们聚在一起耳语交接："六十好几的人了，穿那么好看去菜场干吗？给咸鱼铺子看啊？不害臊……"

她总是不慌不忙地走过，微笑着向她们点头，而女人们只是尴尬地咧开嘴角。

我想她不是不知道，只是不以为意。

一次，我玩得一身泥，敲家里的门，无人回应，忘了父母还没下班。

一瞬间，我就像泄了气的皮球，跌坐在台阶上，抠着手里的泥巴。

奶奶像是听到了我的叹息，推开窗，探出脑袋："阿琼，到我这儿来吧。"

那是我第一次到她家，一进屋，就被震撼到。

洁净一新的地板，错落有致的家具，我甚至找不出一点儿灰尘。奶奶披着毛绒小毯招呼我坐下。

我忽然像个做错事的小孩儿忸怩地站着，看着自己脏兮兮的鞋子和满手泥，摇了摇头："不，奶奶，我怕给你弄脏了。"

她"扑哧"一声笑了，半弯着腰，说："傻孩子，那你实在怕弄脏，我给你洗洗吧。"

于是她带我去洗手池，打开水，我冲了个干净，正打算甩手，奶奶给我抹上香皂，搓着我的手，柔声道："要记得用香皂，去去指甲里的细菌，这东西吃进了肚里，肚里会长虫的。"

我问奶奶在家做什么，怎么不像院里其他女人跟鱼似的窜来窜去。她笑着指了指茶几上摊放的书。说年纪大了，眼力不好，戴上老花镜好些工夫才看得完一本书。

说罢，她问："阿琼，五年级了吧，喜欢看书吗？"

这一问我怔住了。每天，回家写作业时心里惦记的都是动画片里的小人儿，哪还有心思沉下来看书？

我不由得低下了头。

奶奶像是察觉到我的低落，拉着我的手，不紧不慢地说："我怕不看书、不学习就跟不上这个日新月异的世界。我每天练拳，打理容貌，也是提醒自己的身体，内在的涵养和思想，能够潜移默化地改变一个人的容貌，你的脸就是你灵魂的模样。"

我看过精致优雅的法国女人，她们一生在学习与保持美丽。从不认为"美貌"只可赋予年轻的生命，她们相信"不管我活到什么岁数，一定美丽到老"。

以貌取人，取的是什么？

是你的内在，在岁月的沉淀下交付给外在的容貌。

一个人的面容，先天的遗传不可逆转，但内在的气质和涵养却得以在后天的培养中逐渐打磨光整。而容貌终将随着气质变化而发生变化。

待人接物，让人舒服，体恤对方，推己及人。这何尝不是一种高级的修养？

所以，我相信一个自持修养、精致律己的人，他的容貌不会太差。而事实证明，我接触了大部分这样的人，确是如此。

同样，一个对自身容貌都疏于整理的人，我不相信他的灵魂能高贵到哪里去。

认真地爱自己，与年岁无关，在有限条件下依然悉心打理，并能对这个世界抱有最初的善念，就是一种美。面相即心相，相由心而生。

以貌取人，取之有道，我所希望的，就是你的灵魂对得起你的美貌。

魅力通常是在智慧之中，而不是在容貌之中。

青年励志馆 先有公主梦，再修女王心

笨笨的"女主角"为什么获得男神的青睐

□ 语嫣欧尼

最近热播一部电影，周围的人都在热议青春这一永久不衰的话题。

因为年纪越来越大了，觉得应该舍弃那些青春电影，但没忍住好奇，最终还是看了那部轰动一时的《我的少女时代》。

看完我很纳闷儿，男主为什么不选完美无缺的校花，偏偏喜欢一个笨笨的老是出丑的林真心？虽然我知道女主角都没有女二号长得美丽，但这部电影中男主女主外形相差得实在太多了。

原谅我脑回路奇特，加上脑洞开得太远收不住闸，想了半天我终于想起之前在某节心理选修课上听到的一个词儿——出丑效应，应用在这个事件上，或许能给出个合理的解释。

出丑效应又叫仰八脚儿效应、犯错误效应。接地气点儿说的话，pratfall（屁股着地的摔倒）是英文俚语，翻译成北京土话就是"仰八脚儿"。仰八脚儿就是不小心跌了一跤，跌了个脊背着地，四脚朝天。

这个出丑效应是由美国社会心理学家艾略特·阿伦森提出的。具体是指才能平庸的人固然不会受人倾慕，然而全然无缺点的人，也未必会讨人喜欢。最讨人喜欢的人常常是精明却带有一点儿小缺点的人。

精明的人无意中犯点儿小错误，不仅是瑕不掩瑜，反而更使人觉得他具有和别人一样会犯错的缺点，从而更具亲和力，让人更加喜爱他。

生活中有不少比较完美的精明人。其实，这种完美往往是外在的表演呈现出来的状态，而这样的存在未必讨人喜欢。因为一般人与完美无缺的人交往时，总是难免因己不如人而感到惴惴不安。反而那些精明而小有缺点的人，偶尔显露出平凡的一面，使周围的人都感到了安全。

值得提出的是，出丑效应并不是让人故意出丑来哗众取宠，而是倡导人不过分追求完美，在不慎犯错的时候能够用一颗平常心接纳自己。

在林真心和徐太宇成为朋友的过程中，林真心自身的人格吸引力是一种特殊的影响因素。

在其他条件基本相同的情况下，林真心的内心越强大，徐太宇对其越有信任感。

但是，决定人际吸引的因素更多的是人的情感。

当内心强大的林真心偶尔出现错误——被徐太宇抓到写幸运信后被强迫去给自己跑腿儿，为了让徐太宇不必为往事自责而穿着轮滑鞋不断地摔倒，和徐太宇外出打扮过分成熟的样子，往往会引起徐太宇情感的奇妙变化，感到这样的林真心更富有人格魅力，进而促进两个人和谐人际关系的形成。

当然，这种出丑效应是自然发生的，而不是人为制造的。所以林真心的可爱才会那么率性而自然。

由此我们或许也可以延伸一下，在我们日常的校园生活中如何提高自己的人格吸引力？

显然，像林真心那样的出丑效应并不会在每个同学身上都能发生，只有那些像她一样内心强大且偶尔犯迷糊的同学身上才可能出现。

所以，要提高自己的人格魅力，首先要做的就是发展自己最擅长的事情，并力图达到较高的水平。

这时候，不管"出丑效应"是否发生，你都能树立起能力优秀外加富有幽默感的个人形象。

同伴的态度也会随之产生变化。

爱自己是毕生浪漫的开始。

我的美丽，是你无法替代的姿态

限量版人生

□ 黄竟天

我在欧洲读书期间，为了赚生活费，曾经做过兼职导游。我带过不少国内来的旅游团，这些团的客人虽然来自祖国大江南北的不同地方，但有两个共同点：其一是经济条件普遍不错，人手一只名牌旅行袋和奢侈品手袋；其二是不管他们操着什么地方的口音，下了飞机之后一定会问我以下几个问题：

"这里的奥特莱斯在哪里？"

"我要帮朋友带点儿化妆品，要去哪里买？"

"我听说这里的××名牌包很便宜，什么时候安排购物？"

虽然我很努力地安排了丰富多彩的游览项目，但城堡、教堂、博物馆对他们的吸引力，似乎远远比不上奢侈品专卖店。就算我费尽口舌地介绍各个景点有怎样的历史和底蕴，他们也不过草草地拍了几张照片就意兴阑珊。

有一次，我问一个正在卖场像买白菜一样疯狂抢购名牌箱包的客人，为何千里迢迢地来到欧洲，却把时间都花在这些国内随处可见的品牌店里？她带着一脸难以置信的表情望着我，举起她刚刚抢购到的包说："怎么会一样呢？这可是限量版啊，无论是做工还是质地，都是国内买不到的。"

一双鞋，经过几十年的岁月磨砺，成为绝无仅有的限量版；一段人生，同样也能够在时间的发酵下，变成独一无二的限量版。

说到限量版人生，我想讲一个设计师的故事。

她的名字叫Phyllis Sues（菲利斯·苏），今年已经是一位93岁的老奶奶了。单就名气而言，她算不上国际一流的设计师，但她有一段传奇的人生。说她传奇，并不是因为她是名门之后，或是有惊世之颜、倾城之姿，相反地，她倒像是一朵风雨中的野玫瑰一般。

她14岁开始学习芭蕾，20多岁的时候，成了百老汇的一名专业舞者。真正令人惊叹的，是她步入老年之后的人生。在大多数人都选择退休养老的年纪里，她却选择了不一样的活法。

50多岁的时候，她创立了自己的时装品牌；70岁学习作词作曲，并且学会了意大利语和法语；80岁开始跳探戈和秋千体操，从腾飞带来的灵感当中，创作出了人生中的第一首歌曲；85岁开始人生的第一堂瑜伽课；90岁的时候完成了一次高空跳伞。

而就在去年，她在自己92岁生日的时候，和她的舞伴老师一起，给来参加生日聚会的朋友们表演了一场精彩纷呈的探戈。而这段舞蹈视频，通过互联网传遍了全球。当我在视频当中看到这位耄耋之年的老奶奶美丽而又优雅地出场，随着音乐步伐稳健地做出一个漂亮的旋转时，我不由自主地为她喝彩鼓掌。

所谓限量版时尚的重点是什么，是设计、颜色，还是材质？我认为都不是。它其实是一种有关生活的态度。无论是品牌也好，人也罢，最重要的都是灵魂。没有灵魂的设计不过是在堆砌衣料，而没有态度的人生不过是随波逐流。Phyllis（菲利斯）有这个态度。

买一个包很容易，但是要保持它常年如新，却考验着主人的功夫。

消磨掉一天的光阴很简单，但是要用和别人相同的时间，创造出专属于你的价值，却不容易。

就像每一个限量版的产品都是工匠心血的结晶一样，你的人生，也是你通过每一分、每一秒的累积，打造出来的独家限量版。

除掉睡眠，人的一辈子不过只有一万多天。所谓限量版的人生，就是充实、多彩地过生命中的一万多个日子，而不是简单地将同样的一天重复一万多次。

未必奢华，但却独特；无须第一，但却唯一。

魅力有一种能使人开颜，并且有悦人和迷人的品质。

青年励志馆 先有公主梦，再修女王心

女汉子的高跟鞋

□ 蔡婧

176cm的身高，体重只有54公斤，这些先天的优势大概也得谢谢老妈了。很多人劝我去当模特试试，但自诩为学霸的我，不应该安安静静地坐在课桌前，背背雅思，申请个研究生吗？何况一直以来，大家对我的评价都是：矮油，你可太女汉子了！你走路可以不外八吗？

大一时，我便标榜说要走淑女路线，转眼到了大四，却没有一点儿变化。直到有一天，老妈激怒了我："你这是什么状态？一点儿都不女人，要不你找个地方赶紧去调整一下气质，女孩子活成了什么德行，这也太丢人了！"

看着镜子里面容憔悴、蓬头垢面的自己，来吧，脱胎换骨的时候到了。趁着大四没什么课程，我打了一通让我真正发生转变的电话，报名参加了北京的一家模特培训班。

作为汉子的我怎么可能会有高跟鞋？但为了模特班入学面试，我买了人生中第一双堪比战靴的高跟鞋。面试第一天，简直亮瞎自己的眼，一排排俊男美女个个身着时装，高个长腿，再看看自己，随便搭的一条松垮的皮裤加打底衫，简直不是一个段位。反正是来凑数的。这样想着，面试时反倒没有了任何压力。看着其他人在我眼前练习，只有我自己坐在凳子上观战。

第二个环节走台步，我完全失去了优势，第一次穿上高跟鞋的我身体直晃悠，对面的老师喊话："哎，那位姑娘，你能好好走路吗？"我默默地回过头来，尴尬地对老师笑笑说："老师，我尽力了。"

当天晚上十点多，我居然破天荒地接到通知，告诉我面试通过了，这就意味着，只要毕业我就会拿到亚洲职业模特资质等级认证证书。

第一次班会，见到了我们的班主任，中国十大名模之一赵晨池。这是女神级的存在啊！在简单地自我介绍后，开始真正的魔鬼式训练。学校给我们的训练是魔鬼式的封闭的，为期一个月。

魔鬼训练之一便是绑腿，老师告诉我，我需要绑腿，她说有些女孩一个月的时间就能把自己的双腿绑得笔直，完全靠自己的坚持。于是那段日子，我每天都躺在床上把膝盖用绑腿带束紧，然后把脚架在寝室宿舍的小栅栏上，让它悬空，这真的是一个异常痛苦的过程。通常这样的过程要持续三五分钟后，我的脚才会恢复知觉。虽然过程奇痛无比，但是真的有效。辛苦没有白费，人家是一个月，咱是短短的3天，两腿的缝隙就奇迹般并合了。

魔鬼训练之二，走大圈是每天必不可少的课程。对于一个铲子脚外加没有穿过高跟鞋的我来说，这简直是人生炼狱。行内有一句话说，看一个女模达到什么样的水准要看她的脚上有多少个茧子，这句话想来一点儿不假。

魔鬼训练三，便是拼忍痛能力指数。看到那一幕我心里就这么揪了一下，我开始下决心，说好的蜕变成淑女呢！要玩就玩得有模有样！每天晚上八点半下晚课后，我穿着高跟鞋绕着操场走大圈。走上半个小时，脚上就起了大水疱，每天上课前我要花上10分钟左右的时间对我的脚进行包扎，带着白纱布，然后再穿上高跟鞋。

短短一个月，我突破了很多人生中的第一次：第一次穿高跟鞋；第一次穿黑色紧身小礼裙；第一次穿红色的水纱裙；第一次参加一场大型赛事。一个月很快就过去了，要毕业了，鉴于平时的表现和努力，老师非常照顾我，颁给了我AFIA（亚洲职业模特资质等级认证）高级认证证书，让我有些小激动。

最开始的我仅仅是抱着玩票的心态，却在毕业的时候拿到了亚洲职业模特资格认证。

曾经我一直都以为，身为一个模特，先天条件要占百分之八十，但是通过这段经历我才发现，自身条件固然重要，后天的努力才能真正改变自己。

毕业那天，我带着那双高跟鞋，离开了这个给了我太多变化的学校，我哭了。直到现在，回到大学寝室，坐在熟悉的自习小桌前，都像是恍如隔世的一场梦。

> 如果一艘船不知道该驶去哪个港口，那么任何方向吹来的风都不会是顺风。

你不必讨好每个人

□ 彭小玲 达达令

进入职场的第一年，很多人提醒我要保持低调不要树大招风，于是我就安静地做一个职场小白，尽量不跟任何人起冲突，分配下来的事情也会一一完成没有抱怨。然后有一天我的领导找我谈话，提出建议说我太低调太沉闷了，招我们这一批应届毕业生进来，就是希望能活跃团队气氛。领导还说，你看跟你一起进来的那个谁谁谁，他如今已经开始接手部分重要工作了，你应该像他一样多发言多表现自己。

于是，我开始要求自己尽量多表现一些。比如领导分配工作的时候能主动揽活儿，比如部门分享活动的时候多跟同事互动，可是当我发现我沉浸在这些希望讨好同事以及领导的过程中，我逐渐变成了一个很焦虑的人。

隔壁桌的同事今天的表情不对，我就会怀疑自己是不是打开水的时候没有跟她打招呼，领导把我昨天写的方案退回来的时候，我会想他是不是觉得我写得一塌糊涂，还有跟隔壁部门同事沟通工作的时候，我总是会提前在心里问一遍自己，我最近有没有在开会的时候反驳过他的建议让他不高兴。这种感觉持续了很长一段时间，让我开始对职场产生恐惧。

有天夜里，我突然想起大四那年去北京报社实习的经历。

当时负责排版的小K老师很有耐心，一个版面会有很多篇稿子，每篇稿子采访的记者都会来跟他打交道，要求加一句话，改几个字或是一个标点符号，有时会精确到标题要加大一个字号，他会一边嚼着口香糖一边哼着歌，嘴上一边说着"别急别急，慢慢来……"然后手中的键盘飞快地切换着，三五下就把一个整齐的版面搞定了。

剩下的空闲时间，小K老师会一个人玩"植物大战僵尸"，而且一空闲下来就玩，哪怕是等着一个记者上卫生间的三五分钟间隙。我有一次实在忍不住了问他为什么，他的回答是，我的手需要保持敏感度，这样才能保证排版的速度与质量。游戏中我会用不同的策略去尝试，这样还能保持头脑接受信息的反应速度。

那应该是我第一次听到有人玩起游戏来还如此有理有据，而且是在工作时间。

但是后来发生的一件事情让我印象深刻，那天晚上我们在值班，突然收到通知说某个新闻需要撤下来，于是值班的记者开始紧急安排替换的稿子，然后重新排版，但是却发现按照这个速度排版下去，怕是等到明天早上稿子也出不来，于是有人提出打小K老师的电话请求帮忙。

不一会儿小K老师就来了，他好脾气慢悠悠地坐下来，然后移动指尖几下就搞定了。那一刻我看到周围一众人大大地松了一口气之余还不停地向小K老师表示感谢。

那一刻我突然明白了一件事情，小K老师拿自己的专业技能赢得了别人的尊重。

也是因为这样，我回想起他每次因为不喜欢运动，就很直接地拒绝办公室举办的那些篮球赛、羽毛球赛，还有就是他每天安静地坐在座位上玩游戏，也不需要跟同事打成一片。但是身边的同事都会对他客客气气，因为他们每天都在等着小K老师帮他们排出漂亮的版面来。

从那以后，我开始集中精力于我的工作本身，我做好每月两期的策划专题，跟客户打交道的时候尽量留下文档笔记，好在最后能够统一整理文件，跟其他部门同事沟通的时候我也通过邮件提出要求，实在不行需要当面沟通的时候我也会把事情的来龙去脉解释清楚，然后提出几个选项好让他配合我的工作。

当然工作中遇到情绪化或者当炮灰的时候，我就告诉自己这只是一份工作，我没有必要让它毁掉我的个人行为。至于有时候需要做很多看上去很无聊的事情的时候，我会告诉自己，那就当练习文笔或者长见识好了。

我要行动起来才是。当我开始专注于完善自己当下所需要完成的人生事项，我觉得我的生活是有追求的，这份动力不再跟别人的评价讨论有关。我需要做的事情仅仅是，用我自己的经历去证明我的逻辑体系是符合我自己的规划的，这跟对错无关。跟别人的人生选择更是无关。当我自己内在建立了一套固定的价值观，那么就不会再受到另外一种价值观的干扰。并且，你不光要在心里告诉自己不要在意这些人，你还必须要让自己做得更好。

你要在你选择的这条路上越走越远，远到他们真的跟你不再是一个世界里的人，远到他们发掘这个议论只是自己纯粹的无聊，他们就会去骚扰另外一个跟他们水平差不多，但是又稍稍有一点儿特立独行的人了。

期待一个个特立独行的孩子，也能早日脱离当前的困局，跑起来，跑得越远越好。

青年励志馆 先有公主梦，再修女王心

"不够美小姐"的独白

口 荞麦

火车上，我跟好朋友肩并肩坐着，忽然讨论起相貌来。

我问她："如果可以的话，你希望自己是什么样？"她说："我……希望自己皮肤好一点儿，鼻子再高一点儿。""你的鼻子不矮啊。""鼻梁这里有点儿塌。""但我一直觉得塌塌的鼻梁好可爱。"

"那好吧……""我希望自己腿长一点儿，皮肤好一点儿，不要近视……"我停顿了一会儿，想象了一下崭新的自己是怎样，又回过神来，"不过，其实腿短一点儿也没什么，皮肤反正就是这样了，我平时戴眼镜也挺好。有时候想起来，自己就该是这个样子。"

不知道从什么时候开始，已经这样全盘接受自己了。

妈妈和爸爸年轻时都算是好看的人，偏偏我什么都没有继承到。妈妈说我继承了他们俩所有的缺点时，竟然还无所谓地笑了笑。他们那时候觉得小孩子只要成绩好就行了。然而，从小好看就是权利的一部分。再迟钝的小孩，也从小就知道好看和不好看的区别。对美的辨识，是人类学会的第一课吧。

至少在青春期，美是一样多么重要的东西啊。

初中最好的朋友美丽又活泼，我们每天一起上学，一起放学，身后总跟着几个男孩子，冲她吹口哨。我百无聊赖地跟着，好想也能变美呀！那时我差不多十四岁吧，天天希望自己一觉醒来，就变成了美女。

大概是初二的时候，有一次生病，不知道什么原因，我的眼睛忽然变成了双眼皮。当我照镜子的时候，仿佛有什么梦想忽然实现了，而这种实现如此惊人。我大声喊妈妈来看，她当然漫不经心地嘲笑我。两天之后，发烧结束，我的眼睛又变成了单眼皮。

到了高中，文科班上的女生各种各样的美，而我的同桌是最美的一个，每天下课的时候，都有男生特地下楼来参观她。我坐在窗边，有男生敲窗的时候，负责打开窗户。"能帮我把这个递给她吗？"我就把字条递给她。

每天中午吃完饭，往教室走的时候，阳台上总是趴着一群往下看的男生，看到好看的女生，他们就会哄笑，吹口哨。漂亮女生不会抬头，而是不经意地走过去。我知道没有人会冲我吹口哨，所以有时会抬头看看。蓝天和白色教学楼形成青春期明朗而失落的记忆。因为不够美，得到爱当然会难一些，但也并非不可能。我是在高中知道这一点的。

高三的时候，仿佛还不够令人沮丧似的，我右脸长出一片扁平疣。在脸上涂了一层又一层的黑色药膏，盼望奇迹出现。但同样什么都没发生。我跟别人说话时，开始习惯略微转过左脸。

大学的时候，不出所料，好朋友依然是最美的，很像《还珠格格》时期的范冰冰。刚开始军训，教官便给她写情书。而我也在此时，终于了解到自己应该处的位置，在新年晚会上女扮男装演小品。

美掌管的青春期，很快就结束了。等有一天发现自己真的变成双眼皮的时候，我根本不知道是怎么回事。但因为长期戴眼镜，也并没有太大区别。有一天我忽然觉得脸上痒，就跑到中医院去看了一下医生，医生随便开了一点儿药，然后那扁平疣就随便消失了。不知道是因为吃药，还是因为时间到了，它犹如心魔一样离开了我。

随之离开的，还有这么多年跟随的自卑、不安和困惑。我长成了一个普普通通的女人：既不算难看，也不算好看。三十岁之后我才开始涂粉底液。不够美丽让我失去了过度探索世界的自信，却也培养了寻找自我的耐心：我在风趣这件事情上颇有建树，书也读了不少，是个不错的聊天对象。从任何角度看来，我就是我。这一被肉体包裹的形体，将会衰败、变形，但"我"这个内在却只会更加凝练闪亮。我抱着这种信心，拥有了真正的自我。

而这么多年过去之后，我跟曾经的美女朋友们的外形区别，也逐渐缩小了。

海明威有篇很短的小说，叫作《在异乡》。里面的老少校怒气冲冲地说道："即便一个男人注定要失去一切，也不该使自己落到要失去那一切的地步。他不该使自己落到那种境地。他应当去找些无法丧失的东西。"

我想，女人也一样。我们应该去寻找无法丧失的东西。而最容易丧失

光优秀还不够，你是否无法替代

□ 李尚龙

前段时间工作室招人，一个小姑娘来应聘。看了她的作品，很不错，我问她："你想面试哪个岗位呢？"她说："剪辑师。"我挺想招聘她，但是我们剧组的剪辑师既刻苦，能力又强，而且预算又不够，矛盾中，我问："有没有想过换一个职位，比如说特效什么的？"她说："我不会啊。"我说："那你还会什么？"她愣了下说："我剪辑很不错，您看了我的作品应该知道。"当时我非常矛盾，因为她确实很优秀，可是工作岗位已经满了。优秀的人很多，先来后到，所以我们讨论了一会儿，最后推荐她去了另外的工作室。

当天晚上，小姑娘给我发了一条短信："我很想加入你们的团队，而且我的能力也不差，为什么不要我？"我回了一条很长的短信："我们都看得出你很优秀，可是剪辑这项工作你还没有做到极致，虽然你到我们这里后能力会提升得很快，你有超强的潜力，可是我们已经有了一个剪辑师，岗位已经满了。你虽然优秀，但运气不是那么好。如果一个人无可替代，他的运气可能就好得多，下次一定要多学点儿能拿得出手的东西！告诉你一句话，在以后的学习、工作中，记得，光优秀还不够，一定要卓越，一定要无可替代。"那天以后，小姑娘和我成了很好的朋友。今天，她已经月薪上万。微博个性签名上写着：优秀不够，你是否无可替代。

其实只要你还在读书，每天没有睡到中午，玩游戏没有玩到半夜，喝酒没有喝到天亮，那么你就是一个正在努力的人，一个一直看着阳光、盯着未来的人，一定是一个优秀的人。可是，为什么一个优秀的人还是被理想的公司拒绝，被自己的梦想拒之门外？因为不是只要努力就能成功的。

努力的人很多，在大城市，最不缺的就是梦想，最不缺的就是优秀的人。可是，你优秀又能怎样，每个人对于优秀的评价又不一样，既然优秀不够，就让自己无可替代吧。

而无可替代的方式有两种：一是做别人不愿意做的事情；二是把别人都能做好的事情做卓越。这样的人，才是这个社会真正需要的。

所以，年轻人，在学习的路上，不要只低着头看书，把一技之长磨得无可替代，变成自己喜欢的事业。

这一路可能很艰辛，但是，没有哪个高手在修炼的时候是不寂寞、不难受的，既然选择了无可替代的路，那么在实现梦想的路上挨两拳又如何呢？

的，莫过于容貌了。

等我不再需要美丽的时候，我却变得比年轻的时候好看一点儿了。然而这一切都不再重要了。岁月几乎重塑了我们的容颜，而我们则重塑了自己。

我美丽的女友们，如我一样过着时而开心时而失落的生活，美或者不美，在时间面前不再有用。只有很少的女人仅仅因为美而获得了真正的幸福。

有段时间一直长痘痘，就去一家中医美容院进行了长时间的治疗，成效也并不显著。最后痘痘自己慢慢消失了。现在再长痘痘，我基本都不管它，任其自生自灭。想来也是时间到了，我知道一个人脸上多几个痘痘少几个痘痘，真是没什么了不起的。

每个长得不美的女孩子一定都默默问过想象中的神明："为什么我不能长得更美？"

为了稍微变美一点儿，我们真是竭尽了全力，不过大部分都是无用功罢了。要树立自己的存在感，努力维持外貌根本不够。

青春期之后，我很少在美女面前感到自卑了，美女那么多，而我仅有一个。

但即便如此，我有时候乘电梯，对着三面大镜子看到自己的模样，依然会感到遗憾：我这辈子都不会明白作为一个美女是怎样的一种感受，有些自信和乐趣以及人生际遇我永远不会有，想到这里当然遗憾。

然而，我们正是在"得不到"和"有所得"之间，确立了自己在这个世界上的位置。

形象永远走在能力前面

□ 杨澜

1995年的冬天，如果我再找不到工作，灰溜溜地回国几乎是唯一的选择。

可我再一次被拒绝了。想起那个面试官的表情，我非常抓狂。她竟然说我的形象和我的简历不相符所以拒绝继续向我提问。我低头看自己的打扮，很明显，因为穿着问题，我被她鄙视了。我发誓我可以用我的能力让她收回她对我的鄙视，但我没有得到表现我的能力的机会。

我的房东莎琳娜太太是一个很苛刻的中年女人。她规定我必须在晚上12点之前熄灯睡觉，规定我必须在10分钟之内从浴室里出来，规定我如果不穿戴整齐就不准进入她的客厅，规定我不准用她的漂亮厨房做中餐，她甚至规定我在她有客人来访的时候必须涂口红！

我非常讨厌莎琳娜这种所谓的英伦女人的尊严。但所有的人都说："莎琳娜是最好的寄宿房东。"

我看不出她好在什么地方。例如我刚刚洗完头发，坐在床上一边翻看报纸上的招聘信息，一边吃我带回来的面包卷。这违反了莎琳娜的原则，她冲上前来，一把夺过我的面包和报纸，用英文大吼："你这个毫无素质的中国女孩！你滚出我的家！"我于是披散着头发，在睡衣外面裹上大衣冲出了门。

25年来，我以非常漂亮的成绩和能力一路所向披靡，从来没有人说我没有素质。我们家并不贫穷，但25年来我妈妈一直告诉我，能力才是最重要的。我不能明白以貌取人在这里居然成为一个正义的词语。这简直是对我25年的人生观的侮辱！

我愤怒地冲进一家咖啡馆，侍者以一种奇怪的眼神把我引到一个空座位边。那是咖啡馆里唯一的空位。我的对面是一个英国老太太。她看起来比莎琳娜更加讲究，就像伊丽莎白女王一样尊贵与精致。我下意识地收起自己宽松睡裤下的运动鞋。然后我看到她裙子下着了丝袜和漂亮高跟鞋的腿，以她这样的年纪，却仍然把这样的鞋子穿得非常迷人。

在欧洲的很多高级餐厅里，衣衫不整是被拒绝进入的。我想我能进来的原因大概是因为我穿了件价值不菲的大衣。我不由得暂时收起自己的愤怒，说："给我一杯热咖啡，谢谢！"

侍者走开后，对面的老太太并不看我，而是从旁边拿了一张便笺，写了一行字递给我。那是非常漂亮的手写英文：洗手间在你的左后方拐弯。我抬头看她，她正以非常优雅的姿势喝咖啡，没有看我半眼。我的尴尬难以言明。我第一次觉得不被尊重是应该的。我想起下午去面试时自己的日常便装，那应该也是对一个高级经理职位的不尊重。

当我再回到座位的时候，那个老太太已经离开了。那张留在铺了细柔的格子布的餐桌上的便笺多了另一句漂亮的手写英文：作为女人，你必须精致，这是女人的尊严。

我逃也似的走出了那家咖啡厅。莎琳娜竟然坐在客厅里等我，一见我就对我说："你超过了12点10分钟才回来，所以明天你必须去帮我清洗草坪。"我答应了她，并向她道歉。

我发现莎琳娜教了我许多同样有用东西：12点之前睡觉能让我第二天精力充沛，穿戴整洁、美观能让别人首先尊重我，穿高跟鞋和使用口红使我得到了更多绅士的帮助，我开始感觉自己的自信非常充足而有底气，我不再希望别人只通过看我的简历，来判断我是不是有能力。

我最后一次面试的职位，是一家大化妆品公司的市场推广。我得体的着装打扮为我的表现加了分。那个精致、干练的女上司对我说："你非常优秀。欢迎你的加入！"

我没有想到，我的上司居然就是我在咖啡馆里遇到的那个英国老太太。我对她说："非常感谢您。"非常感谢她那句："作为女人，你必须精致。"没有人有义务必须透过连你自己都毫不在意的邋遢外表去发现你优秀的内在。你必须精致，这是女人的尊严。

我的美丽，是你无法替代的姿态

牙套记

□ 张庆琳

牙医说下个月我就可以摘掉牙套了。

真是一个好消息，摘掉牙套，意味着我这两年的磨难总算熬出了头。自两年前，我戴上牙套（可谓酷刑），我的生活也随牙齿一点点改变。有时松，有时紧，有时候痛得龇牙咧嘴，有时候因为一颗水果糖而被甜得喜笑颜开。现在得知可以摘掉牙套后，竟有些许说不清、道不明的失落。

我的牙齿缺乏管教16年，突然有了这么一个"铁面无私的老师"24小时形影不离地黏着我。刚开始，我的牙齿也是"叛逆"到了极点，不安分地与牙套君"斗智斗勇"。刚戴上牙套的时候，我每天早晨起床，口腔里溢满了鲜血，吞也不是，吐也不是。一场恶战后，牙齿终于妥协，软绵绵地"趴"在牙床上，一声不吭。

我深受其害，却也无可奈何，只好一边眼睁睁地看着"死党"一口一口地吃着羊肉串、大鸡排，一边咽口水。

牙套君也给我带来了挺多麻烦。首先是高中的军训。在西瓜味的夏天与汗涔涔的迷彩服的陪伴下，我进入了高中。既没有脑海中幻想着的白马王子，也没有小说里描写的英俊教官。我的公主梦还没有开始，便被狠狠地扼杀在摇篮之中，为啥？因为牙套君呗。看，那边打篮球的少年美如画。啊，少年投了一个三分球！哇，意气风发的少年在对我笑啊，少年向我走来，该不该笑？该不该笑？是羞涩还是豪迈？怎么办，怎么办？

我大嘴巴一咧，银光闪闪自带BGM（背景音乐）的牙套君回眸一笑，闪亮登场。少年一愣，哼着《回娘家》的小调，旁若无人地从我身边走过，只留我一人在风中伫立。

言情小说描写的画面，根本不会在现实中发生，何况牙套君的存在，更是让我的"颜值"大打折扣。

我曾经看过一部电影，讲的是一个有点儿龅牙但后来做了正畸治疗的小女孩，哭着说自己被学校的小霸王欺负，绰号从"龅牙妹"变成了"牙套妹"的故事。后来又发生了很多事情，小霸王原来一直喜欢小女孩，取绰号是为了吸引小女孩的注意。

试想一个可怜的小女孩蜷缩在墙角，铺天盖地的谩骂与指责接踵而来："牙套妹滚出我们圈！""打倒牙套，除军阀！""戴上牙套，痛苦一生！"

牙套妹在墙角啜泣，瑟瑟发抖，悲叹这不公平的命运。这时小霸王出现了，他温柔地递上一张卷子说："别哭了，你的卷子……"

我寻思着，如今我也戴上了牙套，若是同学们投我以嘲笑，我必报之以反驳，有一个小霸王自然最好……

等了一个学期、两个学期，眼瞅着牙套君都要滚蛋了，可电影里的情节依然没发生在我身上。没有同学嘲笑我的牙套，没有同学讥讽我的样貌，甚至我戴着这牙套还当了一回晚会主持人。

为什么没有人嘲笑我呢？电影里不是这么演的啊。不甘心的我逮住"男神"问："喂，你为啥不嘲笑我的牙套？"

"男神"一怔，说："你什么时候戴的牙套？"

一只乌鸦从头顶飞过，我再次在风中伫立。

我重整旗鼓，找到了"死党"，一把抓住她的衣领说："喂，你为啥不嘲笑我的牙套？"

"死党"一怔，说："我怕你知道真相后会想不开。"

我就这样"嫌弃"了我的牙套两年，每天围绕牙套产生的故事不可胜数，也是寝室夜谈的好素材。最后的一个月里，牙齿也会偶尔流血，但我能感受到牙套君的身子渐渐弱了，于是牙齿就嚣张起来了：排骨、酥肉、蒸饺、奶黄包照吃不误。我默许了牙齿的"放肆"，一边大快朵颐，一边向将要寿终正寝的牙套君依依惜别。

咧开嘴巴，端详着镜中的自己，一排排整齐洁白的牙齿排列有序，就像被训练得服服帖帖的士兵。再见了，牙套君！这一次对你客气点儿，不说"滚蛋"了，怕伤感情。

不吱吱冒响的水才算烧开，不喋喋不休的人才算长大。

015

简单，就是风情万种

□艾小羊

有一个网购平台，专卖小黑裙，我隔三岔五会上去看看，因为特别喜欢这个平台的理念，总想挑一条，反正女人的衣橱里，永远缺一条小黑裙。

然而，那是些什么样的小黑裙啊。带披风的、流苏的、网纱的；缀满亮片或白花的；全蕾丝或者上下各有半截透明的；荷叶边与蝴蝶结齐飞的。

小黑裙被做成这样，特别不能忍。因为它从诞生的那天起，就是简简单单，却风情万种。

1926年，香奈儿女士第一次发布她的小黑裙，是为了将女性从当时流行的花瓶般繁复又紧身的时装中解放出来，让她们"即使在驾车时，依然能保持独特的女性韵味"。

小黑裙从出生那天起，就带着女权的血统，它是为了告诉女生，穿得简洁而又舒适，同样可以拥有迷人的魅力。

这个观点如今看来，不算什么，当时却有超越时代的意义。那个年代的女士，是冒着肋骨骨折的风险去参加宴会的。

香奈儿女士自己就有过吃饭的时候偷偷把定制礼服的拉链拉开，吃完无论如何也拉不上去，只好披着男伴的西装走出去的经历。她在自传里说，从那一天起，我决定要用简洁、美丽、舒适的衣服，解放女性。

女性解放好像是个太严肃的话题，其实我们只想美。

如果你想美，就要放弃繁复，追求简单。繁复的衣服，最适合儿童，其次是少女。时装界有一种风格，名叫"洛丽塔"（少女风），衣服上堆满各种印花、蝴蝶结、荷衣边，这是一种风格。

风格是为了吸引眼球，无论"朋克"还是"洛丽塔"，都是通过吸引关注而释放着装者内心的叛逆、焦灼与不满。

如果生活在你的身上没有留下倒刺与沙子，而是将你打磨得越来越圆润，随着的年龄增长，你与世界的磨擦变小，年龄不是你成熟、自信、快乐的障碍，而是你与自己和解的润滑剂，你就应该尽情地去享受简单美。

在演艺圈，能把简简单单的衣服，穿出风情万种的韵味，两个代表分别是高圆圆和宋慧乔。

街拍女王高圆圆的每一套衣服拆解开来，都是最简单日常的款式。她偏爱黑白配，以及浅色与浅色的搭配，尤其白色配粉蓝，比白色配卡其色减龄，又与后者一样，很容易显出一套衣服的雅致与高级。

宋慧乔在《太阳的后裔》里饰演的自信、成熟、迷人的姜医生，日常的搭配就是衬衣配长裤，西装配短裤或短裙。她从来不穿浓艳的色彩，衣服以白色、裸色、粉蓝、浅灰为主。

简单的衣服，最容易掌握搭配的技巧。一位设计师朋友给我的十二字要诀是：上长下短，上短下长，提高腰线。

一个女人成熟的标志之一是，再也不想把自己的衣柜弄得像马戏团后台，什么样的风格都有。

年少时，我们经常渴望给衣柜大换血，因为没有哪一种风格，真正打动过自己。我们始终是与风格剥离的，一切看心情。到了轻熟女的年龄，你会越来越珍惜自己的风格，就像珍惜自己的情绪一样。

衣服常换，风格却像长在你的身上。最开心的事情是，朋友看到某一类女性，便想给你打个电话；远远看到你的背影，就能认出你。

年轻时，我们追求的是换套衣服，连亲妈都不认识你了，成熟以后，追求的是无论换多少套衣服，那些衣服，就是我的，像是为我而定制。

这种定制感，其实就是一种安全感。世界再大，变化再快，终究有一个不必变化的小世界，牢牢地铭刻了我们的名字。

我买衣服特别快，一间店面，从它的设计与橱窗展示，十有八九就能判断是否可以买到自己想买的衣服。进去浏览一圈，迅速挑出十件左右的衣服，拿去试衣间试过，最终一定会有一两件衣服，让我掏钱。

而我的一位朋友，比我更夸张，经常是在等吃饭等车的功夫去买衣服，看中款式，尺码合适，连试都不试就买了。但我从来没有觉得她的衣服穿着不合适，相反，她的每件衣服，都像是为她量身定制的。

曾经有位女友极力推荐一款缀满亮片的衣服让我试，甚至不惜跟我赌一顿饭。结果我从试衣间里一走出来，她立刻说，赶紧脱了吧，不是你的。

她请我吃饭，说下次再不向你乱推荐了，因为你已经找到了自己。

是的，我已找到自己，不需要再像神农尝百草一样，拿自己做试验品。

在我看来，简简单单就是风情万种。我衣柜里大部分是基本款，黑、白、灰、卡其，偶而会有一两件红色与蓝色的衣服，我愿意花大价钱购买的，也是基本款。因为越是简单的款式，却考验设计与剪裁，并且因为穿的

你的容貌，就是生活待你的样子

□ 唐嘟嘟

小颖最近成了公司的红人。公司换了位老板，上任后走马灯似的在全公司挑了一轮，最终选定了小颖去做专职秘书。国企的总经理秘书，基本就是晋升中层的跳板。此前大家都猜测管理部或营销部的某位业务精英要上位了，未承想中选的竟是一个办公室小文员，这让许多人大跌眼镜。

因为我跟办公室主任相熟，闲聊中她向我道出了天机：原来这位老板颇迷信，总想选个面带福相能旺她的，挑来挑去就看上了体态丰盈、面色红润、开朗爱笑的小颖。听完我颇感意外，都说人不可貌相，没想到在我们这种标榜现代化管理的大型企业里还有这么封建迷信的选人标准！

说来也怪，到岗两个月，这个普普通通没什么业务底子的姑娘竟把上上下下打点得妥妥帖帖。我们在接触中慢慢熟悉起来，才发现这个女孩不仅心思细腻，更难得的是心地善良，沉稳大方。上到公司董事长，下到车场司机，无论哪个人有多急的事儿找她，她总是和颜悦色的，尽量协调资源给你办好。天天都挂着笑容，处理事情有条不紊的，让人看着都舒心。

佛家偈语云："命由己造，相由心生。境随心转，有容乃大。"看来以貌取人这种事，确实还有一定的道理。

一个人的性格品德、精神气质，往往在容貌上一眼就见了底。曹雪芹笔下多愁多病的黛玉有"两弯似蹙非蹙笼烟眉，一双似喜非喜含情目"；善良懦弱的迎春是"肌肤微丰，温柔沉默"；写精明强干的探春则是"俊眼修眉，顾盼神飞"。其以貌写人，就像我们在平日生活里，见到宽厚的人多半是一脸福相，粗暴的人自带一脸凶相，心地歹毒的人往往就长着一副刻薄相。你的容貌，就是你心地的样子。

偈语下半段说，处境随心境发生改变；同理，容貌也随心境而变。

冯唐说："不怕压力不生癌。"面对工作和生活的压力，鲜少有人能画一个完美的圆。我们总有这样或那样的事做得不够好，可能是一次会议被否决了、一场活动办砸了或者一份报告写糟了。事实上，不能达到理想中的完美状态，这件事远远不如你想象的那么可怕。当预期的成功无法如约而至，你首先得学会面对和宽恕你自己。

我们大多数人都被成功学彻底洗过脑，加上从小家庭的关爱、学业的优秀、成长的顺风顺水，面对逆境很容易一蹶不振。要知道，这世间除了自身的努力，还有许多外在因素是我们决定不了的，譬如上司的更替、老板的喜好，以及一场突如其来的疾病。

当逆境袭来，你若日日低沉，对生活横眉冷对，尝到的自然只是苦涩；你若泪中带笑，坚强面对，终有一天，生活也会对你展露笑颜。生活是一面镜子，它会诚实地把从你这里得到的再反馈给你。

所以我们说，爱笑的姑娘运气总不会差。美貌，不仅是生活的赐予，更是生活的回馈。因此，憧憬美貌，善待生活，是我们每个人应有的信仰。

当年，作家胡紫薇见到离婚的邓文迪憔悴苍老的面容，写下《你的容貌，就是你灵魂的样子》。两年后，邓文迪手挽年轻有才气的小帅哥出现在镜头前，笑容灿烂，春风满面。

我想胡老师这回应该写：

你的容貌，正是你赋予生活的样子；

你的容貌，就是生活待你的样子。

机会最多，面料也要经得起时间检验。

很多人觉得设计复杂的衣服，比如有很多蕾丝与荷叶边，容易让人显得年轻。"显年轻"却从不在我的考虑范围内，好看是不分年龄的，我不需要为了减龄，而打破简洁美的要求。

有一部纪录片，拍摄的是一位生活在杭州的前无印良品的设计师。片子是夏天拍的，女设计师穿着白色圆领T恤穿过南方的小巷，她家里的晒衣绳上，挂着刚刚手洗过的同款白T恤，用原木夹直接夹在麻绳上，在阳光下，在轻风里，安静从容，如它的主人一样，对于美，有着超乎常人的自信与笃定。

而电视剧《绝代商骄》里，我喜欢的香港笑星黄子华饰演一界商业奇才，他的衣柜里一溜排开的是七件同款同色的衬衣。

从他们身上，我看到简单代表一种自信。往往我们因为害怕失去，害怕不够，害怕匮乏，而去追求繁复与浮夸。

一个内心充满安全感的人，不必通过拥有更多身外之物而获得乐趣，她们购买更少的东西，更多的设计，并且这设计要行云流水不露痕迹，它是长在衣服血脉里的对于品质生活的追求，而不是浮于表面的一朵珠花、一片蕾丝。

我们或早或晚，都会成为这样一种女人：简简单单，却风情万种，不断给生活做减法，最终拥有的一切，都是自己想要的。

玫瑰从来不慌张

□ 李筱懿

她是我美丽文静的女同学，我们习惯叫她"玫瑰"。玫瑰有一张白皙温和的面孔，一副天生可以做歌星的好嗓子，说话语速总是慢慢的，音量总是小小的，但很能说到人的心底去，而你却不知道自己是什么时候被她看穿的。

学生时代，我们起初是对手，那时她身体不太好，却老和我争语文成绩第一名，不惜为此熬夜苦读练笔。可是，她的刻苦却敌不过我的小聪明，我的作文总是超过她；而我，也暗暗和她较劲。她擅长唱歌，我就偷偷练习发声，总想着在另一个舞台上盖过她的风头。但是，当她一开腔，我就知道自己白练了，我的努力比不过她的天分，她的演出总是比我吸引更多的掌声。

后来，有一天，我们俩坐在校园操场边的台阶上，看着湛蓝的天空中漫天舒展的云彩，有一搭没一搭地聊考哪一所大学，以及未来漫长、多彩而未知的生活。玫瑰突然笑眯眯地对我说："咱俩别争了吧，我有我的优点，你有你的精彩，做一对互补的好朋友多好。"

女孩之间的竞争没有那么多刀光剑影、利益纷争，以及一定要东风压倒西风的虚荣。女孩的较量，大多是心气上的不服输，行为上却干净通透，搞不出《甄嬛传》那种宫斗人生，何况我们早就彼此欣赏。

那个下午，我们给了对方一个发自内心的温暖的拥抱，于是各自少了一个假想敌，多了一个朋友，没有竞争对手的生活日渐轻松起来。

玫瑰再也不用熬夜看书，她经常跑跑步锻炼身体，早睡早起，体质逐渐好转。她说她家里人讲，以她的资质做到良好很轻松，优秀却太辛苦，所以，各个方面均衡发展，不想再为了单项优秀或者超过某个人而牺牲其他乐趣。

我也不再苦练本来就不擅长的唱歌，我坐在台下安静地听玫瑰演唱，由衷地在心里为她鼓掌。没有憋着劲儿要超过某个人的较真，我把更多精力放在课外阅读上，在我喜欢的文字里徜徉，心里充满踏实的快乐。后来的高考作文几乎拿了满分，得以弥补巨烂的数学成绩，考上一所还不错的大学。

而玫瑰，则凭着均衡而良好的总分去了另一所重点大学，毕业后读研，然后留校任教。

仿佛是生活的考验，玫瑰在大学里最具社会气息的管理学院教管理学，她绝对不是最会"来事"、最会与学生拉关系的老师，她的业绩说不上骄人，但也无可挑剔；嫁了相爱的普通人，日子过得波澜不惊；她每天都要午睡，练瑜伽，生活很有规律；她不要求老公做这做那，有时间两个人就一起逛街、旅行、看书，与周围一些拼尽全力却活得七上八下不尽如意的人相比，她难得安静平和。

我曾经笑问她，一个教管理学的老师，怎么能活得这么泰然，怎么面对无处不在的"人生管理"，怎么用专业知识解读"竞争对手"的概念？

她歪着头浅笑说："正是因为教管理学，正是因为看过那么多竞争对手分析和调研，我真心觉得把分内事做好，不是第一，就是第二，何必在意那个排名和对手？就像这个世界上绝大多数人都没有强盛到足以左顾右盼、为自己找'对手'、对别人评头论足，因为自己的日子都没有打理好——人最大的竞争力就是专注过好自己的生活，企业最大的竞争力就是专注做好自己的领域。"

我想起多年前她和我拥抱的那个下午，她如此轻巧地战胜了自己的心魔，删除了一个所谓的假想敌，收获了一个至今陪伴左右的伙伴，这是个多么聪明的姑娘。

而如今，我成为一名相对成熟的女性，听到别人的赞美不再手足无措地脸红心跳，我轻声道谢，在心里判断这些鼓励是友爱的表扬，还是礼貌的客气；遇上他人的批评不再慌里慌张地隐匿辩解，先想想对方说得有没有道理，在心里衡量自己需要改进的地方。我也觉得，自己并没有"吃亏"，而是沿着一条向上的路径慢慢行走。

真心为他人的成绩鼓掌，走好自己的方向，是我从玫瑰那儿收获到的最大的友情红利。她明白，等候，或者争取生活的答案是个煎熬而漫长的过程。但是，她同样学会了耐心等待、努力探索，专注于自己的光景，不对他人评头论足，不给自己设立对手，而是把所谓"对手"变成学习榜样。于是，她生活在没有对手的世界，所以，看上去并不出类拔萃的她，才是无敌并且强大的人。

一张照片因为记录了1953年5月29日人类首次登上珠穆朗玛峰而闻名世界。在这张照片上，尼泊尔向导丹增·诺尔盖站在峰顶手举一块冰，上面插着随风飞舞的旗子。而给诺尔盖拍这张照片的，是新西兰登山家埃德蒙·希拉里。

希拉里把"登顶珠峰第一人"的荣誉拱手让给了他的向导丹增。

据说，他在距离珠穆朗玛峰顶不足一米的地方停下来，像早就计划好了似的，用手指着上方对向导说："这是你的土地，你先上吧。"年轻的向导不明白希拉里话中的深意，只是按照他的手势向前迈进了几步。丹增·诺尔盖没有意识到，希拉里让他先走的那几步登顶路把他带入了登山史册，成为人类历史上第一个攀登上珠穆朗玛峰的人。

希拉里让生活在这片土地上的人得到了本该属于他们的荣誉，自己也被人们记住并且钦佩。

真正强大的人，不仅不会慌张，不仅不害怕被人超越，还懂得为别人让路。

不漂亮但很有魅力

□ 曲玮玮

我身边有这样的几个女孩。

第一个女孩：

我有个老朋友叫小敏。毕业后来上海工作，是运营喵。

许久未见，打算请她吃饭。她说，别破费了，就在家里吃吧，我们一起做饭。

好吧，买了菜跑去她家。

她跟很多人合租，住在大概十平方米的隔断间里。推开房门，被简洁的北欧风吓了一跳。隔断房的墙壁贴满灰色墙纸，床品几乎毫无褶皱，衣服整齐地挂在柜子里，各种书在自制的书柜里排列整齐，白色地毯干净蓬松得就像刚发酵好的面包。

在房间里每瞟一眼，都能发现她的小心思。几株植物插在塑料瓶里，墙上的相框也是她自己动手做的。

吃饭时，我又观察她。穿简单白色卫衣，光滑平整没有一处起球。她没化妆，皮肤光洁笑容满面，眉毛修得一丝不苟。指甲上没有花哨的图案，头发没染颜色，干净不加修饰的样子，却让我忍不住在心中大呼精致。

上中学我就认识她，这么多年，她外形上不太有变化，一如既往地学生扮相，规矩朴素，或许扔在人群里拿细渔网也捞不出来，但靠近她，发现这种认真的朴素被放大，竟然成了优雅。

她生活得太认真了。

写工作计划，立刻关掉网络，不看手机，一丝不苟写一下午。

每天晚上雷打不动两个小时读书，写笔记，做思维导图。和她聊天，她会笑盈盈直视你的眼睛，仔细倾听你说话。

好朋友的生日从不错过，守在零点准时发祝福，精挑细选送礼物，手写贺卡。

她并没有"琴棋书画"这种女神的标配特质，只是，当大家把生活过成匆忙的流水席，应付着在凌乱的出租屋里睡觉，草草糊弄每一份工作，匆忙打发每一段交情的时候，她珍视每件小事，自得其乐，把一团废纸展开氤氲成山水画。

第二个女孩：

少女心爆棚喜欢追偶像剧的姥姥，是我心中的老女孩。

当年，初中毕业的她可以做老师，但薪水远不如在生产队种地，为了家里生计，姥姥成了农民。后来嫁人，和姥爷把三个孩子养大。

她做的最伟大的事，是把三个孩子都送出去念了大学，在胶东农村，这是不可思议的事。

我妈是老大，高三因为手生冻疮错过高考前的选拔，连高考的资格都没有。山东农村重男轻女思想很严重，我妈能读到高中已经不易。家里人劝她直接进工厂工作，姥姥咬着牙说："再读一年！"

第二年，我妈落榜了。姥爷气得摔了锄头，姥姥继续顶着压力，起早贪黑赶海卖海蛎子，又供我妈读书。

第三年，我妈差了五分，还是没考上，把自己关在小黑屋里绝食。姥姥和家人大吵几天，眼睛肿得像核桃，到最后，只喃喃重复一句话："必须让她上大学。"

姥爷终于被劝服，坐在炕上抽着旱烟无奈地说："那你自己出门借钱！"差五分多交五千块钱，而每天赶海卖鱼只赚几块钱，五千几乎是天文数字。

挨家挨户敲门求情，走遍村里几百户，一户借几十块钱，终于凑齐，把我妈送到中国海洋大学。

我妈离家的那天晚上，姥姥在家流了一夜眼泪，第二天眼睛瞎了。

被五千外债压在身上，瞎了也要继续干活，根本顾不及求医，和姥爷每天凌晨三点起床赶海，清晨挑着扁担去集市卖海货，因为眼睛看不见吃了太多苦。白天除了忙着种庄稼，姥爷出去给人做瓦匠打零工，用了不到一年，竟然把债务还清。

姥爷被感动了，向姥姥承诺说："家里剩下的孩子无论男女，一定也要供他们上大学。"

大概卸掉包袱的缘故，债务还清没过几天，她眼睛痊愈了。这件事一直瞒着我妈，好多年后姥姥才云淡风轻地提起。

姥姥眼睛不好，但特别喜欢读书。

我小时候的文字启蒙是由她完成的，教我背唐诗宋词，读三侠五义。性格上的开朗也是她的功劳。她在村里口碑极好，夏天聚众乘凉时从不说人闲话，待人热情，大家常来家里串门，借一借铁锹锄头菜种子小推车。

最艰苦的时候，她顶住压力，即使成为众矢之的也坚守住自己的想法，做自认为正确的事。生活安逸时不断找寻新乐趣，不像一些老太太在无所事事中耗尽生命。

我见过她年轻时的黑白照片，干练短发，目光清亮，远称不上漂亮，但写满了内容。那内容虽然不是女孩饱读诗书的底蕴，却带着几分天真，几分烟火，几分沧桑。

有魅力的女孩当然可以没有姣好的面孔。因为和她们相处，你早就透过单薄如纸的皮囊，看到背后闪亮的灵魂，看到她生命的山川云翳，来去往昔。

她们更像自由行走的花，没有人能挟持她们的美丽，你只是途经了她们的盛放。

她们永远都在做自己。

高雅的风度，不在于你喝的是什么，而在于你对待生活的态度。

青年励志馆　先有公主梦，再修女王心。

年轻时，谁不曾一本正经地浪费时光

□ 吴浩然

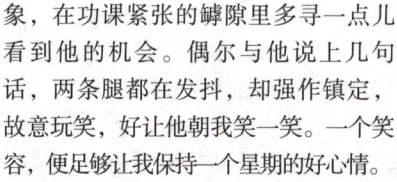

1

高中时，我暗恋一个男生，整整三年。

每当我想起这段渐渐从记忆里漏掉、只剩几个剪影的往事时，我总觉得，它从未被书写过，它只属于流逝的时光。

我想，没有比我当时那种感情，更符合"暗恋"这个词的感情了。从一开始，我便有一个至高无上的准则，那就是，绝对不要让他知道。我只是喜欢他，一个女孩喜欢一个男孩，除此之外，别无他念。

那时，我从不想将来。我甘心将许多独处的时光用于与他有关的想象，在功课紧张的罅隙里多寻一点儿看到他的机会。偶尔与他说上几句话，两条腿都在发抖，却强作镇定，故意玩笑，好让他朝我笑一笑。一个笑容，便足够让我保持一个星期的好心情。

现在，很多细节都已经忘记了。如今，我的身与心都属于另一个男人。不出意外的话，我将与他共度一生。在生活的长河里，那段暗恋与所暗恋的人，早已荡然无存。

年纪渐长，渐渐远离苦思。工作打拼，再笃定于保持内心纯粹，也要花精力应付人与人的虚与委蛇。这种时候，爱情最好是两情相悦坦荡荡，可以在疲累的时候，随时给他打一个电话，有一句没一句地聊着，让自己紧张的神经，慢慢松弛下来。爱人最好是一种温暖的抚慰，而不是茫然未定的焦灼。

也许，只有十分年轻的时候，只有最初的心动，会令一个人心甘情愿地，将许许多多时光用于徒劳的暗恋吧。可也正是这份徒劳，可以让一些时光结晶，虽早已与当下无关，却有时悄悄地闪着光，照亮成年人世界的一隅。

2

刚上大学那会儿，经常听见一个词：综合素质。

可究竟如何提高综合素质呢？学校告诉我们——多做学生工作，多参加学生活动，能有助于提高综合素质。

于是便有了大大小小的学生会、团委、社团；各种各样的检查、团会、比赛、表演、评比。赶上活动较多的月份，校园主干道快要被各大组织的帐篷标语堵满。

谁十八九岁时不曾兴冲冲地参与那些喊声震天的浪潮，自认为从此长大，自认为思虑周详，迷恋"好像在做正经事"的仪式感。只是不需几年便能看出，所谓"锻炼能力"，一学年也未必抵得过真正工作后的一周。但是，年少心性又总是那么火热，总要经历一番汗流浃背的折腾，才能安下心来，做一点儿读书本务的事情。

可如果真的将大学重新过一次，我想我还是会参与的——毕竟，只有那个时候能看见那么多同龄人的天真和自己的天真，以前、以后，都没有那样的机会了。

3

"我不丑，有时也挺好看的，漂亮也就那么回事。"有时我对着镜子，心里就会冒出这句话。

当年那句"长得好看的人才有青春"被转得昏天黑地，还不是因为有太多人膝盖中箭。哪有那么多美好青春经得起镜头检验，大部分人的生活都是绣花的反面，布满了剪不断理还乱的线头。

曾以为我是倒霉的女孩。胖，长痘，圆脸，近视，头发还是打理不顺的自然卷。上学放学路上，我偷偷观察其他女孩的样貌，羡慕极了她们牛仔裤里笔直的细腿和光洁如玉的脸颊。只有那样的女孩子才适合做梦吧，我等表情呆滞的小胖子，还是继续做理综吧！

高考后我试图减肥，每天有一两餐只吃苹果。一个月下来倒也颇有成效，但是很快就反弹，还比之前胖得更加厉害。我到处搜罗减肥方法，有时坚持有时半途而废，体重更是纹丝不动。我心烦意乱，因为瘦过，因为被人看见瘦过，所以这时的胖比之前的胖更令人难堪，还增加了一丝羞耻。

我还不知花了多少心思在痘痘上，涂涂抹抹，吃中药西药。终于，我断念了。我知道这是基因问题，此生此世我与瓷肌无望，只能期盼至少不要出现"洗脸时碰到下巴的肿痘疼得脖子一缩"的惨状。

我已经不记得经过了多少时光才彻底接受自己容貌上的不完美。也许是靠读书写作，也许是靠一些心理学文章，总之，在二十三四岁的某一天，我好似忽然想通了，又好似忽然注意力转向了别处，心底有一个声音在说：就这样吧，毕竟，精力有限。

与其烦恼身材，不如寻找扬长避短的衣装。与其不肯照相，不如探索适合自己的拍照角度。而且，我疑心一个人的身与心是合一的，在我淡忘了减肥这件事之后，那些多余的肥肉，却自己悄悄地掉了下去。

本科与研究生时各照了一张用于毕业证的电子相片，大脸直对镜头，没有修图的可能，最能反映本来的容貌水平。我比较了一番，并不觉得长大后变美多少，但是眼神却明显柔和许多。确实相由心生呀，年少时的焦

时间是美的敌人，却是风度的朋友。

去活出生命的美感

□ 李月亮

小学时，有段时间我的语文老师病了，体育老师来代课，当时正好学李白那首《夜宿山寺》——危楼高百尺，手可摘星辰。不敢高声语，恐惊天上人。

面对我和同学们好奇求知的目光，体育老师用一句话就搞定了整节课的内容，他说，楼太高，吓得都不敢说话了。我们都笑，他也笑，得意地说，我这么说你们就都懂了吧？古人就是啰唆，挺简单的事，想那么复杂，累不累啊？

然后整个小学，我们班同学都恪守着体育老师的文学思想，把所有学到的诗词都进行简单粗暴的总结："床前明月光"那首，就归纳为"看到月亮，想家了"；"好雨知时节"那首则被说成"昨晚下雨了，没听着"……

直到上了高中，读到李清照的"寻寻觅觅，冷冷清清，凄凄惨惨戚戚"，我才惊觉有些复杂无法简单化，因为复杂里头有一种叫"美感"的东西，一简化就丢了。回头再读从前学过的诗，不禁愧疚满怀，真是辜负了诸位大诗人的美意。

大概是因为被体育老师伤过，后来我对极力求简的行为总有所质疑，尤其在这个事事追求简单便捷的时代。

不可否认，很多简单的东西的确也是美的、有营养的、令人愉悦的，但简单永远不能完全代替复杂，比如诗歌，比如戏曲，比如建筑，比如美食，比如习俗。

太多太多的东西，都要在繁复的、悠长的、起承转合的过程里，才能表达出无尽的美意，彰显出其隆重、盛大、非同寻常。

一出戏，情节太简单就没意思。一首歌，音调太单一就难有韵味。一座建筑，如果只是简单的横平竖直，就丧失了审美的意义。

半年前我一位好友结婚，她在请柬上毫不客气地要求我们穿高跟鞋和礼服，严格规定我们几点到场，从酒店的哪个门进。我对这种无礼要求感到生气，当时就打电话过去，骂她烦琐。她体谅我对高跟鞋和礼服的恐惧，但还是坚决要求我必须如此穿戴。

万般无奈，那天我跟另一好友穿得很隆重。结果发现幸好准备充分，否则都不好意思进门——从酒店大门到礼堂，要经过一个小广场，那里铺着红毯，宾客在围观亲友中款款走过，留影、在签名板上写祝福……整个典礼更是繁复隆重，各种仪式各种讲究，足足花费了两个多小时。

我和同去的好友开始还会抱怨，骂她自找麻烦，但进行到最后，我们不得不承认，这才叫婚礼，一生一次的托付。各自回想起自己的婚礼，都觉得太潦草了，潦草得简直不想去回忆。那婚礼我到今天还记忆犹新，感受比自己的婚礼还深刻。

大事需要有个盛大的仪式，有个隆重细腻的表达。没有纷繁复杂耗尽心力，没有细枝末节的精致描摹，大概就不能切身体会其重要性，就没有直达内心的震撼和触动，就不能留下浓墨重彩的一笔。

现代人喜欢说"简单就好"，当然，平常日子可以简单过，不必要的复杂也要简化，但对于确实需要折腾一下的事情，也应该"得折腾处且折腾"。虽然人都怕麻烦，但有些麻烦其实是有意义的。

人生不能总按照体育老师的思维前进，必要的时候，也需要有点儿《红楼梦》的精神。太精简的生活，会淹没许多深层的美感和乐趣。

灼淡去，如今面庞被安之若素的气质安抚，看着至少舒服了好些。

人们总说二十岁是女孩最美好的年华，可我却觉得，我的青春是从二十四岁开始。从二十四岁，我才懂得尽兴享受与自己有关的一切，而不为无法改变的缺憾浪费时光。我摩拳擦掌，预备体验一切不曾体验过的新鲜事。谁又能说，二十五岁，青春就结束了呢？

成长常常是一件跟跄而尴尬的事，未必有青春电影里那么经得起特写。我并不愿意为那些辛苦成长的时光勉强正名，说它们是美好的，但是，那些时光里一定有纯粹而动人的事物留下，值得用心去爱。

多少人在年轻时一本正经地浪费了时光，可只有那些被认真浪费的时光，才能教我们成长，无法绕过，没有捷径。

见惯了成年人世界的滴水不漏、应对得宜，有时会想，年轻时，就应当浪费时光吧，像个傻瓜一样做一些蠢事，不懂得周全自己，弄得漏洞百出。回想起来，简直不明白那个时候的自己。

可你也知道，你多么珍惜那个时候的自己，多么珍惜那时不知天高地厚的少年。

追求有灵气的自己

□ 林清玄

如果你现在问我什么是成功，我会说，今天比昨天更慈悲、更智慧、更懂爱与宽容，就是一种成功。如果每天都成功，连在一起就是一个成功的人生。不管你从哪里来，要去到哪里，人生不过就是这样，追求成为一个更好的、更具有精神和灵气的自己。在人生最底层也不要放弃飞翔的梦想。再艰难，也不要失去对人生真实价值的认知。怎样才能觉悟？你必须做到以下4点：

一、要尽可能地把所有时间和空间都留给那些重要的事情。

历史上有一个很了不起的人，叫陆羽。他是一个弃儿，长大后，他给自己取了陆羽的名字，意思是漂流在陆地上的一根羽毛。他立志要喝遍天下的茶，饮遍天下的水，于是从9岁开始就一直旅行。我后来曾追随他的饮茶之路去寻访，深刻地体会到了他的不容易，全国的茶区那么多，在只依靠步行的年代，他都一一走遍，还写下了《茶经》，成为1300年来迄今无人超越的经典。支撑他的，就是一股叫作梦想的力量，他懂得，有限的人生里什么是重要的事情。

二、你必须要意识到，世俗的事务并非无价。

什么是无价的？是浪漫的精神。什么是浪漫？"浪费时间慢慢吃饭，浪费时间慢慢走，浪费时间慢慢喝茶……这些都是浪漫"，浪漫其实就是创造一种时空、一种感受、一种向往、一种理想，在你的世俗土地上开出一朵玫瑰花。

即便是被世俗捆绑，即便是处于人生低谷，也要时刻保持浪漫精神。求婚也并不一定需要房子、车子、票子，以及很大的钻戒，我只是写了"纵使才名冠江东，生生世世与君同"两句诗，妻子就感动异常，嫁给了我。

三、不要失去对真实价值的认知。

现代社会，很多人对价值的认知已经不那么清楚。

有一次，我在上海走过一家百货，看见橱窗里挂着一个包，售价100万元人民币，那是某大牌的鳄鱼皮包。我很吃惊，谁会花100万元买这个包呢？但显然是因为有人买才会有销售。

很多人都被这些名牌捆绑和魅惑，在吃穿用度上，花很多钱来消费，但事实上，他们看中的并不是物品本身的价值，而是价格。我到商场里去买衣服，都会问服务员，有没有没牌子的东西？只有撕掉牌子，物件才会回归本身的价值。因为我希望寻找的是生命的价值。

四、要认识到这个世界是多元的而不是单一的。

这个世界的可怕之处在于，大部分人被训练成单一的人，按照上学、考试、工作、结婚等标准流程活着。这很值得检讨。看看这个世界，最辣的是辣椒，最酸的是柠檬，最苦的是苦瓜，最甜的是甘蔗。如果你把它们养在一片土地上，会出现两种结果：全部死掉，或只有一种活下来。它们本来活在不同的土地上，有不同的成长经历，如果硬将它们放在一起，也许辣椒最后会变成苦瓜。

人需要发展自己的特质，但是也要包容别人的不同，这个世界才会精彩。因此家长也不要总拿自己的孩子和别人家的做比较，因为辣椒不需要和茄子比较，辣椒只要自己够辣就好。人们从小就要发现，自己最合适做什么，做什么才最快乐。我这辈子一直想当作家，从来没有改变。有学生问我，你已经写了170多本书，还会接着写吗？我的回答是，如果我下午会死，我会写到今天早上，如果明天会死，我会写到明天早上。我已经写了40多年，我一直在想，我最好的作品还没有写出来，我要一直努力。

昂首绽放，永远不会活在框框里

  有气质的人可以没有姣好的面孔，可以不用像瑟缩在柜子里的珠宝，小心翼翼地待在光芒之下，讨好般等待世俗的垂爱。因为不管谁和他们相处，都可以透过皮囊，看到背后闪亮的灵魂。无论男人还是女人，如果没有一个自带香气的灵魂，外表再光鲜亮丽也如同蜡像一般，可以参观却毫不耐看。

男生的长相到底有多重要

□ 刘同

开电影策划会的时候女同事抛出了这个问题，大部分男同事低下了头。我知道是因为心虚，而我不会。不是因为我知道自己有长相，而是我已经度过了那段靠长相才能安然站在大地上的时光。

我觉得男孩的长相基本在高中之前比较有效。那时大家都不懂得打扮，西瓜皮的发型，一样的校服，身高也相差无几。若是有长得好看的孩子，是很容易被人注意的。

到了高中，长得好看的男孩就不仅限于五官了。还包括对潮流的搭配和运动。以前高中有个男生长得和我丑帅差不多，其实还没我好看。只不过是因为篮球打得还可以，女孩们放学一直叫啊叫啊叫。我心里很疑惑，你们嫁给他，他又不能回家一直打篮球给你看，回家还不如我呢。

到了大学，运动好的男孩似乎没那么吃香了。反而能把一个问题谈得很透彻的男孩蛮有光芒的。

我宿舍的室友刘啸东长得跟大萝卜头似的，衬衣扎进西裤里飘飘荡荡。只是因为写了一篇叫《象棋》的文章，把宿舍里每个人都比喻成一颗相应的棋子。读完的舍友们振聋发聩，他就成为我们宿舍的大哥了。

熄灯后搬只小板凳坐在走廊上就想听他说说关于怎么交往女生，我们应该做一个怎样的人，如何逃课不会被老师发现，他对很多事情都有自己的逻辑，让没有逻辑的我们心系神往。直到他早早地陷入情网，我们才觉得原来老大也不过如此，思想也不过是为了幸福在铺路。

进了社会，最帅的应该是那种遇见任何事都会对你说"不要急"的人。他们认真去了解发生了什么、为什么会发生、如何解决、找谁才能解决。然后对慌张的同事们说"不要急，我来想办法"，这种人简直是帅到爆炸啊。

想了想，我遇见的几任领导都是这样的人。无论男女，从不会第一时间责怪，也不会比你还焦虑。三下五除二就把你觉得天都要塌了的事搞定，那一刻你觉得自己一定要成为这样的人。能解决问题才是真的长得好看啊！

而对于现在身边的女生来说，她们觉得五官太好的信不过、每天坚持运动的不顾家、天天谈理想的没有安全感。而一个男人能专注反而显得更重要，一个男人只要做任何事情很认真，身边的女孩都会觉得受不了。也许对于女生而言，专注才是男人的帅。可以一直品味，可以永远不腻味。专注之后所带来的成就感更是让人沉醉。

"同哥，你觉得男生长相到底有多重要？"总有人问问题不依不饶。我清了清嗓子准备回答，同事们哄堂大笑。他们就喜欢看一个人装腔作势绞尽脑汁用各种谎言来回答一个他根本没立场去回答的问题。

我说："实话而言我觉得我曾经长得不太好，但是我觉得现在的自己越长越好。"我看有人轻轻地"扑哧"笑了。我才不在意呢。

我继续说："我当然不是指五官，而是因为好像这几年我对事情越来越有信心了。不会再担心也不会再焦虑。而是每件事情都有准备，整个人也放松下来。不会一惊一乍，不会患得患失。有时候我照镜子吧，我都忍不住夸自己真是帅到家了。"

我说的是心里话，也是给大多数像我一样的阳光男孩一点儿台阶下。

你说长相重要吗？当然重要，无论男女都重要。但一个长得好看的人如果没有一个放松自带香气的灵魂，真是和杜莎夫人蜡像馆里的蜡像差不多。精致却不温暖，可以参观却毫不耐看。

自卑也是一种十足强大的力量

□ 国馆

在古代哲学里，"卑"原本没有主观的贬义，而是自然位置的相对低下。《易经·系辞》开头就说："天尊地卑，乾坤定矣。"没有领略过大地的广漠，不足以欣赏高空的深远。没有领受过深深的自卑，不足以享有持久的自信。

白岩松是农村出身，上大学的时候还会因为别人问他的来历而感到恐惧。后来他说："我觉得真正自卑的人最后才能真正变得自信。我已经很久不自卑了，现在我会为太自信而自卑。"

如周国平所说："谦恭是自信戴着自卑的面具出场。"任何谦恭的人，都一定程度上具备自卑的属性。但他们的自卑不是为了对生活消极，而是张扬着生命的自信。

一个从来不懂自卑的人，凭着可怜的自大，也许可以获得一时成功的甜头，但不会有砥砺前行的持久动力。

自卑而不满，往往是人超越自己的必由之途，谦恭是自信戴着自卑的面具出场。

昂首绽放，永远不会活在框框里

那一年我的开学季

□ 马海霞

那年我收到了南方一所大学的录取通知书，快入学时，父母都没打听到附近谁家的孩子还在那所学校上学，因家里经济条件不好，学校又太远，父母为省下车费决定让我一个人去学校报到。

同学们约我去市里买新衣服，大学新生入学总要打扮得体，好给老师同学留下好的第一印象。我知道父母为给我筹集学费和生活费已经把口袋掏干净了，只得对同学撒谎说，衣服我已经买了。

邻居家做服装批发生意，夏天专卖便宜的T恤，根据顾客需要，在上面印染上各种颜色的图案和文字。暑假里我在他家的店里帮忙，临上学时，邻居家的婶子送我一件白色的T恤，我让婶子给我在T恤的前后面各印上了四个字：山东海霞，并在字的下面印上了一行英文：Best wishes to you（向你致以美好的祝愿）。

开学前三天，我一个人背着行李坐上了开往南方的火车，我在火车的咔嗒声中行进了一天一夜，快要驶入目的地时，我从行李箱里取出我那件白色T恤到卫生间里换上了。

刚下火车，就见有举着牌子接站的同学，还不等我把录取通知书递给他们，有眼尖的同学先和我打起招呼："欢迎你，海霞同学，祝你好运。"看着接站同学热情的笑容，我那份独自踏入异乡的陌生感也一扫而空。等学校接站大巴到达学校后，整整一车同学已经都知道我姓甚名谁，哪里来的了。

我去辅导员那里办好入学手续后，辅导员对我说："海霞，一会儿把行李放到宿舍，回来帮一下新同学。"和辅导员忙了一下午，辅导员指了指我的T恤说："今天让你义务劳动了，没办法，在这批新生里我只记得你的名字。"

后来，班里同学打趣我说，刚开学时以为我和辅导员是亲戚，否则怎么辅导员一入学就和我那么熟悉，他们要早知道是我那件印字T恤的功劳，才不会那么巴结我呢。

其实我在T恤上印字，只因那件便宜的T恤光秃秃的太像老头衫了，我只想在上面增添点色彩，没想到歪打正着还给我带来了运气，入学第一天就和接站的老生迅速打成一片，还获得了辅导员的青眼，让我帮他打理班级事务。

多年过后，同学们当年入学时着什么服装大都被遗忘了，唯独我那件T恤还被同学们谈论。看着现在的孩子上大学前父母给添置的装备：手机、笔记本电脑都要买贵的，衣服要时髦的，在开学前还要去发廊做个漂亮的发型……就是怕孩子在新学校里丢面子。

其实真正的面子不是靠这些包装起来的，那年一件廉价的T恤就给我带来了人脉，还不是因为上面多了几个字和一行祝福的话吗？

我们费尽心机，就是为了找一个让自己体面的方式。却不知，真正的面子是自己表现的，而不是靠外物修饰。我们要做的是取悦自己，而不是他人。

读书这件事

□ 马云

看书有一种乐趣，看了以后觉得开心的，哈哈一笑，或者号啕大哭一场，我都觉得很快乐。但是让我看书不断去想，让我背诵几段，我肯定做不到。读书有时像电脑一样，程序装得越多，电脑跑得越慢。

有人说马云你给我一批书单吧。我说第一，我真不怎么看书。第二，我喜欢的你未必喜欢。所以看书应该看你自己喜欢的。同样，创业我挑自己最开心的事做，这就是创业的秘诀。

人生苦短，读书是给你带来快乐的，不是给你压力的。我这个年龄，书读得也不多，所以给大家个建议，喜欢读书很好，但千万不要觉得读书不多挺丢脸。这没什么的。人可以少读书，多干事。有人事干得很多，但也能把自己的人生当成一部书来看。

品位这东西，为气，为魂，为筋骨，为神韵，只可意会。

约等于女神

□ 檐 萧

1

上个月我在微信里看到一个帖子，兴冲冲地分享给了江小寒。帖子名叫：成为一个女神，到底要花多少钱。

没错，江小寒就是我心目中女神的标杆。这样说并不是因为她细腰长腿颜如玉，而是她坦荡无畏又聪慧能干。

"对方正在输入"持续了两分钟后，江小寒终于回复我说："我前两天被人嫌弃了。"

我惊呆，我女神居然有人敢嫌弃。于是我一段语音发过去，大义凛然地问："是谁？我注册个小号找他理论去。"

在江小寒断断续续的叙述中我才知道，她前段时间看上一个男生，而对方在接受她的示好之后并没有任何表示，她偶然从一个朋友口中听说，他嫌弃她长得不够好看。

这个看脸的时代，有时候拿出成绩和努力，都比不上萌妹子撒个娇好使。我发了个愤怒的表情，并表示小的随时听候召唤，等月黑风高一举灭了他。

江小寒借口贴面膜下线了。

我刷了满屏的表情，试图把沉积的不满统统发泄出来。

江小寒是我非常喜欢的那种能把日子过得热气腾腾的人。当年她曾以全市最高分考入名校自己最喜欢的专业，每年都能拿到大把的奖学金，大二以优异成绩做交换生出国学习，并且还拿到当地有名公司的实习offer（通知单），拿驾照第二天就敢开几个小时的车去看雪。我一直说她"文能提笔写论文，武能上马揽河山"，这样棒棒的女孩子，居然因为不够好看而被人拒绝，简直就是个冷笑话。

2

我认识江小寒的时候，还是个只知道埋头做题的丑姑娘，而她是大我两岁、成绩年年第一的丑姑娘。我们都是那种打着省事儿的旗号，不会绑头发又觉得头发散开像长疯了的草，于是只能把头发梳成马尾，再盘成一个小包子头的呆傻模样的女生。

通常，这样利落简洁的打扮如果碰上一张秀气的脸勉强也能看入眼，偏偏那些年我的脸又圆又黑，性格木讷少言，导致班里的女生都很嫌弃我。男生为了拉拢我的美女前桌一度以嘲笑、黑我为目的，来博她的欢心。总而言之，丑黑胖在我们当时那小小的年纪看来，都是十恶不赦的罪，而长得丑黑胖除了想方设法减少自己的存在感之外，似乎做什么都是错的。这个认知一度让我想退学。

江小寒就是在我最无助的时候出现的。她在班级"成绩最好，虽然不好看，但是不能招惹"的行列里，而我是考试时体现班级人数的路人甲之一。我们在图书馆第一次见面的时候，是因为我们想看同一本书。我先拿到，而她说有急用需要先阅读的时候，我怒了，长得好看有人护着就算了，跟我差不多的居然也敢欺负我。于是我抢过书气冲冲地走了。江小寒亦步亦趋地跟了我一路，包子脸上挤满了讨好，于是我在她应许的一顿麻辣烫前妥协。

江小寒心满意足地拿到书，可能出于顺口，她夸了我一句性格可爱。

或许我这样说有些难以理解，这算哪门子夸奖。可是对于当时在黑暗里生活了十多年的我来说，真的特别特别希望有人告诉我，你没有她们所说的那样糟糕，你也有优点，比如努力、比如可爱之类的都好。

3

一顿麻辣烫后，我和江小寒正式成为朋友，虽然很大一部分原因是我们都不好看。

但是我终于有了可以聊天的对象。江小寒说她怀疑我穿的衣服是不是我老妈当年剩下的，我嘲笑她腿短就不要穿长外套，于是我们两个根本谈不上有审美的人相约去逛街，想起来真是一场灾难。好在长达几百次的失败经历以后，终于积累了一些"此生绝对不可穿"的样式总结。值得窃喜的是，我小小的衣柜里终于有了花裙子，蓝色的、浅紫的，安静而美好，但是我依旧不敢穿出去。因为没有能够与它相匹配的外表，穿着怕被人嘲笑，像怀揣着遥远的梦想，能力不足的时候，也只能一遍一遍在心里描摹，小心翼翼又满心欢喜。

江小寒倒是时常穿着各种花色的裙子在我面前招摇，走路时虎虎生风，婉约的过膝裙，硬生生地穿出一种威武雄壮的感觉。她嗤笑我的小短裤，我回应她的小腿粗，于是她一气之下给自己定下每天五公里的晨跑目标，为了讨好她，以及听说跑步能长高，我刻意每天早起一个小时和她一块儿跑。为此，早读课我时常在睡梦中度过。果然，我和学霸的差距，不止分数上多出来的一个零。

月考我又拖后腿这件事被江小寒知道，我非常羞愧地揪住了我的衣角搓啊搓，奈何对提高智商并没有什么用。江小寒久居学霸之位，自然不懂我这种埋头苦读依旧会拉低班级平均分的学渣的痛。而学霸对我们这种学生而言，除了大脑构造不同，本身就自带光环。于是我用毕生的智慧做了一个英明的决定，我很狗腿地笑着跑去买了一杯椰果奶茶，递给江小寒的时候发誓说，如果她帮我辅导功课，下次月考多出几个十分，我就请她喝几杯奶茶，口味随便她挑。江小寒看在奶茶的分上爽快地答应了。

我规律的生活就此开始。每天早晨六点二十分，我和江小寒绕着操场跑圈，往往我气喘吁吁累成狗的时候，早已跑完圈数的江小寒正气定神闲地靠着树背单词，我拿出书温习新内容，试图在她的讲解下，在课堂上不那么雾里看花。

早读课照旧会默默地困一会儿，放学后，我会带着功课和江小寒一起去图书馆，各自做作业看书。就在我这样努力了两个月后，用积蓄的零用钱兑换成一杯杯奶茶，已所剩无几。暑假的时候，我用勉强及格，但是用上升了一大截的成绩敲诈了老妈一笔银子，所以江学霸怂恿我暑期做兼职的时候，我默默念着会晒黑又热，睡过了一整个夏天。

4

开学的前两天，黑瘦了许多的江小寒忽然送礼物给我。我忧伤地揣着每逢假期胖五斤的肉，得知她居然用兼职的银子去了一趟厦门。

学霸果然是这世界上最具正能量的人物。只要江小寒在，我也能量满满。于是跑圈、看书、做题的日子继续，仿佛暑假只是我奔往学霸途中开的小差。

新学期，好的成绩终于让我有了一点儿存在感。但是，自从我因一个难题在课后咬烂笔头，班长兼班草大人热心地从天而降帮我讲解之后，我好不容易攒起来的存在感又化为乌有，甚至一度成了美女前桌拥护党的仇敌。她们对我胖丑笨的评价改为"学习好有什么用，奈何丑"的新定义。

我跟江小寒哭诉的时候，她仿佛很有见地地上下打量我的模样，最终得出结论："确实活得太糙了。"

于是我们为了研究如何变漂亮，开始查阅大量的典籍，比如吃什么食物美白，穿衣搭配终极指南，女生长得难看怎么办，等等。为了变瘦，我跑圈从每天五公里到八公里，晚饭只喝一碗稀粥，半夜饿到想哭，第二天一早在江小寒的呼唤中继续跑。怕被晒黑，只能在近40℃的高温里照旧长衣长裤，在同学异样的眼光中抱着书走过。现在回想起来那段日子，觉得自己好笑又励志，每每想起都觉得这世间的难事，大抵都是横在腰上的游泳圈，没有减不下去的肥，只有下不了的决心。

后来的很多日子里，我听到过很多很多的夸奖，长得好看，气质好，聪慧，都不抵当年那一句性格可爱。我收获了多少称赞，就有多感激能遇到江小寒。

江小寒在大学里用奖学金和兼职的银子走遍了大好河山，遇到了一大帮好玩的人和事。那个最初因为她不够好看而嫌弃她的男孩子，回过头居然发现她自信满满地做事的样子越来越耐看，从而甘心在寒冬时节的清晨为她递上一杯温热的奶茶。而我依旧保持着不论冬夏涂防晒霜，夏天长裙衬衫和每天一杯牛奶的习惯，毕竟那些"喜欢你的人不会只在乎你的美丑，美人终也会迟暮"都是在扯你的后腿，多的是看相貌才会继续留下来看你内在的男孩子。

所以，眼前你看起来过不去的那些难题，可能都不是什么问题。熬过黎明前的黑夜，才会看到日出时的璀璨。

找一个迷人的理由

□ [美] 丹尼斯·魏特利

我给你一只手提箱，手提箱里装着一百万美元。它被放在一栋大楼内，从你此时的位置开车到那里，大约需要一个小时。交易条件是：你只需要从现在起，在两个小时之内到达那栋大楼，我就会把手提箱交到你手上，而你就会成为百万富翁。但是，如果迟到了哪怕一秒钟，你就一分钱也拿不到。没有任何例外！

牢记这个条件之后，绝大多数人会选择立即启程。你很兴奋，跳上车，开始朝那栋大楼驶去。但这时交通却突然瘫痪了。你根本无法在两个小时之内到达那里！

现在，你该怎么办呢？你是放弃，然后回家，还是下车找其他途径，以便按时到达那栋大楼？

现在，让我们假设，你正驱车前往牙医诊所看病。此时，交通也意外中断了，那么你会怎么办呢？也许你会选择放弃，回家，然后重新预约，你根本不会为了去牙医诊所全力以赴！

这两种情况有什么不同呢？就是理由，即为什么。

如果理由足够强大，那么使用的方法通常就不是问题了。这个迷人的"为什么"是你行动的动力。

积极上进的人，在做任何一件事的时候，都能设定和利用一个迷人的理由。

你只是看起来爱读书

□ 李月亮

我认识一个面相大师，很厉害的。别的不好说，有一点我觉得挺有趣：他能看人学历，具体点儿，是读过多少书。

他说，人读的书，都在脸上写着呢。读书少的人，脸上有一种狭促、盲目和幼稚，这是精神饥饿的表现，读书越多，这种饿相就越少。因为读书能让人明是非、通情理，所以读书越多的人，精神上越不容易被困住，面相上也就越温和、协调、自在，越不会出现那种难看的粗俗、狭隘、市井气。

我朋友问：那天天刷朋友圈的算吗？大师呵呵笑了笑。

当然，人读书不是为了变好看的。更当然，也不是为了变有钱。

在这两个可能出现的附加值之外，读书的意义是——来，听他们说：

陈丹青：读书有两个作用，一是让我自以为非，二是让我有一间自己的房子，有内心的生活。

茨威格：一个人和书籍接触得愈亲密，他便愈加深刻地感到生活的统一，因为他的人格复化了，他不仅用他自己的眼睛观察，而且运用着无数心灵的眼睛，由于他们这种崇高的帮助，他将怀着挚爱的同情踏遍整个世界。

毕淑敏：书不是胭脂，却会使女人心颜常驻。书不是棍棒，却会使女人铿锵有力。书不是羽毛，却会使女人飞翔。书不是万能的，却会使女人千变万化。

伏尔泰：当我们第一遍读一本好书的时候，我们仿佛觉得找到了一个朋友；当我们再一次读这本好书的时候，仿佛又和老朋友重逢。

长期读书的人会明显不同——公众场合偏于安静，发言时直戳重点，逻辑清晰；做起事情专注度高，不会大声吵闹；学习能力强，接受新事物更快。

中国有个特别吊诡的现象：人人都说读书好，认真读书的人却特别少。

大部分人，都只是看起来爱读书而已。

这可能跟人心的浮躁和功利化有关。

阅读，说到底是一种精神劳动。越是有用的书，读起来可能就越累，因为需要配合深入的思考，需要花费心力去理解其内涵。而读后的收益，却没那么立竿见影。很可能我们费了很大力气读完一本书，并不能立刻感觉到获得了什么。

于是多数人便没有耐心去等那个"潜移默化"的影响出现——我付出了精神劳动，却不能得到应得的。那么做它何用？有这时间，还不如追个剧……

心态不对，行为就变形，结果就令人失望。

真正能从读书中获得益处和乐趣的人，往往都对阅读保有悦纳心和敬畏心——我知道这是一本好书，我读后将有所得，而我愿意安心地等那个好结果出现，不会要求立刻"变现"。

这应该才是阅读的正确心态。

其实我最想隆重指出的是：看字不等于读书。比如天天刷朋友圈，看再多"不转不是中国人"，也是无效的。而即便是在微信上看有一些深度的文字，效果也跟读书差那么三两条街。读一本书和读十万字的不同是：一本书，是一个系统的、完整的、深化的体系，它本身就是一座黄金屋。而那些零散的文字碎片，是一堆没法垒在一起的金子，看起来很美，实用价值却并不高，它们很难促使你深入思考，帮你构建完善的思维。

好比不管你吃多少瓜子、薯片、巧克力，也取代不了一饭一菜一汤的正餐，零食可以做消遣，而保证身体健康营养均衡的，还得是正餐。不吃饭光吃炸薯片，就算顶住了饥饿感，也还是会营养不良啊，搞不好还胃溃疡呢。

灵魂营养不良的表现，就是：总是迷茫，心浮气躁，想事偏激极端，没有分寸和界限感，思维逻辑性差，控制情绪的能力差，不懂得辩证地看问题……

如果这些症状你都有，那就是时候放下手机，读点儿好书，喂喂你那只如饥似渴的小灵魂了。

身体养生靠五谷，灵魂养生就得靠好书。

一个数学奇才的浪漫情书

□ 化君

这是夏日一个宁静的午后。斯德哥尔摩大街上行人稀少，空气中流淌着慵懒的气息。树叶在暖融融的阳光里恹恹欲睡。

如果不是翩然而舞的蝴蝶，谁也不会注意到圪蹴在花园旁边的那个乞丐，他正低着头，手里拿着一根枯枝，或许是一粒石子，在地上写写画画。该不会是算计讨了多少克朗吧。

"嗨，你在干什么呢？"一个天籁般温软甜美的声音从天而降。他哆嗦了一下，然后慢慢抬起头来。

不知道他是陶醉于女孩甜美的声音，还是被女孩的美貌吓傻了，他痴痴地望着她，一言不发。她也惊诧不已，没想到，这个衣衫褴褛的乞丐长着一副英俊的面孔和一双深沉的眼睛。她蹲下身去，看他留在地上的杰作。当她抬起头来再看向他时，目光里多了一份惊讶和敬慕。她开始向他提问。他的对答如流一如她灵活敏捷的提问，使得彼此对对方越发惊异和赞佩。很快，他们成了相谈甚欢的朋友。夕阳西下的时候，她才恋恋不舍地离开。

一天，他正圪蹴在路边低头思索着什么，一队人马突然停在他面前，并递给他一个信封。那是一封聘请书。他跟着那队人马来到雇主的家门口，这是他在梦里也没见过的富丽堂皇的房子，门口还立着侍从。他吓得掉头就走，身后却传来那个天籁般的声音。接着，她走到他面前，并认认真真地叫了一声"老师"。

从此，他成了她的数学老师。出乎他意料的是，这个天使般的女孩对数学简直到了着迷的程度，她爱慕曲线比对自己的身材更胜一筹。他们自作主张，取消了合同上规定的条条框框，一起吃饭，一起外出游玩，有时也一起看月亮，数星星。一天，她的母亲让她陪着上街，她说，她要和他一起去爬山。母亲生气地走了，并向她的父亲抱怨说，这孩子是不是对他有意思？当初父亲只是因为不忍心和同情，才答应请他做她的家庭教师，他岂能容忍自己视为掌上明珠的女儿和一个叫花子有瓜葛？他不但被赶出他们家，而且从此不得再踏入这片国土半步。

他原本为了躲避黑死病，才从自己的国家流浪到这里。回国不久，他就被传染，且病情很快恶化，生命进入倒计时。他仍然放不下对她的思念，每天坚持给她写信，盼望得到她的回音。可他哪里知道，他离开她的那一天，她也被软禁了起来。他写给她的信都落到她的父亲手里。

这一天，他用尽身上的最后一丝儿力气从床上爬起来，他要把刚刚写好的信给她寄去。这是他寄给她的第13封信。他把信封放进箱子后，就永远地离开了这个世界。

或许是出于好奇，或许是被一个乞丐的胆量和执着所打动，父亲拆开了他寄来的第13封信。他想看看这个不知天高地厚、恬不知耻的乞丐到底用了什么伎俩让她心高气傲的女儿迷了心窍。可是，信纸上只写着一个方程：$r = a(1-\sin\theta)$。父亲请来全城顶级的数学专家破解隐藏在这个方程里的秘密，但没有人看得懂。晚饭后，父亲把他寄来的第13封信给了她。

她把信放到嘴边发疯般地吻着，然后慢慢打开。接着开始计算起来，看到答案她欣喜若狂。这是一条心形图案，也就是后来震撼数学界、震撼世界的心形线。

他就是被称为解析几何之父的法国著名数学家笛卡尔。而她是瑞典小公主，后来的女王克里斯汀。虽然笛卡尔和克里斯汀在一起的美好日子仿佛昙花一现，然而，那封浪漫另类的第13封情书，至今完好无损地保存在欧洲笛卡尔的纪念馆里，使他们的爱情之花永远在岁月的枝头绽放，飘香。

不自虐，怎能拥有酣畅快意

□ 淡淡淡蓝

那些长得漂亮、干得漂亮、活得漂亮、想得漂亮的家伙，都是狠角色！

我的朋友S辞去了她稳定的公务员工作，在市区租了一个小店面，开了一家小小的甜品店。

甜品店很小，小得全部坐满也只有10位客人，却很温馨。遍布的绿植和鲜花，靠墙的一排柜子全部摆放了S自己珍藏的书籍。每一款甜品都是S亲手制作，咖啡也是她现磨。把身子埋进S店里软软的沙发上，咖啡和现烤菠萝油的香气扑鼻，我由衷地替S开心，她终于过上自己想要的生活。

自从三年前S把一个烤箱搬回家，她就在烘焙这条路上越走越远。

别人在追剧，她在美食大咖的博客里潜心钻研烘焙技术。

别人在刷朋友圈，她在厨房费劲揉面。

夜深了别人在呼呼大睡，她歪着脑袋打着瞌睡等着面团的二次发酵。

做出来的东西在家里并不受欢迎，而且还得不到先生的理解：想吃什么就去买吗，非得这么辛苦自己做？

为什么呢？S说："看到散沙般的雪白面粉，慢慢地一步步在自己的手下变成了小巧精致的面包，你不觉得这是一件很奇妙的事吗？"

我摇摇头："我怎么觉得更像是自虐呢？"

虽然拥有了自己梦想中的小店，可并没有想象中舒适的老板娘的生活。

所有的原料到货都要由S自己清点查看，40公斤的面粉袋也要她亲自搬运。

小店虽说十点钟才开业，可是却每天都要六点半起床，因为每个工序都要考虑周全。

手臂上有好几处烫伤都是出炉时弄的，吐司出炉的速度要非常快，如果面包来不及脱模的话容易塌陷，之前的辛苦就白费了。

如此种种，不一而足。

看着S在店里欢快地忙进忙出，

我仍然决定打击她：可是你这么个小店能赚多少钱呢？S吐了吐舌头，调皮地说：等上了轨道，只要能和我上班的收入持平我就满足了。可是上班的时候你多么轻松，现在呢，却如此辛苦。

S给自己调了一杯咖啡，挑了一本书，伸了一个长长的懒腰，舒舒服服地在我的对面坐了下来。那一刻，我在她眼中看到了踏实的喜悦和满足。

想起S对我说过的话："看到刚出炉的面包，我双眼放光，像是和自己亲手做出来的生命在对话。"

Y每天下班不是急着回家，而是先去健身房跑步。算了下，Y坚持跑步已经有三年。我亲眼见证她，从一个不胖的瘦子，跑成了一个健康、活力四射、身材紧致的瘦子。

别人下班聚会，她在健身房挥汗如雨。别人对着美食大快朵颐，她跑步回家就一碗西红柿鸡蛋汤吃一碗米饭。

也有坚持不下去的时候，在朋友圈感慨万千：我这么自虐究竟为了什么？我不是为了好看，年轻的时候都没有美成一朵花，更何况现在人到中年，我只是在抵抗每天在拉我下沉的那股黑暗力量。

三年的坚持，跑步从一件她讨厌的事情变成了一件愉悦和享受的事情。一天不跑，就浑身不舒畅，只有迈开步子，泼洒过汗水了，这一天才觉得圆满。

再来说说我自己，心血来潮办了一张瑜伽卡。

瑜伽卡花费了不少钱，为了不辜负花出去的每一份血汗钱，迫不得已地在心里喊着要坚持。

想象一下吧，一个从来没有学过舞蹈，二十多年没有运动的资深宅妇，一下子要去做那些柔韧性的训练，无异于是在遭罪。

每天上课，都有坚持不下去的动作，累得痛得想要掉眼泪，想狠狠地痛骂自己：谁让你自己来找罪受的！

再想想本来这个时候的自己，应该是舒舒服服躺在沙发上聊天看书追剧。

现实却是，每天下课后，拖着累残了的双腿颤颤悠悠地回家。

闺蜜嘲笑我："活该！人家自虐也就算了，你还花钱找虐！"

可没有自虐过的人，又怎么会拥有最快意的人生？

当同事说肩颈酸痛不能忍，只有依靠盲人按摩才能勉强坚持上班，我却可以轻松灵活地舒展自己的肩颈。

和闺蜜一起去泡温泉，她们遮掩着自己肚子上那一层游泳圈，咬着牙说回去就减肥，我却可以傲娇地展示我的纤细小蛮腰，还有隐隐约约的马甲线。

你为着那份薪水，每天掐着点打卡上下班，四处奔波，羡慕可以慢条斯理坐在自己的甜品店里喝咖啡读书的小S。

你天天宅在家里，看看自己一天天皮肤松弛脸色晦暗，对着Y的玲珑身材流哈喇子时，你并没有想到过她们曾经百般自虐过的生活。

是她们不知道享受，不知道安逸，不知道混吃混喝，不知道炸鸡配啤酒比西红柿鸡蛋汤更美味吗？

不，正是因为她们懂得，自虐是因为自律，唯有自律，才会有更大的自信和自由。

不自虐一点儿，不对自己狠一点儿，怎么能够拥有酣畅快意的人生？就像水木丁说过，那些长得漂亮、干得漂亮、活得漂亮、想得漂亮的家伙，都是狠角色！

你不需要相信任何人对你的评价

□Joy Tiu

那一年你4岁，非常喜欢唱歌。你有着动听的嗓音，唱歌让你快乐。有一天，你妈妈加班到了晚上8点才回家，你不知道她那天跟同事吵架并且被一位客户投诉，不知道她那天头疼了一整天，晚上几乎没有吃饭，不知道她此刻还是头疼欲裂并且非常想静一静。你只是很开心，看到她回家你就更开心了，你开始放声歌唱，欢快地围着她唱歌。你妈妈终于按捺不住了，没忍住就对你有些凶地说："别唱了！你不知道你的嗓音很难听吗？"

那一刻你住嘴了。从此你变得不太愿意唱歌了，因为你怕别人讨厌你。你觉得自己的嗓音很难听，所以索性就不唱了。你甚至开始变得很害羞，不敢跟其他小朋友讲话。而所有的这些变化，仅仅是因为你妈妈在心情糟糕的时候那么一句无心的斥责。她并不知道这句话对你的影响，她像全世界的其他妈妈一样对你怀揣着最美好的期望，可是她永远都不知道，那句话已经在你的心里生根发芽，变成一个你跟自己签下的"魔鬼契约。"

上初中的那一年，你开始爱上了数学。你发现数字是如此奇妙，不管是代数、算术还是几何，它们的规律是如此完美，让你沉浸其中不能自拔。你并没有想争什么，但是在全班的第一次数学考试中，你拿了第一名。在你看着成绩单惊喜不已时，老师在讲台上说了这么一句话："数学的思维一般还是男生比较擅长，女孩子可能开始的时候成绩很好，但是慢慢学到比较复杂的知识时，就要落后于男生了。"你很难过，为什么就因为自己是女孩子，所以，数学就会慢慢落后呢？

你也不知道是为什么，但你的数学成绩好像真的像中了魔咒一般，在初二时开始下滑。每一次你没有学好，你脑中便会响起老师的那句话，然后你发现自己开始慢慢失去了对数学的兴趣，甚至开始讨厌数学。直到有一天你告诉自己："女孩子的确不擅长数学，所以我还是去钻研文学吧！"这位老师的一句偏见之语，再一次被你相信并且内化成自己的声音。从此，你和自己签下了又一个"魔鬼契约"。

当然我可以给你讲无数个这样你和自己签下的"魔鬼契约"。这些契约都是你如真理般信奉的："我不擅长游泳""做我喜欢的事情是赚不到钱并且没法养活自己的""我如果按照最本真的自己活着，就没有办法承担赡养父母的责任""我如果现在不结婚就肯定嫁不出去了"或者简简单单的那么一句"我并不觉得自己是一个很值得爱的人"……

这些"魔鬼契约"都是以别人的无心、善意或者恶意的评价开始，以你最终把它变成自己内心的声音结束，然后你就在不知不觉中慢慢丧失了自由。

所以，你要如何打破这种契约呢？

永远不要相信任何人对你的任何评价，这个人包括你自己。

因为不管别人对你的评价是好的还是不好的，那都是他们对你言行的理解。比如你画了一幅画，有人会说："哇，你画得好美！"你的画本身并不因为他的评价而变得美了，而是你的画在他的心中引发了他对美的感觉。

同样，你发现另一个看了你的画的人说："我真的没有办法想象，你花了一个星期就画出这么没有价值的东西！"同样，这个评价其实跟你的画在你心中的价值甚至它的实际价值都无关，这个评价仅仅说明你的画没有触及这个人觉得有价值的东西，或者仅仅是因为这个人想让你难过。

你真正要问的，不是这幅画到底美不美或者有多大价值，而是问问你自己，在绘画的过程中你是否让自己的生命得到了表达、延展甚至绽放？你的生命在这个过程中获得了多大程度上的滋养，这才是让你知道它的价值的评价！

别人对我们的评价或者说对我们的言行的解读，更多地反映出了他们是谁，而不是我们是谁。所以，当下次别人告诉你，你非常擅长演讲或者你非常不擅长演讲时，都请你感谢他们，并且同时积极地寻求他们的反馈。

但也请你记住，你擅不擅长演讲，跟他们没有任何关系，因为你是流动的、发展的、变化的，所以擅长或者不擅长都不是最终的你。而最终的你，是你选择听从自己内心的声音，去向着你想要的方向成长，并且接纳此刻还不完美的你。

不要在别人的目光里变得平庸

□ 薛瘦脱

我的朋友鸽子向我抱怨有人在背后说她喜欢出风头、锋芒毕露。事情的起因是鸽子班级的微信群里时常有人问一些与专业知识相关的问题,热心的她总是第一个站出来帮忙解答。没想到她的热心竟然会引起别人的不满。

鸽子年年都能拿到奖学金,是一个名副其实的"学霸"。这是她白天泡图书馆、夜里熬到深夜学习所得

到的回报。因为鸽子的专业课成绩很优秀,所以当她有能力帮助别人的时候,热心肠的她总觉得应该义不容辞地站出来。可到头来,她的热心肠竟然被别人评价为"爱出风头"。

我特别怕有一天,鸽子会因为这些莫名其妙的恶意指责而动摇自己,从此不再理会别人的求助,不再敢于做热情善良的自己。

我曾经上过一门关于"演讲与口才"的选修课,在课上,老师让大家依次上台做三分钟的自我介绍。为了不落俗套,我私底下精心准备了很久。我采取了自黑的方式,还特意往讲稿里插入了一些生活中幽默搞笑的小段子。经过一周的不断练习,我的演讲果然引起了听众的热情和兴趣,在逗得大家哈哈大笑的同时,也让大家记住了我的名字。

夜跑的时候,我兴致盎然地给朋友讲起了白天课堂上的事情,朋友也来了兴趣,让我给她演一段,果不其然,她听完也忍不住笑了。本以为她会夸我有创意,谁知她接下来却泼了我一盆冷水:"的确很精彩,可你不觉得这样显得太招摇了吗?"

我知道朋友并没有恶意,她只是不愿让我成为别人事后谈论的笑料罢了。这个世界上,有太多人明明被你的能力所折服,一转头却说你爱出风头、太张扬、不低调。

类似于这种明明被别人的努力打动,却偏执地否认别人努力的行为,真的让人愤怒。每个人都有自己在这个世界上寻找存在感的方式,这就是我在靠自己的努力试图让这个世界认识并记住我啊。

大学的时候曾经遇到一个学弟,没见面时就听说过很多人提起他,说他过于积极、爱出风头,话里话外都是不屑和嘲讽。院系活动,学弟总是一个不落地参加,积极到就连平时出外展搬凳子、守展位这种苦活儿、累活儿他都从不放过。

后来在一次聊天时,学弟告诉我,他想把大学生活过得丰富多彩,还梦想自己能成为学生会主席,锻炼自己,为将来进入社会储备能量。他努力地参加各项活动,不仅因为能够磨砺自己,而且可以在老师和同学面前展示自己、得到肯定,也能及时发现自己的不足。

后来,在一次和学生会部长聊天时谈起他。部长说,在一群新生里,因为学弟平时参加活动积极又努力,所以早就注意到他了,只要坚持下去,他很有希望能在学生会里有一席之地。

爱出风头又怎样?在大学里待了四年,有多少人连名字都没被同学记住。相反,又有多少人通过所谓的"出风头",让自己的名字成了整个校园的传奇。只有认真准备、努力付出的人,才能把风头出得精彩漂亮,才能赢得掌声。那些丝毫没有努力过的人,只能叫作"出丑"。你经过努力获得的成就,就要从容自信地绽放出来,不要畏惧别人掷来的冷眼和嘲笑。

请不要藏匿起优秀的自己,更不要在外界目光的压迫下慢慢变得平庸。多少人在别人的冷眼和嘲笑中,变得缩手缩脚不敢向前。原本明亮的眼睛变得黯淡,微笑消失不见,也不再幽默开朗,变得按部就班、枯燥无聊。生活不是成批次生产的玩具,我们也不是模型里面大同小异的成品。

不要活在别人的目光里,更不要活在别人的谈论中。你努力地付出过,当机会来临时还怕什么,你有资格和底气,只需要从容地站出来就好。那些准备充分的人,一上场就自带光芒,吸引了全场的目光。他们有资格获得赞美和掌声,因为这一切荣誉和光环都是他们努力的结果。

没有谁能够轻轻松松地获得别人的认可和关注,喜欢那种经过自己的努力,厚积薄发然后一鸣惊人的人。毕竟爱出风头的人,往往都是有备而来。

我们是不是真的不如别人

□ 孙晴悦

小时候，我们最讨厌听大人们说，谁家孩子考了第一，谁家孩子钢琴十级，谁家孩子奥数拿了全国什么名次。对，我们甚至都没有听清楚，那不知道谁家的孩子，到底得了第几名。

那是一种莫名的失落感。就好像，生长在一片向日葵花田，自己美美地朝着太阳，花瓣尽开，孩子们跑进这个花田，一起和向日葵照相，正当向日葵很开心地享受着阳光和孩子们的笑声的时候，其中一个孩子突然说，隔壁有一朵玫瑰花，比你们长得好看。

这是一种莫名的失落感。我常常有这种感觉，常常会觉得有莫名的失落。好像无形之中，那个不知道谁家的孩子又出现了，时刻提醒着我，你好像真的不如别人。

一次和一个1993年出生的男生喝咖啡，他说着我不懂的互联网世界，说着他已经做过两个创业项目，带领团队获得了A轮融资，他告诉我这个世界变化太快，互联网的三个月就是现实世界里的一年。

那时候，我刚回国，刚从那个充满着自由和爱的拉丁美洲回来，落地北京的时候，都仿佛自己还带着拉丁美洲的气息，还长着翅膀会飞，而眼前这个小我五岁的男生，在讲着一个我完全陌生的行业，他的老练、能干，他眼睛里的光，照得我眩晕，随之而来的就是那种无来由的失落感，使我张开口却不知道如何继续那个谈话。

我拼命地在想互联网的三个月就是现实生活中的一年，那我已经被那个他口中的互联网的世界落下了多少年，并且我如何才能懂这个我已经快要跟不上的世界呢。

还有一次，和一个从美国念完MBA（工商管理硕士）的美女吃饭。美女妆容精致，眼神明亮，聊的是国内的创业机会，是硅谷的投资项目，是如何把硅谷的资源嫁接给国内的创业者。我完全不记得那顿饭吃了什么，只记得姑娘的壮志豪情，说到兴奋之处，银色的耳环碰撞出清脆的声音。

我认真地在想，自己是不是浪费了三年的时间，太过于放纵自己，奢侈地花了三年的时间，浪迹在遥远的拉丁美洲，行了万里路，却忘了读万卷书，而后果便是对于什么硅谷资源，什么国内创业者现状，本来其实可以发表一些看法的，却因为那种莫名其妙的失落，又张口不知道该如何说。所以，我们真的是那么不如别人吗？

回国后的我，其实一段时间都陷入深深的沉默中，我不懂这个世界究竟发生了怎样的变化，我羡慕着1993年互联网圈的男生，羡慕着读完MBA准备大展拳脚的美女，我陷入小时候听说别人家孩子的那种莫名的失落中，忘记了自己其实已经在遥远的大洲，走过了一段特别美好的道路，那段时间无论怎么看，其实都闪着光芒。

有一次去秘鲁拍摄，原本没有高原反应的我，由于过于自信，劳累拍摄了一整天之后，晚上回到酒店，头痛欲裂。更可怕的是，从晚上十点，到第二天凌晨四点，一分钟都没有睡着，其间频频去厕所，拉肚子可能快二十次。

整个人瘫倒在床上，用手机百度高原反应拉肚子会不会死掉；打电话给前台，用并不怎么会说的西班牙语，问前台小哥要氧气，后来怕自己虚脱死掉，问酒店厨房要了一碟盐，自己吸着氧，在房间烧着热水，想要喝一点儿盐水。而第二天凌晨四点又要出发去机场，赶往下一个城市。

我都不知道自己是如何上了第二天的飞机，后来在朋友圈上发了一张围着红围巾的照片，写着"在的的喀喀湖，高原反应，喝了古柯茶"，轻描淡写。

最近才又想起这个故事，是因为自己成了那个被羡慕的别人家孩子。好多好多人说羡慕我的二十几岁，羡慕我去了那么多的地方，羡慕我在遥远的拉丁美洲有过很多平常人无法拥有的经历，羡慕我的二十几岁是真的好好过了那么多年。

后来我明白，其实大人们所说的谁家孩子，并不是一个人。因为，并不是有一个孩子，她成绩又考第一，钢琴又十级，跳舞全国第一名，画画被博物馆收藏，还长得美。而那个看上去什么都拥有的别人家的孩子，所拥有的不过也是一个方面，并且他所走过的路，他吃的苦，流过的眼泪，我们也全都没有看到。

我们真的并没有不如别人。我们那种莫名的失落感，是因为在那一瞬间，我们拿别人有的去和我们没有的去比。谁也没有规定，一朵花必须又长成向日葵，又长成玫瑰，还得在同一个花季开得娇艳欲滴。

青年励志馆 先有公主梦，再修女王心。

我人生中最重要的那一年
□ 林清玄

影响我最深的一段历程，应该是在我读高中的时候。那时只要一念之差，就万劫不复。

我在高中时便决定要做一个写作的人，也就是所谓的作家。我想要做一个作家，第一个条件就是要读很多书，第二个就是要思考。那时候我读了很多课外书，我曾经立志要把学校图书馆的书，从第一本看到最后一本，所以每一天都跑图书馆。

学校的书总觉得不好看，我又到外面借回很多三十年代的书籍。因为那时没有影印机，借来的书只好抄，抄的时候，底下垫好几张复写纸，抄完以后装订，再卖给同学，这样我就把钱赚回来了，而我自己也保留了一份。

因为这样，我的功课很差，学校老师对我态度也不好。到了高二，我已经被记了两大过、两小过。他们不准我再住在学校宿舍，怕我会影响别的同学的情绪和操行。那时候我的人生已经快完了，因为我觉得已经没有什么指望了。我就想说不要念书，回到乡下去种田。然后一边种田，一边发展我写作的事业。可是爸爸妈妈都坚决反对我做这样的决定，因此考虑让我转学。

可是后来我并没有转。因为我高中二年级下学期，碰到一位很好的国文老师兼导师。他的名字叫王雨苍，北大毕业，是从公立高中退休后到私立高中教书的，因为教书是他的兴趣。

在我被人看不起的那段时间，他就是对我非常的好，可以说是这个世界上第一个鼓励我写作的人。所以在那个时候，我每天写一两千字的文章，这也是当时唯一支持我继续读书和活下去的理由。写了一段时间之后，因为投稿常见报，在学校里我渐渐出了名。那时我的文章常被登在《联合报》等一些知名的报纸上，大家都觉得很惊讶，开始对我另眼相看。

因为这样，我常代表学校出去参加作文比赛，每次都得奖。老师也开始对我比较善待，他们都知道我要当作家，大学考不上也没有关系，所以打那时候开始，也没有人逼我要好好读书。

我说我还是要赴考，至少要给爸爸妈妈一个交代。想当然，第一年我就落榜了。我爸爸卖了家里的一块田地，筹了一笔钱叫我去上补习班。

在补习班门前徘徊了好几天，不知哪里来的勇气，我及时做了一个决定，我不要补习，我要把这笔钱拿来做一个旅行，了解一些地方的风土情，那对我的写作会很有帮助。

那一年，对我的影响实在太大了，我发现自己的眼界突然被打开了，原来世界这么大，和我以前所想的完全不同。此外，它让我比较真实地认识别人的生活。

不过很悲惨的是，那年考大学又落榜了，但是我一点儿也不觉得遗憾。第三年，我为了不辜负爸爸妈妈对我考上大学的期望，努力地考上了世界新专电影科。考上以后，我爸爸放了一串鞭炮，庆祝我终于金榜题名了。

那一段时期的经历对我的影响很大，使我非常确立自己写作的志向。在旁人来说，写作也许只是他们的兴趣，觉得写文章可以做一些自我的表达，可是对我来说却不同，我一开始写作的动机就是希望为这个世界写作，为这个世界的人写作。

我的少年时代那么美、那么真实，那一段岁月里，我想，我基本的人格与风格都已经养成了。

宝藏
□ [乌克兰] 肖洛姆·阿莱汉姆

在山的那一边，老犹太会堂背后，埋着一处宝藏。村里人都这么说。

但想要找到宝藏并不是件容易的事。如果村里的犹太人和谐相处，一起去寻找，就能找到。

村里人都这么说。

要是这些犹太人过得平平安安，不嫉妒，不中伤，不吵架，不嚼舌头，不传谣言，大家齐心协力，就能找到宝藏。不然的话，宝藏就会在地里越埋越深。

村里人都这么说。他们开始辩论、反驳和争吵，话越说越多越恶毒，这一切都是因为宝藏。有人说在这儿，有人说在那儿，喋喋不休，又开始新一轮的辩论、反驳和争吵，话越说越多越恶毒。

这一切都是因为宝藏，而宝藏在地里越埋越深。

礼仪的目的在于使得本来的顽梗变柔顺，使人们的气质变温和。

再艰难，也要笑给别人看

□ 裳衣

记得上大学时，大一那年，我体育选修课修的是健美操。班上有一名女孩子，性格内向，肢体也很僵硬、不协调，不知为什么，也修了这门课。第一次上课，她就被老师叫到了最前排，和老师正对着，老师说："咱班里我看就你基础最差，你以后每次都站在这个位置好了，我方便手把手教你。"后果是她由于紧张，压力又很大，在最前排全班同学都能看到她"张牙舞爪"的样子，她简直要崩溃了。第一节课后，她在教室里号啕大哭，那是我到现在为止听到过的最大声的哭泣。整个教室都安静了，所有人都看着她，她就一直哭一直哭，第二节课，她没有向老师请假就离开了。

后来的每一节课，她都来，站在第一排，脸上没有一点儿笑容，即便老师做了一个很搞笑的动作，她也从来没有笑过。班里的同学下课后，都不敢去找她玩，担心无话可说，会冷场。她会戴着耳机，站在窗边听歌，不闻不顾。整整一个学期，她的健美操都跳得很笨拙，虽然能看出她很努力，但每个动作都不是很到位。

到现在，我还记得她，反倒不是因为她的健美操很搞笑，而是她的那一次大哭。那一次大哭，让我们所有的人都见证了她的悲伤，以至于让我们都不敢靠近她。那一次大哭，让我们觉得她特别可怜，觉得自己很幸运，而幸运的人怎么好意思和不幸的人一起快乐呢？那一次大哭，仿佛给她戴上了一层盔甲，她想笑都笑不出来了，所有人都见证了她的号啕大哭，笑就显得那么微不足道。

我想，倘若那时，她是笑着面对，以打趣自己的态度面对老师，即便心里流血，但面上还是开自己的玩笑，结果可能会完全不同。也许，她会和我们打成一片，我们私下里都愿意帮助她；也许，老师会觉得她是个好相处的人，愿意课下多给她一些指导；也许，她会慢慢觉得自己没那么糟，会发现周围还有几个人和她差不多，她们可以组成一个"联盟"，厚着脸皮，享受不一样的舞蹈的快乐；更有可能的是，快乐的她，会花费更多的时间来练习，终有一日，她的身体会轻盈、协调很多，将来成为一名健美操老师也说不定。

但是，她这一哭让所有的可能都成了不可能，哭泣的威力就是这么大。哭是具有破坏性的，而笑是具有建设性的，哭泣会让你在痛哭中越陷越深，而笑容则会激励你，拨开云雾重见天日。

你哭着对别人说，别人会在心里笑你；而你笑着对别人说，别人会在心里流泪，这就是人与人之间的逻辑。

每当受到上司批评的时候，自己还没缓过神来，周围的同事都扑过来，安慰你说："亲，不要难过啊，没什么大不了的。"你心里想着："就是没什么大不了的啊，我觉得上司批评我不认真是对的啊，我为什么要难过呢？"倘若你在朋友圈里说和男友分手了，那更不得了，你看着下面的评论和安慰，会觉得应该喝药毒死自己一次，或者上个吊、跳个河，才能表现出他们以为的悲伤。

如果你创业失败，发个"今早起来喝了杯咖啡，沐浴在温暖的阳光中，突然就觉得好幸福"的状态，看到的熟人几乎不约而同地说："就应该是这样吗，失败一次，没什么大不了的，好好享受生活才是最重要的。"你看后，恨不得把咖啡杯摔掉，心想：你们真行，我喝个咖啡，都会被你们理解为治愈系。

从小到大，长辈一直在告诉我们："有难处了，千万要说出来，即便别人帮不了你什么忙，起码心里会好受些。"长大后，你才知道，长辈是多么善良和理想化。事实是：你有难处了，千万不要说出来，你说出来了，别人不但帮不了你什么忙，可能还会给你添堵，给你无形中增加额外的压力，心里非但不好受，反而是更难过。

有这样一类人，不知你身边有没有：如果你用5分钟的时间找她哭诉了某件事情，她会用两分钟的时间来安慰你，然后用8分钟的时间来说在这件事情上她做的是如何如何好。有些人真的是你不管和她聊什么，她都能够轻松自如地过渡到自己的身上，如何优秀，如何快乐，如何成功。这还没有结束，半个小时之后，估计你周围的几个人都会知道了你哭诉的事情，她的解释会是："多几个人安慰，会觉得好一些吧。"你恨不得扇自己几个巴掌，"让自己多嘴！"

之前，我也是一个遇到困难就想着第一时间打电话给朋友的人，渐渐地发现，自己好像成了祥林嫂，别人记住的都是你的苦难、你的眼泪，好像痛苦比快乐要更让人印象深刻，哭诉多了，别人看你就是一副"倒霉蛋"的样子。

所有艰难的路，不都是你自己选择的结果吗？自己有能力去选择，就要有力量去承担、去面对所有的后果。再艰难，也要通过笑容，告诉给别人：你不后悔自己的选择，在你的世界里，你是自己的英雄。

青年励志馆 先有公主梦，再修女王心。

曾以为，人生无法改变

□ 药师兜

老杨和日向宁次一样，都是在认命之后，又努力地改变自己的人生。

老杨是我大学时的舍友，参加过三次高考。第三次走进补习班的时候，他已经相信，资质和命运决定了自己就应该属于某所不入流的高校，重新踏进补习班，是他心里残存的希望在垂死挣扎。

日向宁次虽然躲在《火影忍者》的世界里，面对的东西却比老杨的世界更现实。他是名门之后，日向家族号称"木叶最强"。他继承了大家羡慕的"白眼"。这是忍者世界创世之神——大筒木辉夜专有之能，每一个继承了"白眼"的人，都可以说自己是"神之子"。别人用血汗换来的尊重，他们只要睁开眼就有了。

这些从出生即如影随形的荣耀，是旁人眼里的光环。可是，日向宁次的这份天才的骄傲却揣得那么沉重，只因为他出生在家族的分支家庭里。

《火影忍者》的世界，讲究家族，讲究血统。在日向家族里，更是衍生出一项奇怪的制度，宗家以画在额头的咒印，控制分家的人。这一切都是为了保护嫡长宗家的"白眼"能力，为了宗家，分家众人随时都可以牺牲。

从明白事理起，日向宁次就明白了这个道理，这是他无法改变的命运，和额头的咒印一样，无法摆脱。他好像是要认命的，很多人都听他说过："人的命运，是从一出生就注定的。"

老杨的第三次高考经历，开端很熟悉：班主任以用了多年的口号开道，新同学也是一样的亢奋。老杨说："我是已经认命了，但心里总有些不甘。"一切按部就班，时间过得急躁而缓慢。他的成绩不错，可是状态极差，他自己着急，老师也着急。

直到有一天，老师把一本没封皮的旧杂志撂到他面前，一篇文章被折了角。文章的开头写着：

俞敏洪站在垃圾桶上。寒冷的风从近千人的头上吹过……他大声讲着……重复着一个哲人的话语："从绝望的大山上砍下一块希望的石头！"

突然之间，他很想知道这句话是从哪里来的，他现在就在一座绝望的山上，漫山遍野地寻找希望。

这是我们烂熟的俞敏洪的"鸡汤"，我几乎都能猜出那本杂志是什么。但我无法用轻佻的态度嘲讽老杨，他讲这个故事的时候是认真的。第三次走上高考考场的时候，他原本只是为了熄灭自己心里最后的那点儿希望，然后放弃这条熬人的路。

面对绝望，却没有一碗"鸡汤"可以帮助日向宁次。

明白了自己处境的日向宁次，看上去是认命了，大家看到他清澈、坚定、纯白的眼睛时，也会看到他额头青色的印记。这是他的牢笼。他的"白眼"能力被约束着，不能像宗家的堂妹雏田一样三百六十度"无死角"，但他凭借自己的努力，掌握了只有宗家子弟才能掌握的八卦掌，被视为同龄人中的天才。但在日向宁次心里，除了天才的骄傲和自信，更多的是失落、不甘，当然，还有父亲为了保护宗家而死的仇怨。他会嘲笑李洛克的勤奋，认为他受天分所限，再努力也是徒然，但是转过头，他也像李洛克一样发疯般修炼，想要改变被注定的命运。

每个经历过人生起伏的人，大概都能理解日向宁次的绝望和希望。没有几个人会一帆风顺，得到命运所有的奖励。命运总是给你一个希望，然后把它放在绝望的瓦罐里。"苦其心志，劳其体肤"是考验，是命运在检验每一个人生命的底色，看看他是否能站在满地绝望中，仍然静下心去寻找希望。命运在寻找这样的人。生命的荣耀，从来不轻易许人。

如此说来，内心的成长，就是一系列的考验。日向宁次的成长，是在那场让人难忘的中忍考试。这场考试里，喜欢鸣人的看到的是狡黠和坚韧，崇拜我爱罗的看到的是残酷和冷漠，热爱李洛克的两眼满含泪水，怜爱日向雏田的，则收获了对日向宁次的厌恶。

堂兄妹对阵。日向宁次先是劝说，他充满蔑视地劝说雏田放弃和自己的比赛。日向宁次疼爱自己的这个妹妹，也有充分的理由厌恶她。她是日向宗家的公主，她是如此柔弱。在日向宁次的哲学里，柔弱是命中注定的。对阵雏田时，日向宁次的愤恨值在飙升，如果不是她，如果他是她，如果没有她，自己的命运会是怎样一种境况。痛下狠手，日向宁次不像是在攻击雏田，更像是在攻击命运。

这是一次让人充满唏嘘的中忍考试。日向宁次激烈又冷酷地向人们宣示，自己是出生在分家的强者；雏田用无望的还击告诉这位哥哥："我心中有激励自己的人和信念，我可以很柔弱，但柔弱不是命运。"

真正的考验出现在决赛的第三场。漩涡鸣人和日向宁次，即天才和"吊车尾"。

赛前，我们就已经知道，鸣人会被痛揍，宁次会无限靠近胜利，九尾会帮助鸣人，宁次最终会失败。这是岸本齐史许诺给我们的，这时，岸本是命运之神，他安排鸣人在众人的鄙视中成长，安排宁次在所有人的期许中失败。

命运看似强大，其实是一个由绝望做成的瓦罐。我们自己就是绝望里唯一的希望，在命运瓦罐里寻找出路。日向宁次从来没想过，自己会输给鸣人，他也从来没有遇到过如此顽强的敌人。一场传统意义上的高潮对决之后，裹在两个人身上的命运的硬壳都开始破裂。

鸣人被一次次击倒，日向宁次产生幻觉。那个不断被打倒又爬起来的，像极了不服命运安排的自己。这种架打到最后，永远都是一直站着的那个人心惊胆战，对手什么时候才会放弃，下一次，自己是否还能打倒他。那么，如果自己坚信下一次还能站起来，命运之神是否会因为害怕而开始轻微地颤抖。

这是一场真正意义上的蜕变之战，裹在鸣人身上的鄙夷和缠绕着宁次的骄傲与绝望同时碎裂。日向宁次在决斗场上看到了两个自己：一个趴在地上摇晃着起身的自己，一个害怕对手又一次爬起来的自己。

多年之后，我坚信，这场中忍决赛，日向宁次最终是输给了自己的恍惚，他想分清楚哪一个才是自己的内心。恍惚之间，他被鸣人的最后一击彻底击败，随之破碎的，是一直束缚着宁次的牢笼。

有多少人是在一次彻底的失败之后重新认识人生的，如果不是被击倒在尘埃中，他可能永远都不相信命运也会因为惊惧而颤抖。从那天开始，日向宁次终于学会相信一件事情："命运是一出生就注定了的，但是我可以改变它。"

我就是想要最好的

□ 黎饭饭

小学的时候组织话剧表演，剧本是白雪公主的故事，十几个女生叽叽喳喳地凑在一起商量角色分配。老师问：谁想演白雪公主？没有人应答。但我想，恐怕没有人不想当公主吧，穿上漂漂亮亮的裙子，被众星拱月地站到中间，对一个小学生来说就是再刺激不过的事情了。人群中沉默良久后，一个女生举起了手。我们扭头去看她，瘦瘦矮矮的，皮肤还有些黑。"她怎么能当白雪公主呢？"我心想，老师一定会把她换掉的。可是直到最后登上舞台，那个皮肤稍黑的女生依旧是白雪公主，而我扮演的是皇后的狙击手。

很久以后我回想起这场话剧，明明大家都想做那个最厉害最风光的人物，但大多数人还是成了没有几句台词的配角。因为他们从没举起过手，从没说过"我想要"，所以也许更合适的机会都会从眼前悄悄溜走。

后来看的一部日剧里，女主的经历和我很类似。幼儿园时期，她和小伙伴们喜欢扮演美少女战士，大家都喜欢粉红色的水手月亮，而她每次都是装作挑挑选选的样子，拿绿色的水手木星。在谈起这段经历时，她说：我觉得能坦率选择红色、粉色的人很不可思议，会想你究竟活了几次？我是第一次，还没有勇敢到能直说我想要最好的。

这样的心理很多人都有过。害怕得不到最好的，于是甘心退而求其次，永远没有真正承认过自己想要的东西。在看到美好的事物时总是不由自主地想，自己怎么配得上呢？说出口会被大家取笑吧，与其全力争取后又落空还不如假装自己本来就不感兴趣……就这样，我们和自己喜欢的事物一次又一次地擦肩而过，还安慰自己说"没事，我不想要"。你的人生，就输在了这一次次的自卑上。

不得不承认，很多事情是需要去主动争取的。

静是我大学的学姐，也是学生会副主席，雷厉风行，仿佛从小到大都是一帆风顺，没遭受过什么挫折。

静跟我说，其实不是这样的，高中刚入学时选班干部，她初中就是班长，也很想继续做下去，但担心直接自荐显得太出风头，于是便没有表意，期待着被大家慢慢发现自己的能力。结果为期一个月的班干部试用期过去后，那些自荐的班干部在老师的调教下越来越得心应手，同学们也纷纷将选票投给了原先的班长而不是静。

竞选失败那天，静一个人待了很久，后来她就像是变了一个人，不再小心翼翼，而是一往无前。想要的荣誉，即使没有人竞争也要去争取。想要参加的比赛，即使对手强大也要填上自己的名字。想要实现的目标，即使过于遥远也要说出口。

她说，高中之后她想明白了，如果非得有一个人要拿到最好的，那为什么不能是自己呢？要相信，自信也是能力的一部分。如果你只是肯定于自己的能力而不去表现出来，在他人看来，和没有能力是一样的。

你是什么样的人，很大程度上取决于，你想成为什么样的人。伯乐不常有，所以，与其幻想着有朝一日自己的才华被突然发现，一跃而至人生的巅峰，还不如自己为自己引荐，以赢取更多机会。不要畏畏缩缩思前想后，想做的事，直接去做，一败涂地也总好过从未开始。

希望每个人都可以坦荡荡地说出自己的真实想法：我想要最好的，这并不丢人。

请做取悦自己的贵族

□ 张小娴

在以前住的那幢大厦，我常常碰到一对老夫妇，这两位老人，你很难对他们没有印象，每次出现都穿得五彩缤纷，非常耀眼。

有一次，我跟朋友说起这对夫妇，才知道她原来也认识他俩，听说老先生经营一爿小生意，颇有积蓄，二老早就退休，最大的嗜好是穿衣打扮。在他们身上，你从来不会看到黑、白、灰这些单调的颜色，有时是男的嫩绿，女的桃红，有时是男的鲜黄，女的粉橙，姹紫嫣红开遍，多恩爱，也多甜蜜。这一生，多么难得有个人和你一样热衷打扮，品位和你如此接近，你喜欢的衣服他也喜欢。

也许有人会笑话他们，都什么年纪了，穿得像孔雀开屏。可他们伤到谁了？自己觉得好看，跟别人有什么关系？我们又凭什么认为这样的相濡以沫比不上两个同样爱读书、爱研究或者爱极地冒险的人？

他们是由衷地热爱装扮，甚至不介意让身上的衣服成为主角，自己退居配角的位置。别人若懂得赞美，固然是好，不懂也没关系，那是你不懂欣赏他的好。要是连做自己喜欢的事也想要得到别人的认同，那活得多累啊。

刚刚离世的87岁纽约街拍鼻祖Bill Cunningham（比尔·坎宁汉）几十年来风雨无阻，每天骑着一辆自行车在纽约街头捕捉穿得好看和有趣的路人，他是真正的街拍大师。

有一位老太太Anna Piaggi（安娜·皮亚姬）一直是Bill（比尔）镜头下的宠儿，她穿得古灵精怪，标奇立异，脸上永远擦着两坨红红的胭脂，就好像每次都豪气地把一辈子能用的腮红全部用上了。Bill却特别欣赏她，说她是一个穿衣服的诗人。

我曾经常常遇到的那对七彩的老夫妇和纽约街头那位斑斓的老太太，你说他们像蝴蝶，像马戏团团长，像空中特技人或者像魔术师和女助手也无所谓，他们活着是为了讨好自己和灿烂自己，而我们总是害怕恶心到别人，害怕出糗，也害怕被人取笑。

谁说灿烂的颜色穿在身上就一定俗气？有一位法国时装设计师被问到她最欣赏的打扮，她回答说是落难贵族的打扮。就是啊，那些破烂、斑驳和流苏的设计，那些被时光褪掉了的颜色，自有一种体面的美。有些大师，即使再多的颜色，从他手里甩到衣服上，也决不会俗艳，这就是功力。

我曾经拥有过为数不多的Romeo Gigli（罗密欧·吉利）的衣服，他的设计满满是落难贵族的味儿，他也的确是贵族，母亲是女伯爵，父亲是古董书籍收藏家，他的童年是在意大利一幢16世纪的别墅中孤零零地度过的，陪伴他的，是数之不尽的书。成名好多年后，他也真的成了落难贵族，跟生意伙伴拆伙，他名下的店全都没有了，钱也没有了。

这位学建筑出身的时装大师，他的衣服，美到凄凉，我好后悔我没留着。是的，那么绚烂的美，美到极致，有一种凄凉，就好像我们有天一觉醒来才发现从来就没有永远。

真正的贵族，家财散尽，品味犹在，那份优雅是别人拿不走的，是一夜暴富的人再花几十年也学不来的。品位是心中的一缕诗意。

我认识一位家道中落的老太太跟Bill的岁数没差多少，即便在家里见朋友，她的化妆打扮也一丝不苟，她在客厅从来不穿拖鞋，只穿皮鞋，她的拖鞋是在睡房里穿的，厨房也有厨房专用的拖鞋。她喜欢色彩缤纷的衣服，她的衣服一点儿也不贵，都在小店里买，然后自己配搭。她脸上的粉是擦得厚了点儿，可能因为年纪大了，眼睛老了，对颜色没那么敏感。她年轻时可是放洋留学的清秀的大美人呢。

一个老太太粉底擦得厚了点儿、胭脂擦得红了点儿，又伤到谁了？我由衷地敬佩她对生活的庄严和热情，不像我，在家老爱踢掉鞋子，赤着两只脚穿睡衣，朋友来了，我也是这样子。我对生活，甚至对生命的热爱和好奇永远比不上她。

穷得有品位，那得要多少年的修炼和教养？又得要有多少坚持、沉淀与谦逊？遇到这样的人，你得好好认识他，学习他的诗意。

你也肯定遇过一种人，当你悉心打扮的那天，他走过来不怀好意地笑着问你：

"穿成这样是去喝喜酒吗？"

你真想骂他说："你才去喝喜酒！"

一个人难道不可以偶尔怀抱着赴宴的心情愉悦自己吗？人生是一场秀，我们每个人都走秀，都有自己的姿态，当你不在乎别人的想法和目光，你才能够走出自己的姿态。

多少年来，你一直努力取悦别人、取悦你想要取悦的人、取悦这个世界，又要多少年后，你才懂得取悦自己？

无论你喜欢做什么，无论你喜欢谁，只要没伤害别人都可以，恶心到别人无所谓，别恶心到自己就好。多少人为了名声和财富，为了权力、野心和其他一切，做着恶心到别人也恶心到自己的事？而你不过是做自己喜欢的事，过自己喜欢的生活。若有人因为你喜欢做的事而觉得恶心和取笑你，那是他们的事。

真正苍白的，是期待别人的认同，尤其是那些与你无关的人，那才是落难，却成不了贵族。

真正有气质的淑女，从不炫耀她所拥有的一切，她不告诉人她读过什么书，去过什么地方，有多少件衣裳，买过什么珠宝，因她没有自卑感。

求求你别再把悲情和苦难当佳话

□ 曹林

前几天看到一条新闻，报道了一个离休教师、孤寡老奶奶90多岁还坚持捐款的故事。她生前省吃俭用捐款50多万元，捐出的最后一笔1.2万元慰问金用于帮助20多名留守儿童。

看这篇报道，有两点让人欣慰的地方。其一，从读者留言看，很多读者并没有像过去那样停留于浅表的感动中，并没有在高调的赞美歌颂中把这位可敬的老奶奶捧上道德神坛，而是觉得很沉重、很心疼、很辛酸，觉得欠这位老奶奶很多——心疼老奶奶，觉得92岁的老奶奶其实更需要关怀，不应该让一个本来最应该受到社会救助的老人去帮那些本不该是她帮助的人。弱者对弱者的慈善，会让人觉得很沉重。对这种爱心，我们应有亏欠和愧疚之心，而不是在一片廉价的赞美中把悲情装扮成佳话。

另一点让人欣慰之处在于，报道者也有这种问题意识，并没有用惯常的"典型笔调"去渲染老人的崇高，没有用悲情衬托老人的高大，没有用让人无法理解的逻辑去歌颂，而是谈到了政府和社会对老人的关怀。她是一名孤寡老人，学校每周都会派两个人来照料她的生活，退休工资很高，晚年生活过得很愉快——她的这种爱心和善意，更多是出于感恩和回馈。正如她自己所说，她要努力回报社会，要将一切还给人们——这种善不是无缘无故的崇高，而是一种以善还善的生态。

读到这些，我们可能会心安很多，也更能理解老人的善举。

这个社会的一大进步就表现在，人们越来越排斥那种用悲情衬托高大、用牺牲烘托崇高、用苦难催生感动的典型宣传，而是回归对人性和常识的尊重。人们不再轻易地被某一种悲情的叙述带入泪流满面的感动，而是学会了在感动中思考，甚至学会了拒绝感动，抗拒消费苦难，抗拒用别人不该有的奉献、牺牲、奋不顾身和不该承受的苦难来滋养自己的感动癖。

所以，当有人还用过去的那套"典型塑造"逻辑来报道那些好人故事时，会受到越来越多的排斥。比如，当媒体报道了诸如"5岁女童独自撑起残缺的家"的事迹时，人们不会赞美女童"穷人的孩子早当家"，不会感动于女童的担当，不会当成佳话去传播和消费，而会无比心疼，并去追问社会救助的缺失和公共保障的缺位。有人说，感动和赞美是正能量，而一追问社会保障就成负能量了。这完全是对正负能量的误解，让孩子弱小的肩膀承担她无力也不该由她承担的重压，把孩子架到成人所制造的道德神坛上，把她的苦难当成佳话去欣慰，这才是最大的负能量。

苦难就是苦难，需要悲悯、克制和解决。在过去，人们会习惯把苦难当成佳话去励志，熬成鸡汤去贩卖，编成故事去说教，今天人们会拨开覆盖在苦难上的诗化悲情而看到苦难中的种种问题，这是莫大的进步。

前几天看到一篇文章，批评过去的一些宣传套路给人形成的印象：好工人停留在脏乱差穷不顾家，好干部停留在清廉绝症不要命，好受害者停留在原谅宽容倒贴钱……总而言之，不把当好人做好事搞成最惨的事，就不罢休——这种反思是非常可贵的。我们很多人还是习惯于拔高、用别人无法理解的东西去生硬说教，而不习惯用符合常识和人性、将心比心的东西去触动人心。

想起一次采访"试飞员"的经历，飞机交付使用前需要有人试飞，试飞是一件很危险的事，是和平时代最危险的职业之一。听一个试飞员讲他们的历险故事，他们其实并不是"不怕死"，也不是"为了别人安全飞行而不顾自己的生命"，谁不害怕死亡呢？感动我的是，从试飞员口中听到的不是"不怕死"，而是他高超的专业技能，能在遇到危险时用专业的冷静克服对死亡的恐惧，在生死几秒间成功脱险。他热爱试飞事业，不是为了别人，是源于那种好奇和对新的追求而产生的热爱与坚守。他说，每一次新机型新飞机造出后，他都跃跃欲试，都想去飞一下，感受和挑战一下，那种成就感无与伦比。飞别人已试飞过的，没有成就感和挑战。这种实话，比"不惜自己的生命"听起来更能触动人心。

优秀才是你的发言权

□ 杨熹文

那是我背井离乡的第一年，在一个小小的咖啡馆里端盘子，全靠这份工作为下个学期的学费攒资本，经常熬夜写作业的虚弱睡眠和高强度的工作量让我的记忆力有些吃不消。有次为客人点餐时，我在点单那张纸上把"炒蛋"错写成"煎蛋"，结果把食物端出去时就遭到顾客投诉。一直在背后紧盯着我的老板娘瞬间暴跳如雷，这让我耳边整个下午都充斥着反复的责备："你怎么这么不小心呢？害我损失客人，你知道少赚多少钱吗？你拿什么赔给我！"

她的声音是如此尖厉，不带丝毫仁慈，我不住地道歉，心里却抗议着："我已经和客人道过歉了啊！""我每天不是都早来十分钟吗？""我的手因为去厨房帮忙还被切伤了呢！"可这些委屈被理智紧紧地卡在喉咙里，任何毫不思考就脱口而出的话都能让我马上失去这份工作。她给了我一个"赶快走开"的手势，于是我钻进厨房里，背对着她，装作去水池里洗碗，眼泪"吧嗒吧嗒"掉进满是泡沫的污水里。我那因为工作而受伤的右手小指还没来得及痊愈，隐隐的痛令我觉得，全世界都在以最恶劣的方式欺负着我。

那一年我就这样被大大小小的歧视重压着，每走两步就会遇见别人的"瞧不起"。我从不后悔自己一个人出来闯荡，可我憎恶那些冷冰冰的陌生人。咖啡馆老板娘每一刻都能被触动的暴躁神经，自大的客人一副目中无人的模样，某个科目的老师说出"你期末成绩得B就不错"的预期，一起租房的男孩子看不惯我很晚才回家，一副"没有钱就回国啊"的傲慢态度，就连那个麦当劳的十七岁服务生都皱着眉头递给我可乐，好像我磕磕绊绊的英文，不配在这里寻一处落脚地。我像一条被巨浪推上岸的鱼，身后是在海里自由穿梭的同类们，可命运却偏偏把我丢在沙滩上搁浅着，这是一片多么灿烂的海岸啊，远处就有此生未遇的美妙风景，可我却大张着嘴巴，虚弱地发不出半点儿声音。

我没能总结出什么可以安慰自己的道理，自从远离家乡就懂得，再艰难也要保持坚强。我是个一无所有的姑娘，只剩下自尊心，那些敏感的情绪无时无刻不在身体里发作着，我多少次在心底暗暗地发誓，有一天，我一定可以用优秀于现在百倍的姿态，重新站在那些"瞧不起"我的人面前，向所有人证明，我不是应该被瞧不起的那个人。

这样的心态，说起来有点儿不健康，却让我在很长的一段日子里充满了斗志，不管谁觉得"你从来不优秀"，或者"你以后也不会优秀"，这都成了我人生的刺激疗法。那几年我有多么拼命啊，连朋友都觉得我努力到变态的程度，但是人生，必须有一个自己的活法。我拼命地读书，让那个说我"期末成绩得B就不错"的老师预测落了空；我拼命地赚钱，在富有的男孩子面前为自己那份饭买单；我拼命地学习，练习驾车增强英文，证明给别人看一个女孩子独立起来也可以做那么多的事；我拼命地成长，不管是看书写字做运动，渐渐可以在那些觉得我此生注定平凡的人面前挺起胸膛走路……这些拼命，都让我变成了一个优秀版本的自己，也让我从别人开始转变的目光中知道，优秀就能赢来尊重，优秀就能给自己一个发言权，这是我深刻体悟到的人生道理。

如今很少再去回想曾经受过的委屈，也谈不上对过去的伤害是感谢还是记恨，我已经慢慢理解，"没有时间浪费在没价值的人身上"，这只是人生的常态。这些激励我最终进步的伤害，何尝不是人生的另一种转机？我已经学会用一种沉默的姿态闷声努力着，我没办法拒绝这种负面能量的发生，但我终有一天可以让更美好的自己站在更多人面前，静静地告诉他们："我不是你们想象中的那么不堪一击的人。"

几个月前路过那家咖啡馆，那里依旧繁忙，我却没有停留。右手的伤疤还浅浅地留在小指上，那些苛责的话也没有忘怀，而我远远地看着那个忙前忙后的老板娘，在心底为她给我上的那堂课，深深地鞠了一个躬。

王尔德说过,有许多品德美好的人,如渔民、牧羊人、农夫、工人,尽管他们对艺术一无所知,但他们才是大地的精华。

所谓素质,不过是细节

□ 远方

1

一次,我去一个朋友家做客。这是我第一次到她家里做客,也是我第一次脱离社交场合见她。

她家的保姆有些年迈,行动不是很利索。她陪我聊天时,不停地指挥保姆干这干那,保姆亦忙前忙后,一脸惶恐。

临别时,"战事"突然爆发了:朋友端坐在餐台前,厉声斥责那位保姆。只因为玻璃餐台的台面被水果弄湿,保姆没有按她说的用牙膏去擦洗。

我终于见到了她的另一种表情,那表情好陌生、好可怕。她把目光平视,瞧都不瞧一下面前那个被吓得大气都不敢出的人。

她还一字一顿地从牙缝里挤出几个字:"还要我再告诉你吗?桌子没擦干净,再用牙膏擦三遍!擦到能照出你的影子为止!"

年迈的保姆战战兢兢地从卫生间拿出一管牙膏,却不小心碰倒了水盆,于是,水漫过地面,保姆脚下一滑,"扑通"一下摔倒了,半天没爬起来,朋友连眼皮都没动一下。

可是,她一转脸,立即堆满了笑意对我。我的心一瞬间冷到极致——她竟会变脸!

我再也没见过她,也没再接过她打来的电话。我的心里已经不拿她当朋友了,也许到现在她都不知道我为什么突然间疏远了她。

我无意评判别人的人格和处事方式,但我知道人性的低下和高贵在这样的细节上是能看得出来的。我不喜欢会变脸的人,如同我不喜欢拿撒谎当习惯的人。

2

那天路过国贸,那儿是重庆路上最繁华的路段。一个乞丐跪地乞讨,是个老人,没有下肢。

逢乞必施的我顺手掏出一块钱,扔给了那个乞丐,动作娴熟。

没走几步,对面走来一个女人。女人衣衫华贵,妆容精致。她应该是刚从国贸买了东西出来,手里大包小包的。

她走到乞丐面前时,停下了脚步,想掏钱,却腾不出手来。

乞丐"善解人意"地趴在地上摆了摆手,示意那女人离开。女人却突然蹲下身体,我以为她是想近距离训斥那个乞丐,不想,她用腾不开的手和眼神示意乞丐自己动手掏她的腰包!

乞丐的手脏到不能再脏,可那个女人就那样蹲在乞丐面前,任由那脏手去掏她贴身的腰包!

乞丐掏了一张10元的钞票,那女人站起身急匆匆地离去了。

想起我扔钱的动作,我怔住了。不是施舍钱多钱少的问题,是我看见了自己灵魂深处的某种傲慢、某种偏见、某种如乞丐般的卑微。

那个女人的一蹲,蹲出了她的高贵,这样的女人除了可爱之外,还很可敬。

3

我家的小保姆因嫁人离开后,我每周会找小时工来打扫房间。市面上的价格是每小时7元钱,但我给每小时10元钱,若是擦玻璃或干重活儿,我就会给更多些,还经常把一些穿过的衣服、鞋子、帽子、围巾送给她们。

为了不伤害别人的尊严和面子,每次送的时候我都小心翼翼,生怕人家误会。

有一天大雪天,我的房门被敲响,我打开门,看到我用过的小时工站在门外。她的脸被风吹得通红,整个人被冻得瑟瑟发抖,手里却捏着几张零碎的钞票。

原来她回家后发现我旧衣服里有些零钱,怕被误解就骑车3个小时把钱送了回来。

我拉她进屋,想让她暖暖身子,她却不肯,还说你点点吧,别差了数额。实际上,我早已不记得那点儿碎钱了。很少的钱,让我看到了她做人的质地。

所谓素质,不过是细节,所谓细节,便是你对显贵和乞丐持一样的心。人的质地,不在于外表彰显出的东西,而在细节。无论从事哪个行业、处在哪个阶层,都能从细节上甄别出某种做人的基本质地。

做一个怪人有什么不好

□July鲸鱼

在很长的一段时间里，我都以为随波逐流是人生最安全的状态。

小时候，家属院里的孩子们做游戏，妈妈对我说，跟着大孩子玩会比较安全。但玩久了我就会发现，领头的那个"大姐大"心太坏。她总是欺负刚来的人，有时候还骂人，打人时巴掌声震天响。我那时虽然并不懂得大道理，但潜意识里开始远离那个圈子。当然也受了不少苦，她带领全小区的孩子们孤立我，她们开始说我长得又高又瘦，像女鬼。

没有人和我玩，我就自己玩。

那时候我一个人学会了如何和自己相处，一个人发明了各种游戏。

从小学一年级开始，我一直坐在教室的最后面。早年的时候，我不爱说话。旁边的男孩子又幼稚得很，上课只会睡大觉，清醒的时候谈论的不是扑克牌就是动画片。老师也好像把我遗忘了。因为我回答问题时总要想半天，老师等不及，后来也不再关注我了。

8岁的时候，我开始看《红楼梦》。邻座的那个男生老是取笑我笨，写字难看，只因为我的数学没考过满分。我印象比较深的一件事是，有一次他用铅笔头戳我的头，我没搭理他。后来他要动手撕我的《红楼梦》，被我反转过手腕，顺带着把他的刚及格的数学卷子扔在了后门垃圾桶里。

从那以后，他再没找我麻烦。但相应的是，班里也没有人和我说话了。大家都以为我是个脾气怪、学习又奇差的孩子。明明大家年纪那么小，但是伤害起人来却是那么理直气壮。他们有的人会在我的本子上写难听的话，有的女生会当面说我的坏话。从那时起，我看到了人性中恶的那一面，一旦带有偏见，伤害就来得干净利落，不眨一下眼睛。

怪人就怪人吧，我依旧做着自己喜欢的事，画画、写字、读书。我10岁那年，读完了《简·爱》《鲁迅全集》《德伯家的苔丝》《呼啸山庄》，当然还有当时流行的郑渊洁、杨红樱、秦文君的作品，还读了好几遍《红楼梦》。

可能是真的没有人可以交流，在那时候我喜欢和自己对话。除了放在心里的话，其余的让它们活在文字里。在那几年里，没有人对我的境遇感同身受，没有人了解一个孩子没有朋友的滋味，但是我在书籍里找到了很多的答案。我的孤独，就像在海上航行的一只小船，有触礁的风险，也会迷路，也会九死一生，但只要没有远离海洋，它就会一直朝着想要去的方向前行。10岁的我想像简·爱一样活得漂亮，不靠任何人虚伪的赞美、不靠华丽的服装、不靠世俗社会的关系，只靠自己，努力活得漂亮。

后来我的孤独终于开花结果，它开出了玫瑰花、芍药花、向日葵，还有很多我不认识的花朵。我的作文开始频频获奖，数学也经常拿满分，我仿佛在一夜之间成名了。

我这才开始有机会被别人接受和理解，很多朋友才开始知道真实的我。我记得当时有个发小对我说："很多人都说你怪，没接触你以前我以为你脾气坏，后来才发现那根本是谎言。"

情况变好了许多，但是我还是做着喜欢做的事情。我从来不觉得随波逐流有什么好。青春期，周围的很多朋友加入了帮派，大家风风火火、惊天动地的样子，曾一度让我着迷。我在和他们混过一段时间后，才发现他们的日子是多么无聊。除了打游戏和逛街。成年以后的我认识了很多天南地北的朋友。Lisa是在中国的留学生，她说她以前也有类似的经历，当时她五音不全，合唱的时候被全班同学嫌弃。后来有些女生开始变本加厉地孤立她。她也是那时喜欢上写歌的。她爱音乐，但是无法唱出来，只能写出来。现在她定期给一些唱片公司写歌，还参与了大学社团的音乐电影的创作。

我们说起过去被人孤立的岁月，痛苦轻得就像一声叹息，时间老人根本没空去理我们。也许在外人看来这算不了什么大事件，但对于年幼的我们来说，在没有形成清晰的"三观"前，同龄人的恶言恶语就像是要把我们逼入绝境，值得庆幸的是，我们被偏见的大流淹没，但我们还是坚持在流言的浪潮中找到适合自己栖息的岛屿。我们从没有放弃过对生活的热爱，我们认可自己的努力，并不需要别人的证明和赞赏，一样可以活得漂亮。

多少人都在时间的来来去去中消失无踪了。前几天遇到青春期骂我最狠的那个男生，他背着大包，显得有些狼狈。听别人说他过得不如意。他

昂首绽放，永远不会活在框框里

等等身后的灵魂

□ 张前

2015年10月，法国一名叫戈捷·图尔蒙德的54岁男子由于受不了每日往返里尔和巴黎的通勤生活，带着一顶帐篷、四块太阳能电池、一部手机、一台笔记本电脑、大米和面食等供给物品搬到了印度尼西亚的一座荒岛上，体验了40天"鲁滨孙"的生活。

在荒岛上，图尔蒙德每天早上5点起床，半夜入睡。他必须自己在岛上找寻食物，在海里钓鱼，与其他人几乎没有任何交流。他唯一的伙伴是一条叫作"壁虎"的狗，用来吓退岛上的野生动物。

40天之后，图尔蒙德离开荒岛，重新面对繁重的工作。不过，此时的图尔蒙德较以前有了很大改变。他表示，这段荒岛生活实现了他儿时的梦想，经过一段时间的调整，他的人生目标更明确，精力更充沛，为迎接更艰巨的挑战积蓄了更多的能量。

看完这则消息，我想起很久以前看过的一个故事：多年前有一位探险家，雇用了一群当地土著作为向导及挑夫，在南美的丛林中找寻古印加帝国的遗迹。尽管背着笨重的行李，那群土著依旧健步如飞，长年四处征战的探险家也比不上他们的速度，每每都喊着前面的土著停下来等候一下。

探险的旅程就在这样的追赶中展开，虽然探险家总是落后，但在时间的压力下，也是竭尽所能地跟着土著前进。到了第四天清晨，探险家一早醒来，立即催促着土著赶快打点行李上路，不料土著们却不为所动，探险家十分恼怒。

后来与向导沟通之后，探险家终于了解背后的原因。这群土著自古以来便流传着一个习俗：在旅途中，他们总是拼命地往前冲，但每走上三天，便需要休息一天。向导说："那是为了让我们的灵魂，能够追得上我们赶了三天路的身体。"

人生是一次长跑，在这个过程中，我们总是过多强调全力以赴。但当灵魂跟不上身体的步伐时，我们常常会陷入无尽的痛苦和烦恼，甚至丢失自我。

有人说"生活就像拳击，总得把拳头收回来，才会挥出更有力的一击"。这恰好道出了我们前进过程中适当停下脚步的意义。停止可以让我们激动的情绪得到暂时的冷静，停止可以让我们疲惫的身心得到暂时的调整，停止可以让我们虚无的目标得以明确，停止可以积蓄我们前进的动力。

当我们正在为生活疲于奔命的时候，生活已经离我们而去。对我们而言，"适时等等身后的灵魂"不是停止，是生活的缓冲、休整、欣赏，是为了前进更好地积蓄力量。

看见我时，表情有些难堪，勉强打了招呼。有时候收到一些以前骂我的人夸我的话，索性就不理了。

我知道这些见风使舵的人，是最不能信任的。他们说的好与坏又有什么关系呢？风里来雨里去，还是无法阻碍我活成一座自己满意的丰碑。

我很喜欢歌手Lady Gaga（史蒂芬妮）。她从来只按照自己的内心去活。早年被孤立那几年，英语还没有学溜，但听到她唱歌时，那种勇敢和敢爱敢恨数次击中了我的心扉。我喜欢她的真挚、自信、对艺术的执着和对生活的热爱。如果不是对这个世界爱得热烈，又怎会那么不顾一切地唱歌，她是大艺术家。我始终坚信，做一个怪人没什么不好，我们忍受了心血，我们忍受了常人难以体会的孤独，我们为梦想战斗，我们被这人间误解过，同样，我们也深爱着这人间，爱得要死。

人的天性虽然是隐而不露的，但却很难被压抑，更很少能完全根绝。

直到今天，我的同学在聚会的时候，还是会很羡慕地跟我聊到我的生活，羡慕我说走就走的旅行以及独立的经济基础。而我，总是会跟他们说，我只是做了大家都在想的事情而已。

由此我想到两个故事：一个跟一位师兄有关，另一个和我自己有关。

这个师兄跟我一样，考上了军校，和我不一样的是，他是因为家里贫困交不起学费而来到了这个地方。在家里，他看《新闻联播》和《士兵突击》，认为部队的生活会像电视里那样，充满着活力和乐趣。来到军校的第一天，他看到的情景、接触的事物，都让他瞬间坠入了现实。每一天，我们都要叠被子、打扫卫生、列队训练，时间很紧，使他无暇顾及自己的梦想，被现实推着走。而这条路的终点，完全不是他想要的。

他郁郁不得志，而他身边有些同学上课睡觉、下课玩游戏，因为他们认为现在学习的高数、英语这些学科，对今后带兵打仗没有任何作用。那段时间，为了合群，他也在玩游戏，不一样的是，他会思考，这些游戏是怎么弄出来的。

大一上学期，计算机二级考试之前，所有人都在背题库，而他认真地把每个代码打出来，然后编出了自己想要的程序而且运转起来。他还和计算机教研室的老师经常探讨一些问题。结果他不仅顺利通过了考试，还通过了英语四级、网络工程师的考试。那段时间，因为是群居生活，他的每一个行为都被大家看在眼中，大家都觉得他像一个神经病一样每天背一些看不懂的代码。回到宿舍，大家更是冷嘲热讽地跟他说："你把程序编得好有什么用啊？以后你要跟士兵讲代码吗？"他默默地承受着一切非议，并不解释什么。他每天都会学习到很晚才睡觉，等到全队睡着了，他才带着他满脑子的编码睡去。

就这样，过了两年。一次，他把一款游戏熟练地运用到了手机里面，他兴奋地发现这样就可以通过手机玩游戏了，虽然技术不是很成熟，但是他发现这个东西竟然是他自己琢磨出来的！他隐隐约约地感到，这个创意会很棒。

大二的暑假，他去部队实习，山里的信号不好，他很担心自己投的简历会不会石沉大海，他更焦虑自己的小发明能不能被人赏识。

一天中午，在全队都睡着后，一个电话打到他的手机上，他站在房顶上，用微弱的信号接到了这个电话。这个电话是微软公司的人力打来的，对方在电话里说："我们想要你和你的这个创意，如果可能的话，这周请来我们公司面试吧。"

他如实向对方说明了情况，说自己唯一能去的方式就是退学离开部队，可是如果自己现在退学的话，肯定拿不到本科学历，你们介意吗？

对方笑了笑，说："我们要的是你和你的能力，和学历无关。"

他挂了电话，流下眼泪。

接着，他一个人来到北京，加入了微软公司。第一个月，他发挥了军校生活带给他的品质，他每天加班，努力地工作学习。一个月后，他去银行取钱，第一个月的工资——两万元。他打电话给自己的母亲，说："妈妈，我能养活自己了。"

故事到这里，应该结束了。可惜，还没有……

2008年，我考上了军校，和他的感觉一模一样，那个时候的我发现自己就像一棵苹果树长到了梨园里面，与环境格格不入。

那段时间我唯一想做的，就是外出，看着外面自由的世界，而外出名额每周一个宿舍只有两个。我在这样的规章制度下生活了很久。一次偶然的机会，我参加了一场英语演讲比赛，那次，我获得了全校第二名。我开始明白，或许我学英语是有一定天赋的。

无数的日子，我在一个空教室，对着墙不停地背诵英语单词，假设下面很多人在听我演讲，每天自言自语成了习惯，晚上睡觉都在说着英语梦话。就这样，我报名参加了央

所谓天生的不足，都和自己有关

□李尚龙

视的"希望英语演讲比赛",从初赛到复赛再到决赛,最终我获得了北京市第一名、全国季军的成绩。比赛现场,我认识了很多人,其中一个,就是新东方的某领导。

最后离开军校的故事我不愿意多讲了,那段时间,《中国军工报》上都是我的信息,立了二等功。所以那三个月,全世界的人都在反对我退学。幸运的是,我明白了自己喜欢的日子是什么样子,是在路边吃大排档,是晚上喝酒喝到天亮。

退学后,我自由了。后来的生活,我很满意。我过着自己喜欢的生活,有一份不错的工作,更重要的是,我爱的人逐渐都回到了我的身边。

一次偶然的机会,我认识了前面故事里的那个师兄。那天我们坐在一起喝酒,我感叹说:"你的故事让我走到了今天。"他说:"我也没想到,你创造的辉煌让我惊讶。"我说:"这么多年过去了,现在你最想对过去的自己说什么呢?"他说:"这世上,除了自己,没有人能决定你的命运。"

很多人经常抱怨,说父母没有给我们好的生活,说高考没考好,说自己在不喜欢的大学里生活好烦,说没有时间去参加某培训课,说没有钱去当背包客……可你是否想过,你才是自己生活的主宰者,为什么不用自己的双手创造未来呢?为什么不从现在开始磨出一技之长,为了转变生活轨道做准备呢?为什么不把重要的事情做完,不重要的事情直接取消,挤出时间去参加培训呢?为什么不马上开始存钱,为背包游做准备呢?当第一步迈出后,你会惊奇地发现,那些所谓天生的不足,都和自己有关,而你自己的生活,也只有自己能够控制得了。

你的未来,除了你自己,没有其他任何人可以改变。

求人不如求己

□ 林清玄

我带孩子到南部乡下去玩,顺道参访南台湾的寺庙,才发现台湾的寺庙愈来愈多,而且好像在比高一样,十几层楼高的大佛到处都是。有一些很小的寺庙前面也盖了大佛,在视觉上造成一种荒谬之感。

有一天,我带孩子去参观一座刚落成不久的大佛,有十层楼那么高。孩子突然指着大佛像说:"爸爸,大佛的头上有避雷针。""是吗?"我顺着孩子的手势往上看去,由于大佛太高了,竟使我的帽子落下来。

孩子问我:"大佛的头上为什么要装避雷针呢?"我说:"因为大佛也怕被雷打中呀!"孩子说:"佛为什么怕被雷打中?在天上,是不是雷公最大呢?"

孩子的话使我无法回答而陷入沉思,我们千里迢迢跑来礼拜的佛像,祈求能保佑我们平安的佛像,自己也怕被雷打中!佛像既不能保佑自身的安危,又怎么能保佑我们这些比佛像更脆弱的肉身呢?

我想到,苏东坡有一次和佛印禅师到一座寺庙,看见观世音菩萨的身上戴着念珠,苏东坡不禁起了疑情,问佛印禅师说:"观世音菩萨自己已经是佛了,为什么还戴念珠?她是在念谁呢?"佛印说:"她在念观世音菩萨的名字。"苏东坡又问:"她自己不就是观世音菩萨吗?"佛印禅师说:"求人不如求己呀!"

看着眼前大佛像头上的避雷针,大概也像观世音菩萨手里的念珠一样,是在启示我们:"求人不如求己呀!"

人因为蒙蔽了自己的佛心,很多人就把佛像当成避雷针;人如果开启了自己的佛心,就不需要避雷针,也不需要佛像了。佛像需要避雷针,是由于佛像太巨大了。人需要避雷针,是由于自我与贪婪太巨大了。

我们把佛像盖得很巨大,那是源于我们渴望巨大,不屑于向渺小的事物礼敬。很少人知道渺小其实是好的,唯有自觉渺小的人,才能见及世界如此开阔而广大。把佛像盖得很大很大,那是"出神"的境界。知道佛是无所不在,无处不在的,那是"人化"的境界。

权势、名位、财富很大很大,那是"出神"。掌大权、有名位、大富有的人还能自觉很渺小,那是"人化"。佛像不必盖得太大,因为心中有佛,佛就是无所不在、无时不在的。如果心中无佛,巨大的佛像与摩天大楼又有什么不同呢?

平凡普通的老百姓一旦心中有佛,胸怀无限宽广,心中无挂碍、无恐怖。远离颠倒梦想,则尘世的权势名利又怎能成为他的欲,拘限他的自由呢?位高权重的公卿王侯一旦心中无佛,心怀狭小,欲望永无终极,名利权位正好成为围困他的砖墙,又何乐之有?

因此,佛像把避雷针装在头上,人应该把避雷针装在心中,时刻避免被利益与权力的引诱击中。只要能自甘于平凡、安心于平淡的生活,再平常的日子也有意趣,那避雷的银针就已经装上了。

为什么你总是得不到你想要的

□ 竹 芒

有人说,为什么我总是得不到我想要的?我真的有努力,有拼,凭什么晋升的不是我,女朋友还要跟我说分手?

也有人说,为什么我总是瘦不下来?我真的有减肥,有运动,为什么我还是这么胖,还是找不到男朋友?

是啊!为什么你总是得不到你想要的?为什么实现梦想的那个人不是你?这肯定有原因。

身边有个叫许媛的姑娘,已经找到了原因。

她挺高的,168厘米左右。大眼睛,高高的鼻梁,还有一张樱桃小嘴。如果只是这样的话,脑海里浮现的应该是个大女神。可是,再加上80公斤的体重,你也许就停止幻想了。

许媛从初中开始就嚷着减肥,可是她从来没有真正坚持过。

本来"坚持"这两个字就不是很容易的事儿。说是一回事儿,做真的是另外一回事。

可是,在2014年的时候,她突然就瘦了。所有人都觉得不可思议。这么个大胖子,小半年不见,居然就瘦成了大美女。

2014年过完春节,还有半年,整个学生时代,就彻底结束了。然后,在所有人都忙着各奔东西的时候,许媛恋爱了。

许媛第一次恋爱。后来问她,那是什么感受?她说,说不清,就觉得整天都神神叨叨的。

但是,29天之后,许媛被甩了。剧情没有狗血,男生起初对许媛也挺好的,关怀备至,嘘寒问暖。可是,第29天的时候,男生要分手。

他说自己挺喜欢许媛的,脾气好,性格也不错。但是,每次他俩走在一起的时候,他感到丢脸!被无数人盯着看的这种感觉太丢脸了。一群人每次都拿许媛当笑话,一个个面带笑意地喊肥媛媛!

丢脸!

许媛知道从小到大,她都是在别人的嘲讽中长大的。"肥""胖",这两个字贯穿了她的童年和青春期。只是,她从来没有想过,原来自己的胖会给身边的人带来丢脸的感觉。她从小就是那种连喝水都能长胖的,小时候皮肤黄黄的,每次遇见亲戚朋友,他们都会笑着说,许媛真是有福相啊,吃得胖乎乎的,不像我们家闺女,什么都不喜欢吃,太瘦。老师建议去练舞蹈。许媛妈妈就笑着说,只要我们家许媛健健康康的,怎么都好。

可是,许媛知道背地里,亲戚们都在说,许老三家的闺女,就是许媛,真是又肥又丑,将来肯定嫁不出去。

许媛虽然表现得不在乎,但是她也是个爱美的姑娘。她也渴望自己能穿上裙子。当她一喊减肥的时候,身边总有人说,减什么呀,我觉得你这样真的挺好的。哪像那些瘦得跟猴子一样的人。转头,就看见她在朋友圈发了一张自拍照,配字:怎么办,又长肉啦。

许媛喊了10多年的减肥,都没坚持下来。她坚持过几天,但是又开始大吃大喝。她一边责骂自己,一边又沉浸在懒惰带来的快感中。她错过了最美的花季,她曾经也遇上一个对她不错的男生,也许发展下去还会有不错的故事。她心里特别羡慕那些穿着芭蕾舞鞋旋转的姑娘,但是她不敢说。她曾经获得了一次和闺蜜免费拍写真的机会,但是最后被告知,所有的服装和鞋子都没有她的size(型号)。因为胖,她错过了很多很多的机会……

后来,在她第一次失恋之后,她一声不吭,所有人都不知道她在忙什么。每天几乎见不到她的人影。

许媛用了七个月的时间,完成了一次逆袭。所有人在围观她到底吃了什么减肥药或者是不是去了韩国一趟的时候。她笑着说,得对自己下得了狠手!

她觉得自己并没有做多么了不起的事。她只是每天重复着,重复着。用适合自己的方式,坚持到底。无论刮风下雨,她早上准时5点起床。一圈两圈三圈……三十圈……五十圈。戒掉所有的垃圾食品,建立起正确的饮食习惯。

没有别的任何捷径。只有坚持。

人生中任何一件事都是。

后来,有人来问许媛,为什么她们在跑步却没有瘦啊?为什么不吃肉了,也没有瘦啊?为什么?

许媛不知道怎么回答。她想起有一次特别特别冷,她累,酸,没有力气,懒惰几乎使她要放弃了。可是,在她的减肥群里,有一个姑娘已经跑了十圈了。她觉得,一切的原因都在自己身上。

有时候,她一直在问,为什么总是得不到自己想要的?这个可能是一个机会,一个目的地,一段感情,一次认可。真的,这是有原因的。羡慕别人的光鲜亮丽,是因为我们没有看到黑暗中他们坚忍地前行。

你想要走到的地方,如果不是特别容易,就必须得对自己下狠手。谁都爱懒惰,谁都嫌麻烦。但是,几乎每个人都如此渴望不平庸。你想要减肥?想要晋升?想要赚钱?想要去实现梦想?想要过自己的生活?

可是,你又付出了多少努力?

人生这么长,如果付出几天时间,就能得到想要的,那余下来的日子又要如何去浪费呢?

为什么你总是得不到自己想要的,原因很简单。

你还没有付出足够多的努力。

所以,你总该给自己一次机会去证明,去得到你想要的生活吧。

活得漂亮，世界才会把你温柔相待

你的善良，你的美好，你的努力，最终都将作用于所谓的命运；你的刻薄，你的虚荣，你的浮夸，也将成全一切不幸与悲哀。不管外面天气怎么样，别忘了带上自己的阳光，幸福与悲哀、希望与失望，假如我们愿意品尝，样样都有滋味，样样都是生命中不可或缺的。美好的人，总会和美好相遇。

姑娘，生活中没那么多女士优先

□ 花绚水静

前几年，我跟一个朋友的妹妹F合租房子。F是个能言善辩，又略带负能量的女孩。她常说的一句话是："我只是一个姑娘家，为啥要过得像男人那样艰辛？让我嫁个有钱人吧，我就不用过得这么狼狈了。"

对此，我是不敢苟同的。有次，我实在没忍住，跟她分享了自己的想法："你总觉得自己是个姑娘，所以不该为生活奔波，理应坐享其成。可是生活从来不会因为你是姑娘就会对你格外开恩。"

说完，我看到她脸上露出了惊愕的表情。我不是有意打击她，只是想让她明白这样一个道理：生活不会因为你是姑娘就对你笑脸相迎，即使作为一个女孩，也有努力的必要。

想起大学隔壁宿舍的一个女孩毛毛，上了大学之后，她就争分夺秒，学好专业，搞好社交，提升品位，哪项都没落下。有人问她："你这么拼命，不累吗？一个女孩那么努力干吗？"她笑笑说："女孩更应该努力啊，于己，为了让自己有更多的选择权；于家，为了有更好的经济条件赡养父母。现在不累点，以后就是身心俱疲了。"

到了毕业季，当大家都在为写论文、找工作疲于奔命时，毛毛手里已经握着很多知名大企业的offer，在那里挑挑拣拣；而经济早已独立的她给自己和家人买各种贵重物品，还带着家人到处去旅行。毕业之后，出于对漫画的热爱，她选择走上创业之路，用大学积攒的资金开了一间工作室。经过两年的用心运营，工作室做得风生水起。后来，遇到了现任老公K，K对她体贴入微，婚后生活恩爱甜蜜，羡煞旁人。可以说，毛毛把"一个女孩子为什么要努力"用行动阐释得淋漓尽致。

亲爱的姑娘们，你可以有小女生的一面，但你也必须有爷们的气魄，有独自解决问题的能力；你可以有哭鼻子掉眼泪的习惯，但你也必须有汉子的勇气，需要把所有的困难都踩在脚下。

因为，在晋升时，在考试中，在评优时，没有一条规定是：女士优先。

生活不会因为你是姑娘就对你笑脸相迎，想要出类拔萃，自身必须努力，你要学会用自己热爱的方式生活，不堕落，不浮夸，活成岁月静好的理想模样。

风骨

□ 荆墨

1941年，陈寅恪应邀前往欧洲讲学，途经香港，遭遇太平洋战事。日军占领香港后，陈寅恪困居香港，无任何经济来源，全家生活困顿不堪。尽管如此，困居香港的陈寅恪宁死不受日方救济，坚决拒绝与敌伪合作。

1941年旧历年年底，食物奇缺，有人送来整袋粮食，因来路不明，陈寅恪拒收。作为中国文史学界的泰斗，陈寅恪自然也受到日本许多著名历史学者推崇。日本人有意请陈寅恪到沦陷的上海或广州任教，并强付40万港元给陈寅恪，让陈办东方文化学院，亦遭陈严拒。

作为一位知识分子，陈寅恪永远保持气节。

变成一个自己喜欢的人

□ 刘同

我想成为的那些人，我都成为不了。我究竟要成为谁？

小时候，我想成为我爸，这样我能给自己很多钱。

后来我想成为班上最帅的那个人，因为他身处的那个世界我永远都不可能懂。

后来看电视剧，我想成为律师，觉得一个人哪怕长得不好看，只要口才好，也能显得特别威风。

第一次进五星级酒店，我觉得如果能够在大堂的钢琴那儿特别唯美地坐下来，手往上一放，各种曲子都能弹出来，那该多棒！

也曾想象过在机场和别人吵架的场景：对方吵着吵着开始夹杂英文，我依然坚持用中文和他吵。他看我不会英文，于是开始全部用英文。周围的人越来越多，突然我转换语言，轮流用英文、日文、法文、中文变着花样和他吵。

从懂事到现在，我一直喜欢做梦，很多梦都破碎了。比如学英语，我曾下过几百次决心要学好英语，什么方法都尝试过：背单词，背文章，上培训班……均半途而废。

所以我很害怕外国人向我问路，也很害怕出国。

有一次，我和一个英文较差的朋友去泰国。在商场里，我没有现金了，想找自动取款机，好不容易遇见一个本地人，我说道："A box, machine, have much money, if you inside a card, the box can give you much money."（一个盒子，机器，有很多钱，插卡进去，它会给你很多钱。）

我手舞足蹈说了半天，对方仍没有听懂。然后那个英文很差的朋友走过来说："ATM。"泰国人恍然大悟。

你越害怕一件事情，越用复杂的方式去解决它，但往往却解决不了。

我学了十年篮球，失败了；学过美术，失败了；学过英文，失败了。在失败的日子里，我又发现很多有各种特长的人都被人们所欣赏、所喜爱，我就更恐慌了——如我这样一无是处的人，该如何面对未来。

我想成为的那些人，我都成为不了。我究竟要成为谁？

后来，有朋友对我说："先别想着成为远方的某个人，先成为你身边的某个人吧。如果你觉得一个朋友不错，就观察他身上哪一点令你欣赏，然后要求自己也这样去做。"

按照这样的方法，我发现有人的口头禅是："先别着急，让我想一想。"每当有人这么说的时候，我都觉得对方既可爱又沉稳，然后就告诉自己，安静地想一想。嗯，掌握了新技能。

有人在会议中习惯说："您的意思我理解了，我再重复一次，您看是不是这样的？"这样的人我也喜欢，不仅加强了所有参会人员的记忆，同时避免了自己理解的错误。再次掌握新技能。

还有人在吵架的过程中会说："如果你是因为我说的某一句话而生气，我道歉，我原本的目的是……"这样的人我也喜欢。

渐渐地，你处事的方式开始变得像你喜欢的那些人，更重要的是，这样的处事方式让你的思考方式也开始变得不太一样，而世界也渐渐明晰了起来。那时的你会突然明白：我们没有办法突然成为某个人，但我们能慢慢地变成一个自己喜欢的人。

常有大学生问我："同哥，我怎样才能成为一个成功的人？"

我们没法一下子成为一个成功的人，我们只能一点儿一点儿模仿自己喜欢的人，然后将这些改变组合在一起，就能成为一个自己喜欢的人。若你能客观地与世界相处，并且喜欢当下的自己，我相信周围一定有更多的人比你还要喜欢你。那时的你，多少算是成功了吧。

让一切变得更好

□ 冯仑

去年年底，一位大哥对我说，他的好朋友L女士最近想上湖畔大学，希望我能帮忙推荐。

通常来说，被推荐到湖畔大学的学员都有非常出众的履历，比如，常青藤名校毕业，曾就职于世界顶尖企业，参与过很牛的项目，取得过一些创新性成就，等等。而L女士的简历只有半页纸，上面记录了她目前的投资情况，没有学历，也没有工作经历。

我打电话详细询问了湖畔大学招生处，了解到正是因为L女士的履历太平淡，没有任何过人之处，所以最终没有被录取。

后来，L女士联系到我，再次表达了想去湖畔大学的愿望。

那天早上的阳光非常好，我迟到了几分钟，看到她坐在一面透亮的落地窗前等我。见面后我们寒暄了几句，她给我的第一感觉是从容，总是带着淡淡的微笑。

我好奇地问她："你过去学的是什么专业？为什么会进入投资界？我记得你过去做的是实业，对吗？"

她说："我过去是做女鞋贸易的，但是我没上过学，只有小学三年级的文化水平。"

我感觉到L女士的背后可能有一些与其他投资者不同的经历，这让我非常感兴趣。在我的要求下，她缓缓地向我讲述了她的故事。

"我的家乡在福建，过去乡下特别重男轻女，我有个哥哥，我一出生妈妈就非常嫌弃我，老想把我送出去。但是一连五次我都没能被成功地送走，不是生病，就是对方家里遇到了麻烦，又把我送回来了。这样一来，妈妈觉得我是扫把星，总是打我，哥哥也打我，那时我的身上几乎每天都有伤。

"我十二岁那年，妈妈把我扔到了千里之外的武汉，让我跟着一个亲戚学做生意。我那时候年纪小，会做的事情不多，亲戚就给了我一些鞋，让我摆地摊。我只上过三年学，但是特别喜欢看书，希望能多认识点儿字，就一边摆地摊为生，一边跟别人学认字。

"一晃十几年过去了，我的生意越来越好，赚了不少钱。我妈妈就命令我回家，把生意交给哥哥，她认为生意是男人做的，女孩子要嫁人，不能这么有钱。我没有反抗，把生意全部交给哥哥，只带了一两万块钱回到老家。回家后，妈妈又开始嫌弃我，虽然我那时候年纪挺大了，她还是坚持把我送到了一个亲戚家。

"到亲戚家后，我去一家女鞋厂打工，老板是香港人，他觉得我非常能干，说要给我一些股份奖励。于是我努力工作，认真研究客户的需求，按照客户的想法设计、生产、销售鞋子，业绩一路上涨。

"销售额提上去了，老板却突然翻了脸，他不承认我们之间有合伙关系，只给了我工资，就把我从工厂赶了出去。因为困惑，我沉寂了一段时间，去各地学习，不仅修习佛法，参加灵修课程，还接受类似内观的学习。

"在这个过程中，我突然醒悟，觉得人要懂得感恩。我要感谢香港老板，是他让我知道自己足以胜任女鞋产品的设计和管理；我要感谢我的妈妈，是她让我早早自立，因为她，我总会感恩生活，感谢别人对我的好；我也很感谢我哥哥，为了让他看得起我，我才那么认真、努力。

"我创办了自己的企业，生意到目前为止一直还算顺利，也赚了一些钱。现在，我开始思考应该怎么帮助更多的人做他们喜欢的事情。

"哥哥生意有困难的时候，妈妈总是打电话向我要钱，要多少我就给多少，从来不算账。哥哥开始很诧异，为什么以前他总打我，我还这么帮他，渐渐地，他被我感动了，现在我们成了朋友。虽然他的生意一直没有起色，只够糊口，但他仍在武汉坚持着。

"我在做投资的时候，只问所有我要投资的人，你是不是真的想做这件事？是不是真的为客户着想？是不是真的想帮助使用这项产品和技术的人？你是不是真的希望你的行为能改变些什么？用一句话来概括：只要你诚心诚意地去做这件事，那我就投资。

"投资后，我不跟他们算细账，也没有所谓的对赌。而且我的投资非常简单，我只投第一轮，如果第二轮有人加入，我就退出来。我不去想上市之类复杂的事情，因为我也不懂。这样不知不觉做了五六年，大部分项目我都退出了，还都能赚到点儿钱，虽然不像人家那样赚几十倍、几百倍，赚个两三倍还是没问题的。

"有钱后，我帮村里铺马路，清理河道，修老房子，让村子增添了不少活力，老人们也都很开心。他们遇到困难跟我要钱，我也都给他们，我非常感谢他们，因为小时候不管妈妈把我赶到哪儿，总有人收留我。

"现在我有一个美满的家庭。我有一儿一女，我的先生是马来西亚人，每个月我都要去马来西亚看孩子，跟他们在一起我很开心。每当孩

一个成熟的人会发觉可以责怪的人越来越少，因为人人都有他的难处。

给生活点缀一朵花

□ 张君燕

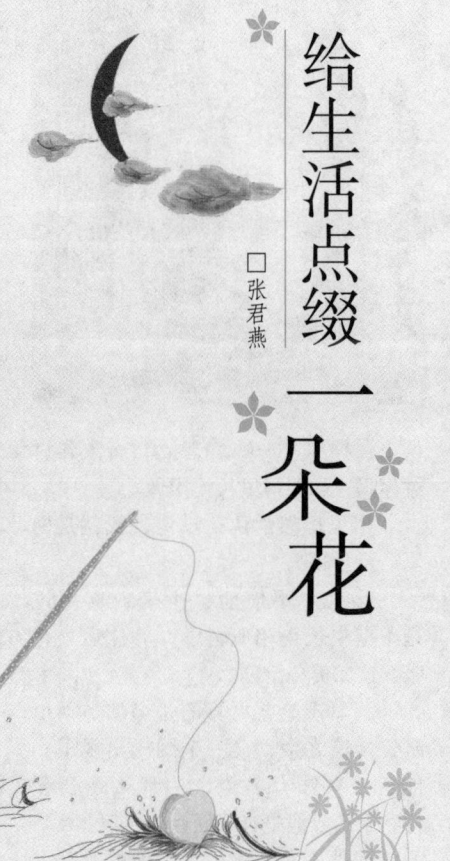

李姐前几年和老公双双下岗，为了维持生计，李大哥找了一份小区保安的工作，李姐则做了一名清洁工。两口子收入都不高，还要供孩子上学，因此，平日里李姐省吃俭用，买菜总是挑便宜的买，一年四季也不舍得添一件新衣。

可我发现，几乎每个月的月底，李姐一家都会穿戴整齐，开开心心地到小区外面的一家饭店吃饭。那是一家中高档饭店，消费水平不算低。李姐一向节俭，可是为何又要如此"破费"呢？这让我很费解。有一次，和李姐在一起聊天时，我忍不住说出了心底的疑惑。李姐笑了笑说："再节俭也要改善一下生活的嘛！""可是，如果把去饭店消费的钱自己买菜来做，会比这个实惠很多呀。"我还是不明白。李姐说："在家里吃和在饭店吃的感觉是完全不一样的，那种享受服务的氛围，以及菜品精致的口感，会比在家里更让人感觉满足和幸福。每次在饭店吃过饭，全家人都会特别兴奋，用儿子的话来说就是'满血复活'，工作和学习的劲头会持续很长时间呢！"听了李姐的话，我顿时释然了。

小娅是单位新来的职员，一个女孩子独身来到异地打拼，肯定会忍受很多常人想不到的困难和无助。那日，我急需一份资料，恰好小娅休息在家，我便到她租住的小屋去取。这是一处简陋的地下室，外面的环境有些脏乱。可是，当我在小娅的引领下进到屋内时，不由得大吃了一惊。不大的屋子收拾得干净整洁，和室外形成了鲜明的对比。四周的墙壁被小娅精心地贴上了壁纸，简单的几件家具也罩上了碎花布罩，整个屋子显得文艺而温馨。

"我快做好饭了，等会儿一起吃吧。"小娅真诚的语气和眼神让人不好意思拒绝。小娅在小小的厨房里忙碌，我站在一旁和她聊天。我指着厨房墙壁上擦得闪闪发亮的瓷片，笑着说："反正是租来的房子，何必花这么大心思布置呢？"小娅笑着回应："网上不是说了吗？房子是租来的，可生活是自己的。再说，本来艰难的日子就够让人难过的，如果再不自己创造一个舒心的环境，好像还真没生活下去的勇气和信心了呢！"看着小娅认真忙碌的身影，我若有所思地点了点头。

很快，小娅把做好的菜端上桌，简简单单的两道小菜，盛在她精心挑选的素花瓷盘里，盘子空白的地方，点缀了一朵用胡萝卜雕琢而成的小花。如此，一盘普通的小菜，立刻变得活色生香，让人的心情不由得变得愉悦，吃到口中也平添了几分滋味。

其实，我们的生活又何尝不是如此呢？平淡无光的日子，需要我们用一点点积极的态度和巧妙的心思，为它点缀一朵小花。无论是李姐，还是小娅，无疑都是深谙此理的。这会让我们的生活多一点儿惊喜和美，而这种美可以让我们远离枯燥和无望，带给我们希望和动力，让我们拥有一种强大的力量和勇敢，来对抗世俗的艰难和消磨。

子们提出来要去哪里游玩、要吃什么的时候，我都会对他们说：'没有人必须带你去玩、给你买这些好吃的，妈妈愿意，是因为我对你们有爱。所以你们要知道，你们得到的东西都是源于别人对你的爱。人家如果不给你，你们也不能抱怨。'因此在跟其他人打交道，或是别人给予了他们一点点帮助时，他们总是会很认真地跟别人说谢谢。

"以前我带他们出去玩，他们总是跑来跑去，吃饭时把饭菜弄得满桌都是，或者乱丢碗筷，我也会跟他们讲：'一定要记住，你到任何一个地方，如果别人为你提供了服务，你离开这个地方的时候，应该要让这个地方比你来之前更好，只有这样，别人才会欢迎你下次再来。'所以现在我的小孩每到一个地方，都会自觉地把玩过的玩具收拾好，把垃圾收拾好。

"我到任何地方，无论做什么样的生意，都只有一个目的，就是让一切变得比原来更好。"

L女士讲到这里，停下来喝了口水，我又仔细地看了看她，她的脸上洋溢着满足的快乐，目光中充满了对爱的憧憬。我突然觉得她不像一个生意人，更像一个布道者。

工商管理硕士教材里有很多讲大道理的案例，拥有出众的学历和资历是成为成功投资者的必要前提，而在L女士面前，这些都显得很多余。我认为，即使她不去湖畔大学也没关系，因为湖畔大学想要培养的就是她这样的人，从这个角度来说，她已经毕业了。

站着的乞讨者

□ 雾满拦江

美国纽约市东35大街附近，有个老乞丐，终年穿件肮脏的格子衫，戴顶破旧棒球帽，帽子上写着：山姆大叔去死……每天上午11点左右，他准时出现在十字路口，趁过往司机等红灯时，伸手乞讨。

没人知道他从哪儿来的，也不知道他会在这里乞讨多久。他帽子上的宣言极刺眼，已构成纽约市一个固定的存在。

莫非这老乞丐对美国的政治有所不满？可能就是这么个猜测，媒体锁定了他。

记者观察到，这老乞丐每天少则能讨到100美元，多则250美元。这个数目可不小！老乞丐应该有笔不菲的存款了。

记者继续跟踪，发现这老乞丐讨到钱后，先到公园里的长凳上坐下，把讨来的钱收好，然后沿着人行道慢慢往前走。

老乞丐走走停停，时不时回头看看，似乎在防止被人跟踪。最后，老乞丐来到停车场，左顾右盼，拉开一辆豪车的门，钻了进去。

豪华轿车绝尘而去，记者目瞪口呆。上帝呀，正所谓人不可貌相，老乞丐竟有豪车一辆。

隔日，记者采取更严密的跟踪措施，跟踪老乞丐来到曼哈顿繁华地带。

这里是有名的上流社区，居住的都是阔佬豪族。

老乞丐的豪华轿车驶入一幢美轮美奂的私宅车库。少顷，换了身工装裤再出来，开始打理草坪。

我的上帝呀！记者尖叫起来，他知道，这里的豪宅，价值350万美元，折合人民币约2234万元。这么有钱的阔佬居然靠乞讨为生！

记者已经够吃惊的了，但后面还有更让他吃惊的。经查证，这个乞讨的阔佬并非普通人物，他——喜剧演员欧文·柯里，在美国大名鼎鼎。更令人无法置信的是，就在他乞讨的日子里，他还经常上节目，参加电视录制。脱下演出服就换上乞丐装，两头赚钱。

实际上，柯里在乞讨时经常被人

认出：柯里……嗨，老兄，有人告诉过你吗？你跟柯里长得很像。

柯里坦然承认：没错，我就是柯里，要合影吗？

路人才不信他：少来，你不过是跟柯里长得相似罢了，算你运气，喏，这50美分给你。

当发现老乞丐真的是名演员柯里时，震惊之余，又一个困惑出现了。他这么有钱有名望，为什么还要乞讨？难不成他是有钱任性？

当然不是，接下来后面的发现，更加让人吃惊。

欧文·柯里，一个苦命的孩子，生于纽约，长大于孤儿院。他在平民护卫队里混过一段时间，后来学拳击，还得过一次冠军。

接下来他弃武从文，改行写剧本，但很快失败，被老板扫地出门。

5年后他卷土重来，在一家小剧团表演脱口秀。又过了几年，他扮演了一个邋遢教授，蓬头垢面，破旧西装，很严肃地登台，一开口就能让观众捧腹大笑。他火了，大红大紫，甚至被视为美国的一种文化现象。

他就这样一直火到80岁，终于式微了，邀请他的节目越来越少，空闲时间就多了。

这时候柯里就思考：嗯，我该干点儿什么呢？干点儿最有意义的……要不咱要饭去？

说干就干，柯里迅速转型为老乞丐，出现在35大街附近。他干什么都认真，演戏如此乞讨亦然，他从80岁开始乞讨，风雨无阻地持续了整整17年，到媒体蜂拥而至时，97岁的他，已是纽约的知名乞丐了。

柯里把乞讨到的钱全都捐给慈善机构。他与古巴的一家儿童慈善机构取得联系，定期寄钱过去，为古巴的儿童购买医疗设备。

与柯里合作了50年的经纪人认为，慈善事业其实只是捎带脚儿的事儿，柯里的乞讨跟钱没有半点儿关系，这老兄就是找个地方，将他的演艺事业延续下去。

而对柯里来说，促使他乞讨17年的原因就一个——好玩儿！

他把乞讨视为一项神圣的活动，可以每天运动，还可以与形形色色的人打招呼，避免老年痴呆。讨到的钱又可以用来做慈善。正是这项有益的社会活动，让他无病无灾活到97岁，越活越精神。

这就是欧文·柯里，一个老乞丐的故事。

当然，大多数乞讨者，其思想境界，与柯里相差甚远。但多年前，深圳媒体也曾对当地乞丐进行"围剿"，剿出来一个奇特的乞丐。

这个乞丐，年届六旬，一张棱角分明的脸，双腿残疾。面对蜂拥而至的记者与摄像机，他颇有威严地拿出来一张纸：同志们好，同志们辛苦了，这是我的乞讨执照，请过目。

首长好……乞讨执照……记者们感觉神经错乱了。接过那所谓的执照一看，原来是当地民政部门给乞丐开的介绍信，大意是：持此介绍信者为我地复员转业军人，符合国家伤残抚恤条件，现因家庭困难，前往贵地乞讨，请予接洽为盼……看着这奇怪的介绍信，记者们的脑子错乱无极限：你是复员转业军人？

活得漂亮，世界才会把你温柔相待

相信一双清澈的眼睛

□ 孙健勇

克拉鲁瓦先生是个好人，这是很多人对他的评价。在法国巴黎的拉丁区，克拉鲁瓦先生和妻子经营着一个名叫弗兰德的低成本小旅馆，生意不好也不坏。

1956年的一个傍晚，旅馆里来了个30岁左右的客人，他拎着一只皮箱，衣服也光鲜，一头卷发下的那张脸略显憔悴。办理住宿登记时，客人说："我需要一间比较安静的房间，以便我写作。"克拉鲁瓦先生边点头，边仔细查看客人的证件，那是一本记者证，上面写着的职务是哥伦比亚《观察家报》驻欧洲记者。克拉鲁瓦先生早年也曾萌生过做记者的念头，所以对记者颇有好感，于是，在收取少量订金后，吩咐妻子把记者安排住在八楼西面的一个房间。那里是弗兰德旅馆的最高层，也是最安静的地方。

转眼过了一个月，妻子提醒克拉鲁瓦先生："我们该收取八楼那个记者的房租了。"克拉鲁瓦先生应道："嗯，他晚上回来的时候，我问问他。"傍晚，记者回来了，他满脸疲惫，头发凌乱，衣服也没上次光鲜，显得皱皱巴巴。"这一个月，您住得还满意吗？"克拉鲁瓦先生微笑着打招呼，没有直接提房租，"您需要续租吗？"记者点着头，有些羞涩地说："当然需要。只是现在我手头比较紧，可能暂时还不能支付房租。不过，我正在写一部书，到时我一并支付吧。"克拉鲁瓦先生看着记者的眼睛，笑眯眯地说："没问题，我相信你。"

又过了一个月，妻子再次提醒克拉鲁瓦先生收取记者的房租。可是，克拉鲁瓦先生发现，记者的状况似乎越来越糟糕，头发凌乱而长，显然很久没有理过；面色苍白，显然是因为营养不良；衣服肮脏不堪，而且已经磨破。"你是不是遇到麻烦了？"克拉鲁瓦先生碰见记者时关切地问。"是的，克拉鲁瓦先生，我现在的确很困难。我的创作正处在关键时刻。请您一定要相信我，我会还您房租的。"面对克拉鲁瓦，记者显得很难为情，极力解释着。克拉鲁瓦先生看着记者的眼睛，对他的话深信不疑，也不打算再催促他缴纳房租了。

又过了很长时间，但是，记者的状况似乎根本没有好转的迹象。有天一大早，记者拎着破旧的皮箱，找到克拉鲁瓦先生，说："为了书稿的事情，我需要离开一段时间，我是来向您告别的。请您放心，我欠您的房租一定会还上的，我保证。"克拉鲁瓦先生看着记者的眼睛，说："好的。一路顺风！"

然而，记者这一走就杳无音信。在此后很多年里，妻子一直责备克拉鲁瓦："你怎么就那么相信一个骗子的鬼话呢？"克拉鲁瓦总是默默承受，不作辩解。直到临死的时候，他才拉着妻子的手说："亲爱的，请相信那个记者绝对不是骗子，因为我看见他拥有一双清澈的眼睛。"

1967年，也就是克拉鲁瓦先生去世后的一年，克拉鲁瓦太太终于相信丈夫所说的话，当年那个落魄的记者在离开了10年之后，果真回到了弗兰德旅馆，将超过房租数倍的现金交给了克拉鲁瓦夫人。那一刻，克拉鲁瓦夫人发现，他的确拥有一双清澈的眼睛。又过了5年，令克拉鲁瓦夫人更加吃惊的事情发生了，她从报纸上发现，这一年的诺贝尔文学奖得主，竟然就是还钱给她的哥伦比亚记者，他的名字叫加西亚·马尔克斯。

马尔克斯在其不朽巨著《百年孤独》中写道："守信是一项财宝，不应该随意虚掷。"

整整10年，他用自己的行动为这句话写下了生动的注脚。

乞丐自豪地回答：是的！

记者：那你应该有抚恤金……

乞丐回答：当然有，月月都不缺，一分也没少。感谢国家，感谢政府。

记者：……你先别瞎感谢，你既然有抚恤金，为什么还要出来乞讨？

乞丐兴奋地回答：抚恤金只够我的基本生活费，可去年我女儿考上了大学，我愧为父亲，无论如何也要给女儿挣出学费。但我双腿残疾，无法劳动，所以向民政局申请出来乞讨，获得批准。我这也算是自食其力了。

记者：……那你的腿……

乞丐：老山前线当兵，踩到了地雷。

记者肃然起敬，拍照声响成一片。

民政部门证实了乞丐的话，所以那一年的媒体，给这位老战士整整一个版面的介绍。

他以乞讨为荣，并因乞讨而彰显人格之伟岸，赢得整个世界的尊重。

不是每个乞讨者都是乞丐，也不是所有乞丐都为了乞讨而乞讨，矮人一截的躯体内，或许就有一个站立的灵魂。

聪明人，无谓争意气。

青年励志馆 先有公主梦，再修女王心。

我二十岁过得很不好，但我不会一生过得都不好

□ 伊 心

去年冬天，冷空气格外漫长，我裹在被子里开一盏昏黄的小台灯看《白色流淌一片》。相信很多人和我一样，会对封面上的那句文案念念不忘。——"我二十二岁那年过得并不好，但我不会一生过得都不好。"

你还记得自己二十岁的时候吗？我大概永远都不会忘记。不会忘记自己像溺水的人一样泅渡的经历，不会忘记每一分每一秒被迷茫、困惑和痛苦绑架的光阴。

因为太年轻了，所以任何微妙的、微小的、微不足道的情绪都会变成惊雷，轰隆轰隆，经久不息。你听到别人否定了你，就开始怀疑自己。因为太年轻了，你以为身边相拥之人可以走到永远，可一转身，大家连影子都模糊殆尽；也是因为太年轻了，胆怯和畏惧的时日总比勇敢的时日要多，人生不应该这么度过。可人生究竟该怎么度过，你又完完全全了无答案。

传说中的"最好的时光"就是这样被消磨殆尽的，你慢慢地沉入旋涡中，每一秒都带着挣扎和惶恐。最好的时光好像都只在别人身上。

因为上学早，我读研的时候二十岁，回忆起来，二十岁那一年全然昏暗无光。几乎全天都在教室里泡着，不是上课就是上自习。数学不好的我被"三高"（高级宏观经济学、高级微观经济学、高级计量经济学）折磨得头痛至极，每一秒钟都想从教室里逃出去。

短暂的寒假里，我在银行实习，小心翼翼地露出笑容应付领导和刁蛮的客户。生活的真相猝不及防地扑向了我，而我毫无准备。

更可怕的是，我在那一年里变成了一个"一无是处"的人。在学校成绩不好，被老师当众批评，在大学四年里辛辛苦苦建立的自信瞬间崩塌成粉末，我才意识到在别人的眼里我简直不如任何人。实习时业绩不佳，银行的一个正式员工几乎从来都没有用正眼看过我。

那时好友小煜已经远走美国，另一个好友也远走非洲，我孑然一身走在路上，心中几近空无一物。二十岁时最大的痛苦，除了"一无是处"，还有"无可诉说"。

我的二十岁很不好，甚至很糟糕。那一年里，我甚至以为，自己的一生也许永远都不会好了。

但日子还是一天又一天好了起来。

我遇见了东野圭吾，在八月盛夏，一个人坐在窗边看他的书。他给了我很多的快乐，让我多年之后，指着那扇曾经熟悉的窗，仍然有好多感慨呼之欲出。

我遇见了更多的优秀的导师。苏格拉底曾说过："教育的目的不是灌输，而是点燃火焰。"而我的导师说："我们都应该庆幸自己走入了经济学这个学科，因为它从一开始就揭示了人类生活的本质。"听课的人都目光灼灼，几年之后，我们仍是挚友，紧拉着手走入社会汹涌的潮水中。我们的情谊因此而更加珍贵，因为那不是少年时的玩伴，而是成年后的战友。

但我还是心疼那个曾经哭不出来的自己，让我更珍惜如今终于云淡风轻的日子，甚至更珍惜自己对自己的爱。

是的，我终于爱上了自己。不再轻易因为别人的否定就坠入自卑的深渊，挣扎着从一件又一件的小事里寻找光源后的方向。

那天的最后，我重新走入图书馆，看到的是米沃什的诗。

一切都像一场梦境般的隐喻。因为他说："你因梦想而在这世上受苦，就像一条河流，因云和树的倒影不是云和树而受苦。你爱过，希望过，但没有结果。你追求过而且几乎抓住，但世界比你更快。现在，你终于能见到你的幻影了。"

他还说："眼泪，眼泪，但是我们后来才哭，在光天化日之下，决不在那个时候。"

我收到无数的来信，来自二十岁上下的年轻人。

选错了专业，找错了工作，爱错了人。被人轻视，被人忽略，被人弃绝。要不要远走他乡，要不要回到旧地。我知道对于当下的你，每一个问题都那么困顿那么庞大，可是你若能看到我的邮箱里密密麻麻的倾诉，便会知道，日光之下其实全无新事。

我们都在经历的，是大同小异的痛苦，而我只能告诉你——会好的，真的会好起来的。

道德之所以有如此崇高和美好的名声，就是因为它总是伴随着巨大的牺牲。

只有你活得漂亮了，世界才会把你温柔相待

□王珣

我在西藏旅行的时候认识了Amy（艾米），一个38岁的香港女孩，之所以还称其为"女孩"，是因为她不论身材还是颜值，不论声音还是神态，都美好如少女。

我们几个旅伴一起租车去圣湖纳木错。

出发之前商议着要带些水果吃食，Amy却已经把购物清单和去哪里购买弄得清清楚楚，而且精打细算得让我目瞪口呆。

原来她从高中起就利用一切假期外出旅行，如今已经一个人跑遍了大半个世界。

她本科毕业于香港中文大学，又在欧洲名校读完了硕士、博士。她就职过的公司几乎都是名门，拿高薪休长假，还辞职去非洲一年做志愿者，在埃博拉病毒肆虐的地方救助饥民孩童。

Amy在旅途中的"矫情"也让旅伴们刮目相看。

大家在车里吃东西她立马会拿出垃圾袋，一个纸头都会仔细收集起来带回拉萨再扔。

她吃东西极为自律和简单，一直保持少女的身材，不论好吃的还是不好吃的，她的那份一定吃完决不浪费。

一位真正见多识广的女孩，身上闪烁出的却是自律而谦和的光芒；一位出身普通人家的女孩，却因为后天修炼人品贵重得能够影响到每一位路人。

也许很多人看到这会觉得Amy一定是单身吧，所以才会有那么多的时间读书、旅行、做志愿者，所谓平常女子没她那种经历的，早已在柴米油盐中风干了梦想，38岁能有38岁的样子就已经很不错了，有她那种经历的女子也常常是难嫁的。

38岁早就不可能再有什么少女心。

Amy30岁结婚，育有两个儿女，先生名校毕业，她钱包里的照片上，先生高大帅气，儿女天真可爱。

Amy还是每年都会安排一次独自旅行，她说她的时间被严格划分，给家庭子女、工作事业、社会公益，以及自己的时间不会混淆也不会错过分毫。

Amy为很多人做过很多事，却从未表现出强者对于弱小居高临下的施舍，而是处处平等地关爱与尊重，给予帮助还要向对方说声"谢谢你，是你让我感觉到了爱的力量"。

我一直认为，一个女子最精彩的生活，莫过于在该干什么的年纪就去干什么，对了错了、痛了伤了，都不要紧，重要的是我们什么都没有错过，就必会有所成长。

就算你曾经都错过，如果现在能够自省停止抱怨，清除负能量的阴霾，努力学会去爱去付出，去欣赏每个人的优点，去把没有做过却又一直想做的事重新做一遍，正能量自然会慢慢充满你的心扉。

现实生活里的我们都不是也不可能单独活着，总有牵挂，总被爱着，所以你不能狭隘着完美，让自己心底的美好太凄凉与孤单。

如果你也看不到生活的尽头，如果你也面临着痛苦的选择，如果你也迷茫，请不要怕，去主动承担些社会责任吧。

你是什么样的人就会遇到什么样的人，你有爱别人才会有爱，你尊重别人就会被别人尊重，等你活得漂亮了，自然会被这个世界温柔相待。

有时候，曾经做出的最困难的决定，却最终成为我们做过的最漂亮的事情；曾经以为最艰难的人生境遇，却最终成为我们活得最漂亮的时光。

回顾我过去的三四年，如果非要总结一点儿经验，如果一定要提供一些方法论的东西，那放下手机，多出门，看花看草看天空，看一切开阔的美好的事物。你要发现这世界多么值得深爱。

当然了，最重要的事情还有一件，就是你要非常非常努力，为自己找到出路。出路不是等来的，你要往前走，东西南北，四面八方，能走的路都去试试，总有一条，可以走通。

如果都走不通，那么立地成佛，潜心修炼，修炼学业学历，修炼职场技能，待到功成，一定有路。

我二十岁那年过得很不好，甚至很糟糕。我质疑这世间所有的爱，却对丑陋和恨意深信不疑。但后来，一切都好了起来。我甚至很难再对生活绝望，再也不像当年，想从高楼上跃下变成一根羽毛。

那时候，我觉得做羽毛多好，多轻摇和自在，但我如今终于明白了那句话："你要像一只鸟一样轻，而不是一根羽毛。"

不管你现在是多少岁，不管你现在过得好不好，都一定要相信，我们的一生不会过得都不好。

是不公平，那又怎样

□ 傅首尔

1

如果有人告诉我，这个世界是公平的，我会有一百个不同意。作为一个命途坎坷的人，我小小年纪就深知"不公平"的痛。

我的小学班主任储老师是一位上海知青，声名显赫，我妈费尽周折把我送到她班上。班里其他同学也是挤破头进来的，因此教师子女特别多。

于是，我这样一个冰雪聪明的人物，小学六年连个小组长都没当。真正令人恼火的是，她不选我跳舞！要知道我可是城南幼儿园的舞蹈队队长啊，真是士可杀不可辱！

我们班当时编排一个舞蹈叫《好爸爸坏爸爸》，教师子女和父母比较活跃的同学都选上了。每天放学，大家排舞的时候，我都在旁边痴痴地等，痴痴地看，我多么希望储老师能发现我，对我说：要不你也来试试？多个人也无所谓……但是，我从来都没有吸引过她哪怕一丝的目光一寸的关注。

我就想啊，这样下去可不行，不能让中国第二个杨丽萍被她谋害掉，所以等到第二次排舞我就跑去跟她说："我想跳舞！"

她说："人已经满了。"

我小时候真是二的可怕，我说："可我真的想跳舞啊！"然后在她办公室"啪"下了个腰，再来个劈叉。

储老师目瞪口呆，好一会儿说：这次真没名额了，下次老师给你机会。

第三次排舞排的是《迎宾曲》，储老师言而有信地给了我个机会，虽然只是个抬花篮的角色，但是因为机会是自己争取来的，我在抬花篮时抬出了杨丽萍的自信！

六年级一次知识竞赛，也让我耿耿于怀。最后我凭借惊人的记忆力成功入围决赛。但是因为我们班一个同学的奶奶是老师，老师残忍地让她顶替了我。遭遇那一次不公平，我像死狗一样躺在床上不想上学，连找老师理论的心情都没有。我哭了好几天，一遍遍地问自己：为什么努力的人是

我，收获掌声的是别人？

没人能告诉我答案，我外婆非常难过，她说：没办法，老师不公平，你只能更努力啊！

我跟外婆说：反正也不公平，努力有什么用？外婆沉默了一会儿说：那下次不选你别人，就很公平了。

那不是个主张"个性"和"不同"的时代，在我每学期的评语上都会出现"孤僻、偏执、不合群、骄傲"这样的词，也许对别的孩子来说，这都不算什么。而我是单亲家庭的孩子，我的母亲和继父非常普通，没有好的工作，没有成功的社会地位。也正因如此，我从小就要强，渴望被认可。但是，机会从来就不是给我这样的人的。

因为我不服气，所以我的成绩一直非常好，心里憋着股狠劲儿，但整个小学我都活在自卑的阴影里，无法走出来。

大四那年，我在北京的一个培训学校兼职教少儿剑桥英语。班里有一个跟我小时候很像的小女孩，她没有父亲，母亲非常忙，接她的时候像打仗，跟她对话简单粗暴。她学习非常努力，但长得不好看，性格特别要强，抢着回答问题，能敏感地察觉到我对一些漂亮和乖巧女孩的偏爱。

年末排话剧的时候，我没有选她当主角，她当着全班的面发脾气说："我英语学得最好，为什么当配角？这不公平！"

那一瞬间，如同穿越，我看见了小小的我，回到十几年前储老师的办公室，我对着她吼："这不公平！"

我终于意识到，之所以那么强烈地感知到不公平，只是因为我太想得到机会。

班主任有权利善待她更喜欢的人，如果小时候我能更平和地看待和接受"不公平"，我们原本可以不那么剑拔弩张。

2

大学毕业后我在一个外资广告公司当AE（客户执行），和我同组的女生是个白富美，大城市姑娘，长得像孙俪，深得男经理喜爱。所以出国跟拍广告片、邮件汇报工作成果之类的好事都是她的，而我负责检索资料、复印文件、当"表姐"、做PPT（演示文稿）……

我问自己凭什么我就要干又笨又累的活儿，而她可以像只花蝴蝶一样轻松自在？凭什么我比她努力得多，却很难得到别人的认可？

熬了很久，公司接了一个重要的比稿，客户部和创意部的总监们没日没夜的头脑风暴，AE主要的职能就是伺候他们，不停地打印复印、拷文件、调投影仪……这些活儿花蝴蝶是不会干的，她坐在会议桌上谈笑风生。

那天的会议大老板在，她是一个

凡事苛求完美的处女座女人，开会途中突然问："咦？是谁在投影仪下面垫了本书？"

大家都把目光投向我，她一直是十分挑剔的人，我战战兢兢地答："我……"

谁都没想到，她说："Good Job（做得好）！以前上面老是空一块，垫了本书好多了。"

然后又对我的经理说："你这个AE很棒啊，回头借给我用。"

那天凌晨散会后，我躲在厕所哭了很久，把那段时间的委屈、不甘、迷茫统统宣泄了出来，我想，幸好我没放弃呀，没有意气用事，相比十几年前那个跟老师大声抱怨"这不公平"的丫头，我成长了，从那时候起，我明白了客观、冷静地去面对所谓的"不公平"有多么重要。

如果是真的不公平，只能接受，而且要带着自信和谅解去接受。要非常清楚地明白这个世界是没有公平可言的，不要欺骗自己，不要相信很多鸡血文，只要努力就会有公平？没有！你认清了这一点会对世界宽容很多，你仍然会努力，但是不会那么怨愤地努力，你会明白努力是你尊重这个世界和自己的方式，并不具备创造"公平"的力量。

不要轻视任何小的机会，对于起点较低的人而言，机会非常细微甚至是隐形的，小到稍纵即逝，小到你不用放大镜都看不见它。也许在职场中它就是摆正一架投影仪，点外卖点得特别棒，做那些被"不公平"眷顾的人们不愿意做的小事，把小事做到极致。

上天对我们不公平，别人对我们不公平，那又怎么样呢？我们对自己公平一点儿就可以了，"公平"从来不是别人给的，把每一颗"公平之心"装在我们自己的胸腔里就好。

船到桥头未必直

口 刘墉

在我小学的记忆中，有一个邻座的同学总在考完试时给我威胁。"太简单了！太简单了！"他才交卷，就会得意地喊。一听他喊，我便冷了半截。因为我十次考试，总有九次觉得不如意。问题是，过几天，当考卷发回来的时候，他的成绩八成比他估算的低许多，我的则相反——比我自己算的高。四十多年来，不知为什么，我常想到他；也总在社会上见到像他这样的人时，而联想到他。我想：这种人是"乐天派"，凡事都往好处想，应该比较快乐。不像我，事事往坏处想，总是如履薄冰。

不过当我到了美国，却发现传说中乐天派的老美，竟也凡事往坏处想——我的智齿长歪了，牙医说这是大牙，他不敢拔，介绍我去找专拔大牙的医生。没想到，他居然先照X光，再用电钻，把我的大牙从中间切成三份，仿佛成了三颗牙，再一颗颗拔起。"你为什么不一次拔起来呢？"我事后问他。"因为你的大牙有三个牙根，如果断一根在里面，就麻烦了。虽然可能性很小，但为了保险……"他回答。

当我去看歌剧，打开那演职员表，除了所有工作人员，上面还常包括后备演员的名字、照片和介绍，好像已经算准原来的演员会生病似的。连帕瓦罗蒂这样伟大的歌唱家，在麦迪逊广场演唱新曲子时，都带着歌谱上场。他可以从头到尾完全不看，却不能不带。

各位年轻朋友，你知道我为什么说这些故事吗？那是因为我发现，现在许多子女在父母的呵护下成长，由于凡事不必操心而顺顺利利，于是以为这个世界真会"事事如意"。更可怕的，是因此产生侥幸的想法——"作弊，没问题，不会被看到的！""衣服，不必带，不会突然变冷的。""粮食，不必存，老天会保佑。""这几段，不用读，应该不会考。""地图，不用看，摸摸就到了。""红灯，冲过去，不会被抓的。""不合格，混过去，不会被发现的。"

"人生路，不用愁，船到桥头自然直。"你会不会常这么想，且认为这是乐天的表现呢？你的乐天，是不是成了鸵鸟，只把头藏进沙土，就以为敌人看不见？你会不会乐天地以为，什么事都该照你想的发生？

是啊，我自卑

□ Celia

1

光打出这个标题就花了我半个小时。

对我而言，要如此坦诚地说出"我自卑"这三个字真的太难了，因为我一直觉得这是一个无解的命题，自卑伴随了我这么多年，真是一不留神它就兴风作浪，管都管不牢。但仔细想想，不仅我，全天下人好像都自卑。

"我脸上有很多痘痘，讲话时都不敢抬起脸看对方。"

"我已经很努力在学了，可是无论怎样都比不过别人，他们好像很轻松就能做好，我怎么这么笨？"

"我父母总跟我说家里供你读书已经尽力了，让我省点儿花钱，朋友邀请我聚餐，我都说没空。"

"我腿真的好粗，夏天根本不敢穿裙子，要能瘦一点儿就好了。"

前两天收到一封私信，姑娘说觉得自己是特殊的女孩子，因为她的手脚每天都会出很多汗，时时刻刻都像刚洗过手，夏天也穿不来漂亮的凉鞋。她不敢和男生靠得太近，不敢恋爱，因为怕对方一牵她的手就会被她的手汗恶心到。就这样硬生生错过了几个挺不错的男孩子。她问我，会不会再也没法和人恋爱了。

刚看到的时候我特别惊讶，因为这样的理由不敢恋爱是不是有些紧张过度了。但突然又特别理解她，这些她心中隐秘的、不足为人道的小缺憾，在别人看来无关痛痒，但对每个当事人而言，都是要用手紧紧捂住的疤。

我想到从前初中班上有个女生特别矮，朋友们老拿她的身高打趣，她也咋咋呼呼扑上来反击，并没人觉得不妥，有一天故技重演，她呆了一会儿，突然就哭了。

她缩着肩膀哭的时候更矮了，我们尴尬地看着她的头顶，这种情绪一旦被暴露出来，才明白以往的冒犯有多深。

有时候我们感觉不到痛，只是因为我们不是那个人。

2

上次发的旅行照片收到一条评论，说你的手臂真是光滑如玉。我突然就愣住了。

天知道，我从小汗毛特别重，手上腿上都毛茸茸的，小学时候班上同学都笑话我是长毛怪。有别的小朋友也长汗毛，但是他们一旦被嘲笑，就会指着我说，看××的毛比我的长。我莫名其妙当了很多年的靶子，更无辜的是，我为自己的样子感到极度羞耻。哪怕是在夏季酷热的教室里，我也不愿意脱掉长袖校服，活生生闷得满脸通红。

终于熬啊熬过了那个周围人都口无遮拦的年纪，即便有时被别人看到，只要不点破，还是能相安无事的。可是有一天和班上一个同学发生口角，他突然指着我的手臂说，你这个丑八怪凶什么凶。如果放现在，我有一万句话可以就地顶回去，你凭什么利用我与生俱来的部分羞辱我，你凭什么因为我和别人不同就判定这是我的错，你凭什么用拙劣的人身攻击来掩盖自身的无知，你凭什么理直气壮地没教养？

可是那个当下，那个我不知道世界上存在脱毛蜡纸，存在激光手术的当下，我像一个瘪掉的气球，涨红着脸一言不发。

我妈从来不让我自己剃毛，她说会越长越长的，别管它就好了。高中毕业时我提出想做手术弄掉，被我妈一口回绝，那时她一边快步往前走一边笑着说，弄掉干什么，这样不是蛮好的，不要老想这件事情。就在这个轻描淡写的回复之后，我站在停车场旁边的林荫道上，像个神经病一样爆炸了，我哭得语无伦次，我说你根本不懂，你根本不知道我有多难过。

3

前两天在帮一个美国出差回来的朋友倒时差，不知怎么就说起她中学时读的私立学校，家长托关系塞了钱才把她送进去，耳提面命让她努力读书。班上的同学都是家境优越，下了课大家围在一起讨论最新的电子产品，明星演唱会，她都默默避开，坐在座位上假装看书，生怕别人冷不防问到。于是大家背地里都说她高冷。

有时候自卑反而会让人变得很自傲，因为太胆怯了，怕只要自己一出声，穷酸相就会暴露无遗，于是只好摆出完全不稀罕的架势。

那时她妈为了让她节约时间，每天骑电瓶车带她上学，一到离学校远一点儿的那个街口，她都硬扯着她妈的袖子让她停下，然后自己走过去。校门口停满了接送小孩的私家车，同学们从车上下来和她打招呼，然后她像一个幸存者一样和他们一起大步走进校门。这是每一个平凡的早晨在她身上反复上演的故事。

在这样战战兢兢的背后，可能还有无数窘迫的瞬间，永远在为经济问题争吵的父母，那些连空调也不敢开的夏天，餐桌上永远不成对的筷子，超市里特价买一送一的图样尴尬的T恤，偷偷存钱买来却谎称是朋友送的小饰品。家长们永远不会明白一个小女孩的自尊心，永远不会明白这样东躲西藏生怕露馅的骄傲，他们只觉得有时间在乎这种虚头巴脑的东西，不如好好读书出人头地。

讲到这里她突然笑了，说不提这个，这一季Chloé（蔻依）那只蓝色鹿皮好漂亮的，你去米兰时给我带一只回来呗。

看她讲起前尘往事时斟酌着挑选形容词的样子，我想在被生活追赶了多年之后，她可能需要很多很多钱，去填年少贫穷的那个缺。

4

童年时期班上总有一个又黑又胖的姑娘是所有人欺负的对象，她们的存在让围观群众感到安全，幸好不是我。这种原始的霸权和侥幸是没有规则可言的，那些不知轻重的欺辱可能是一个人一生的阴影。

说实话，我认识的所有胖姑娘都有些敏感，因为当下的审美狭窄得只容得下瘦子。仿佛只要你是一个胖子，你的性格和涵养都无关紧要，你没有观点，也不会被重视。喜欢的衣服刚套上，一照镜子又急急忙忙脱下来，走在路上看到苗条好看的女孩子，就把脸埋下去，怕多看一眼，羡慕和自卑的神情就会溢出来，你少吃一点儿，别人就会戏谑地调侃，你减肥啊？要是你多吃一点儿，别人眼里的嫌弃根本藏也藏不住，这么胖还吃啊？

没人有耐心听你的抱怨，你的所有矫情都像在作怪。于是你只好迎合所有的话题，换上没心没肺的外壳，把自卑越埋越深。

因为无论你多有趣，多有才华，在别人眼里始终是"哦，那个胖子啊"。

别问我怎么知道的，我胖过。

更悲哀的是，当我们喜欢上一个人，这种自卑就会变成双倍的。他越好，你越胆小。身上所有的赘肉都像是定时炸弹，猝不及防被看上一眼，都会炸得血肉模糊。我现在这么喜欢

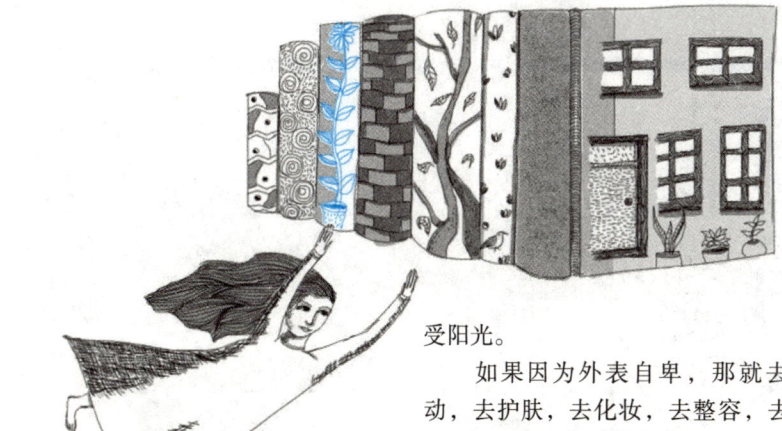

躺着，就是因为从前胖的时候白天不敢出门，怕遇见熟人，怕本该是美好的不期而遇，最终都变成视而不见。他不是在歧视你，而是他根本就看不见你，你和这世上千千万万个胖子一样，内心炽热，长相模糊。

其实没人真的觉得胖子不配拥有爱情，但是要真把爱情放在你面前，你敢拿吗？

当然，大家都安慰你说，你瘦了肯定好看，肯定有人追你，可是你依然可以感觉得到他们语气里的庆幸感，幸好不是我。

5

我没办法列举这个世界上千奇百怪的自卑的理由，但我可以肯定地说，人生中所有的低谷几乎都绕不开两件事：不够美，不够强。

不去寻求改变，才是自卑的根源。

克服自卑的唯一办法就是，快快长大。

越快越好，变成美丽的人，变成强大的人，变成自己在深夜里幻想过无数次的样子，变成良性循环的人生。

我是一个很肤浅的人，很难参透那种历经沧海桑田、世事沉浮后的内心宁静，世上哪有这么多刀枪不入的灵魂，能轻易抵挡外界的暴击。脆弱的普通人，只能走最实在的路。有一个不变应万变的方法，就是把武器牢牢抓在手里，你的怯弱生长在哪里，你就把哪里割开，让它流血，让它接

受阳光。

如果因为外表自卑，那就去运动，去护肤，去化妆，去整容，去用一切方法让自己变美，怎么折腾怎么来，先抬起脸，再谈内心；如果因为家境而自卑，那就去好好工作，去赚钱，想尽一切办法去积累财富，能为自己买单，就有一天能赎回尊严；如果你是因为内在自卑，那就去读书，去旅行，去社交，去尝试一切可能，让自己丰富起来，让自己有话可说，有路可走。

其实最大的障碍不是自己，是这世上总有一些甘心活在泥淖里的人，他们会千方百计拐弯抹角告诉你，脸是原装的自然，不化妆的女孩才清纯，拼命敛财太暴露野心，读这么多书有什么用？

如果你一时间被这些指指点点吓到，就很难从庸众的框架里抽出身来，然后有一天你会发现自己变成他们中的一员，心存不甘，心存畏惧，害怕被别人的优秀影射到，全身上下都是痛点，经不住别人轻轻一戳。

人生的任何阶段，改变都不是一件羞耻的事情，因为变成天鹅的那一刻，周围会无与伦比的安静，所有自信的人，都是轻松自在。

为什么我口口声声支持多元化，却还是希望每个人都能变得符合世俗定义的好。因为一个特立独行的人身上背的担子太重，重到他很难匀出精力来喜爱自己。我们没法去要求一个人全盘接受现状，保持良好心态，不卑不亢不虚荣，这都是神话。

心态的背后是能力、眼界、环境资源和经验赋予的安全感，要求一个从没得到过肯定的人调整心态，既莽撞又无效。

与其接受当下勉勉强强的自己，不如接受一个更好的自己。

青年励志馆 先有公主梦，再修女王心

对着镜子练习笑，让我变成了一个爱笑的人

□ 任性学

我很小就发现自己是那种"笑起来比哭还难看"的面部构造，平时不笑的时候起码还算得上是个斯文白净的小男生，一咧开嘴就立马变了个人，眼睛眯成两条细缝，嘴巴咧到耳朵边，张着大口，傻了吧唧的，看上去很奘。

所以从上幼儿园起，一碰上要拍照，我就全身僵硬，面部紧绷。如果你去翻我小时候的照片，总能看到在一群无比灿烂的小花朵中间，有一个不尴不尬的小受气包，或皱着眉头，或歪着嘴，或瞪着眼。

而每当遭遇大人点名叫我"笑一个"的时候，我只能一脸严肃地用声音回敬他："嘻嘻嘻……"

长大后，笑起来难看这件事依然困扰着我。有时身边的朋友会说，做你自己就好了，干吗那么在意美丑？可我看着那些活得无比自我，同时又活得一塌糊涂的哥们儿，觉得他们所谓的"做自己"很多时候更像是一种鲁莽的借口。

于是有一天，我站到镜子前，决定好好研究一下自己的笑容。

我发现我其实也是可以笑得好看的嘛，起码不像过去那么可怕。眉头放松，眼睛不要眯得那么用力，嘴巴控制好，不要把整个上牙都露出来，控制住，对了，就是这样，

后来经过反复观察实验，我发现很多男明星都是不会大笑的。比如周杰伦，即便上综艺节目哈哈大笑的时候，他也不会露出特别夸张的表情，我个人认为这样还是比较帅的。

我还发现，其实很多别人笑起来很好看的方式，未必适用于每一个人。

就拿我来说吧，我的牙齿比较大，脸上的肌肉又容易横向拉伸，如果学那种带点儿痞气的、坏坏的笑法，就会显得非常猥琐，整个一地痞流氓。

当然也有一些人，即便放肆大笑依然很阳光。对于这种天生的"笑料"，我等就只能望尘莫及了。

找到自己笑的最佳方式之后，我开始反复练习，每当要笑的时候，就会试着去拿捏事先摸索出的那个分寸，给出最准确的表情。

不知道是不是肌肉也有记忆能力，时间久了，我确实习惯了那种原本刻意经营出来的笑容，人也因此变得自信起来。

慢慢地，我就从一个很怕笑的人，变成了一个很爱笑的人。

后来我在想，是不是我们的表情系统也和我们的语言系统一样，是有口音有方言的，通过后天的学习，就能获得第二语言、第三语言，从张三、李四、二狗子变成保罗、麦克、华盛顿呢？

每当我把这个经验分享给朋友的时候，他们都会说：你太在意别人的眼光了，不能放松点儿做自己吗？

但我想说的是，不论你是一个多么自我的人，不论你是否在意别人的眼光，每个人的生活，其实都是不断地处理自己和他人关系的过程。

我认为世上没有绝对纯粹的"做自己"，也没有绝对纯粹的"为别人而活"，我们始终在寻找摸索的，其实是一个平衡点。一个借由他人这面镜子让自己更喜欢自己的平衡点。

就好像你可以不爱打扮，但也不会愿意一身破破烂烂地出现在他人面前，这和酷与不酷无关。

同理，这世上也不应该有不需要花力气就获得的放松。

米兰·昆德拉说，不能承受的生命之轻。我认为最可悲的人生，是无处施力的人生。

没有一个懒虫能够心安理得地从懒这件事上获得满足感，没有一个独立歌手真的不需要听众。

维持自己满意的笑容，就像穿上一件得体的衣服。自打我解决了这个笑的难题，与人交往的时候反而更加自然，好像卸下了一副重担一样。

其实笑得好不好看这件事，可大可小，对不同的人而言，意义不同。

但通过这件事我想说的是，真实和放任，往往只有一线之隔。如果我们能够通过一点点努力，让自己在意的事情变成自己喜欢的样子，并因此感到快乐，那为什么不呢？为什么非要强迫自己"放下"，告诉自己"不在意"呢？

我喜欢现在的自己，不再紧绷，不再僵硬，不再眉头紧锁。

更重要的是，这是我通过刻意所获得的。

生活中的哪一种努力，不是一种刻意呢？

活得漂亮，世界才会把你温柔相待

要有改变的能力，也要有适应的心态

□ 李尚龙

这次去西藏的路上，我遇到了一个人，他穿着破烂不堪，寒风冻裂了耳朵，嘴唇干裂出了白皮。我们相识在一家客栈，他告诉我，从成都到西藏，他步行了两个月，每天慢的时候二十多公里，快的时候可以到三十多公里。

那两个月，他关掉手机，摆脱世俗的缠身，一个人朝圣，只身走进西藏，去感受天地之间，去体会生死之界。

在北京这么久，我遇到过无数想要辞职、退学去拉萨的人，眼前的这个人正过着他们羡慕的生活，活得自由自在，过得无拘无束。多少人，愿意有一天也成为这些江湖上的神话。

我问他，你还继续走吗？出乎我的意料，他说，不了。我说，为什么？他说，没钱了。这个回答特别冲击我的三观，江湖人士，还能因为没钱而停止前行的道路，你见过哪个武林高手为了银子发愁过？忽然，我明白了，所谓精神自由，第一步，必须财务自由。否则，所有的自由，都是空中楼阁。

这位旅人，在厦门是一个卖手机的小老板，两年前，他和两个合伙人租了一个店面开始合伙做生意。他出发前，是他店铺倒闭的日子，两个合伙人开始东拼西凑地借钱，他本来有了一些办法，可是，没过几天，情场失意，他一下子崩溃，人生跌到了谷底。

第二天，他背上包，一个人坐火车到了成都，开始了两个月一个人的行走。开机那天，他的手机被人打爆，他的亲戚朋友以为他失联了，差点儿报警。我问他："那现在为什么回去？"他说："处理本应该处理的事情，去找新的女朋友、去复兴我的事业！"他说得气势磅礴，我却笑着说："是去面对该面对的事情了吧？"

他点头，说："这一路我都在想自己该何去何从，现在想明白了，这样消失在自己的圈子里，只会让关心我的人担心。有了问题，应该去面对，不应该一味地逃避。不过我不后悔，等我有了钱，还要这样步行，不过，不会像现在这样连食物都买不起。"

可是，有多少人，仅仅是爱情受挫，就决定逃离所在的城市，过上浪迹天涯的生活。到最后却发现，很多问题，该解决的，还是没有解决。旅行的意义，在于冥思，在于更好地放松，在于更好地开始。

在海拔三千多米的地方，我还遇到了一个青年旅社的老板，一个24岁的姑娘，已经在这川藏线待了4年，她过着开门没雾霾，开窗两边全是山的生活。她的客栈住着各种人，每个人都有着不同的故事。总之，她过着别人想要的生活，那种宁静，那种自由，是无数朝九晚五的你我羡慕的节奏。

我问她，这种生活，无数人羡慕，接下来，你有什么打算？她说，我要去大城市，然后结婚生孩子。我很惊讶，于是说，你会不会也从某种程度羡慕过那些朝九晚五的生活？她不停地点头，说，其实有。

我问，你知道我们有多少人羡慕你的生活吗？她说，我知道啊，每次客栈里的人都跟我这么说。你知道我羡慕你们什么吗？你们可以选择在这里或者那里生活，而我，没有选择的资本。我接着问道，为什么？她回答说，这个客栈是我爸爸留给我的，每年就赚几千块钱。

如果可以的话，我真希望去读书考大学赚点儿钱，可能我会适应不了大城市的雾霾最终回到原点！可是，至少这辈子能多一些选择。幸福，不就是能多一些选择的权利吗？

人这辈子，无论是朝九晚五还是浪迹天涯，本来都没错，我们期待着另一种生活状态不过是希望在自己生命里能多一些选择。一味地朝九晚五和一味地浪迹天涯，都会让生命变得乏味，最好的生活，是让自己足够强大，支配两种生活状态。在想旅行的时候，说走就走；在想安心的时候，朝九晚五。工作失败了，去旅行其实不能解决问题，因为你终究还是要回去继续面对，直面挫折才是最好的方式。旅行的意义，在于放空自己，那些放空，能让你逐渐明白你要的是什么。

别着急羡慕别人的生活，先过好现有的日子，再去追求想要的状态。漂泊累了，还能回家；在家烦了，马上出发。有改变生活的能力，有适应生活的心态，这样，你既可朝九晚五，又可浪迹天涯。

衡量一个人是高贵还是低贱，要看他具有什么样的品质，而不是看他拥有多少财富。

优质普通人

□ 李筱懿

我的助手张芳是个1989年出生的姑娘，她做了很多让我刮目相看的小事。

有一次我发高烧，早晨一丁点儿东西也吃不下，从家开车到公司的一个小时里，体温迅速从38.2℃升到39.7℃，撑不下去只好去医院，医生让查血，她陪我在抽血处拿号等待。

我烧得迷迷糊糊地歪在椅子里，她在几个窗口来回溜达，回来笑眯眯地说："咱在8号窗口抽血，保证一点儿都不疼。"我烧得连问为什么的劲儿都没有了，默默地看着她张罗。

果然，像我这样晕针晕血的人都丝毫感觉不到针头扎进血管的疼痛，好奇使我有点儿清醒了，问她："你怎么知道8号窗口的医生技术好？"她得意地笑："我转悠了几圈，上午这么多孩子来抽血，其他窗口的小孩都大哭大闹，9号窗口哭得最厉害，只有8号窗口，即使一两岁的孩子都安安静静的，肯定是医生技术好啦。"简单的判断却让我心服口服。我相信专业在于细节，可是，包括我自己在内的绝大多数职场人士却很少有耐心在细节上下功夫，眼光总是盯着光环耀眼的"大事"，不肯俯身屈就认真对待身边的小事。

她经常给客户送各种资料并带回回执函，这项工作琐碎而辛苦，客户们分散在城市各个区域，她每次出门前都在纸上列好顺序：第一家，A，地址××；第二家，B，地址××；第三家，C，地址××……

所以，就算有三家客户，一个上午的时间她也能全部搞定，中午准时出现在办公室做下午的工作计划。我问她效率怎么这么高，她说，算好公交路线和拥堵情况，规划一条最顺路最畅通的路线，公交车和的士并用，提高效率的同时也节省成本。然后，很诚恳地加一句：挣钱不容易的，能省就省。

其实，最让我欣赏的并不是她高效率有规划的工作方式，而是自然而然的成本意识——太多人对待自己的钱锱铢必较，对待工作经费却土豪得很，她这种普通、高效、踏实的态度让我另眼相看。

她负责公共号版面编排与发稿，有一天，她吞吞吐吐给我打电话："我做了件错事，我想尝试一项排版新功能，可能不小心按错了键，删除了四天的公众号内容，我尝试挽回但是已经无法恢复了，这是我的责任，我愿意负责。"开始，她语气忐忑，说到后来，反而壮士断腕般利落。

我对无法恢复的内容心绞痛了片刻后便很快释然——多少人能够坦承工作失误，主动尝试解决并且承担责任？这些错误与这份态度相比，算不上什么，更何况是尝试性的失误。

每天照旧准点上班，按时下班，生活平静，不焦虑、不烦躁。

可是，这个不是名校毕业没有很牛的背景，从未被任何高大上机构录用过的姑娘却修正并且丰富了我的职场观与生活观：无论工作还是生活，我们都需要优质普通人。

曾经，我特别信奉职场精英理论，觉得只有名校毕业在500强工作过，接受过"时间管理""沟通技巧""团队合作"等职业培训的精英，才能出色地胜任岗位，可是，看过很多华而不实光说不练的"骨干"之后，我发现职业技巧、工作背景在责任心面前全部不堪一击，扣除每年难得几次的所谓"大事件"，绝大多数人的职场都由点滴琐事和重复性劳动组成，愿不愿意踏实尽到一名普通员工的责任和本分，决定了工作质量。

对于很多符合社会通用标准的"赢家"，促使他们不断向上的动力不是"事业心"，而是"成功欲"，是把自己与芸芸大众隔离开的优越感。连王朔都说，大多数人认可的成功就是挣很多很多钱还被别人知道。

可是，在成功学的激励下，每个人都想去闯一闯出类拔萃的独木桥，做精英的路变得太窄太拥挤。在这样的对比中，关爱家人、对职责上心、对许过的诺言守信、靠谱善良的优质普通人反而显得特别可贵。

他们看起来对职业没有多大期望值，只是尽心尽力照顾好自己面前那一摊，可是正因为志向不宏大，反而容易做得周全，不至于顾此失彼焦头烂额，也更容易达到标准得到认可。

他们对生活品质的要求没有多精细，却更容易被满足，一不小心，就获得了手边的幸福。

实际上，不管最终的目标多么高大上，大家最开始的出发点，只不过是为了生活得好点儿。于是，优质普通人的优势便显现出来，他们不是庸碌，而是温和的优秀，他们从不咄咄逼人，总是带着暖暖的厚道。他们无法成为报刊电视网络宣传的主角，却安安稳稳地过着自己的美满生活。

所以，做个优质普通人并不容易，甚至，这是一个所谓合格精英真正的起点。

至少，与空洞的鸡汤相比，她清楚在8号窗口抽血不疼的生活智慧。

少女心是一种超能力

□ 巫小诗

愿所有善良可爱的女性，能在变得更好的同时，内心永远住着自己的小女孩，带着少女心的超能力，去战胜这个世界的不美好。

不知从何时开始，"少女心"成了一个贬义词。

她穿了一件低于自己年龄段的衣服，她真是个卖萌装嫩的少女心；她热衷于收集各种特殊意义的小物件，她真是个幼稚浮夸的少女心；她外表成熟却总在看书看剧时流泪，她真是个敏感忧郁的少女心。

"少女心"似乎成了扭捏作态、装可爱、玻璃心的代名词。可是拜托，少女明明是最美好的一类人啊，少女心明明是一种战胜不美好的超能力啊！

今天想讲一讲，这些年我所遇见的拥有超能力的少女心们。

在台湾上学时，我特喜欢我的小说课女老师。

她有着恬静知性的长相，每次上课都穿着连衣裙，胸针却基本不会重复。初次见她我以为她才三十岁出头，后来得知她已经四十岁了，还是两个小孩的妈妈，我简直不敢相信。

她偶尔在课堂上提到自己的一儿一女，她熟悉各种热播的动画片，喜欢工作之余同孩子一起画画、做甜点。她跟子女的相处方式，就像是同龄人之间的朋友关系。

老师的口头禅是"太神奇了"。她这样评价她的一位老同学："初中的时候，他就超爱喝碳酸饮料，几乎每天都喝，现在也还在喝，太神奇了，他居然还活着。"惹得我们一番捧腹。

线下交情很好的一位插画作者，在我途经她的城市时，约我去她家吃饭。去之前她自黑地提醒我，不要对一位无业宅女的出租屋抱有太多期待，事实证明，她远远超出了我的期待。

她运用自身特长对出租屋进行了别致的装修，房东因此大悦，当场决定每月少收她两百元房租。我很疑惑为什么要贴钱去装修不属于自己的房子，她却说，哪怕是租来的房

子，也要把它住出家的感觉啊。

靠画画养活自己的她，居然坚持着做手账的习惯，每天发生的呆萌日常，观影、观剧、观展的心得体会，她都用图文并茂的方式记录下来。

她说，养活自己的那些画是画来取悦读者、取悦客户的，而手账里的那些画，是画来取悦自己的。

见过很多课余兼职的大学生朋友，有的抱怨工作累工资少，有的羞于让别人知道。总体来说，兼职对大部分学生而言，并非一件轻松愉快的事情。

但Apple（苹果）不同，每天在店里看到她，她都笑得傻兮兮的。说来她的这个英文名字还有点搞笑，她给我自我介绍的时候，说完中文名，接着说英文名，她说"我现在的英文名叫Apple"。

她解释道，她今年要兼职攒钱给自己换一台苹果电脑，要兼职好久噢，为了激励自己，干脆把英文名改成了Apple，这样每次别人喊自己名字，都是在给自己加油鼓劲啊。

在Apple身上，我看不到学生兼职的无奈与尴尬，只看到一个自食其力的乐观姑娘，用少女心的超能力，把简单粗暴的物质欲望变得可爱起来。

老友重逢的见面语有很多，我最喜欢的一句是"你一点都没变"。

对啊，无论经历了什么世风日下、人心不古、柴米油盐酱醋茶，你依然是当年那个你，那个少女时代纯粹的你，一点都没变，这样的你，真好。

一直在成长，永远长不大，这就是少女心的超能力吧。

有一颗少女心的姑娘，就要捡起曾经被遗落的审美。别管有钱没钱，都要穿得漂漂亮亮的去公园，听一场音乐会，享受一次在饭店吃饭的服务。优雅是一种姿态和专注，是以精神的丰盛来对抗现实的束缚。

愿所有善良可爱的女性，能在变得更好的同时，内心永远住着自己的小女孩，带着少女心的超能力，去战胜这个世界的不美好。

可以慢，但不能停

□ 沈十六

大二时，我被分配到新生班级给辅导员帮忙。

我第一次注意到学妹，是因为新生中秋晚会。她走到讲台上，很用力地介绍："我叫×××，来自甘肃会宁。能来上大学我很开心，不过我挺想家的……"

那时她有些微胖，脸色偏黄，短发，戴眼镜，深情得有些不自然，说完就主动隐匿到角落里。

我隐隐觉得她与别的学生不同。看她神情难过，忍不住叫住她，让她跟我去宿舍聊聊。

那一天学妹告诉我，她家有四个孩子，父母老实本分，一辈子勤勤恳恳地过日子，种地、做工、放羊、喂猪，供养他们念书。姐姐已经出嫁，妹妹在读大专，弟弟快升高中了，她是家里不太赞成上大学的那个，父母渐渐老了，想将她留在身边，毕业了，找份安稳的工作，也能随时看顾家里。但学妹不想那样过一辈子，她想去看看外面的世界。

父亲无力支持的学费，成了牵绊她走远的障碍，但她并未妥协。入学前的暑假，学妹一直在饭店里打工挣钱。一天十小时，上菜、撤桌、招呼客人，忙得昏天黑地。

她指着手掌上刚刚要结痂的几个地方跟我说："端盘子也磨手心，刚出泡的时候，我拿针挑破了，里面的水儿一出来，肉接触到空气挺疼的。"

两个月，赚了4500块钱。她一天也没有休息，又一个人拿着录取通知书去教育局申请助学贷款。她心里憋着一口气，就想出去看看，哪怕就一眼。

但刚入学第一个月，学妹就有点迷茫了。她觉得自己和周围的世界有些脱节。她不知道宿舍姑娘说的服装、化妆品品牌，也不知道最新最火的游戏、动漫，她觉得自己不知道怎么融入其中。

我听着学妹的叙述，有些动容，找出纸和笔，对她说："你写出想做的事情，一件一件实现它们。记住，不要去跟随别人，最重要的是找到自己的节奏。"

她趴在我书桌上开始写字，并跟我说："学姐，大学期间我要拿奖学金、赚生活费、买电脑，还要坚持写东西。"我看着她笑了笑，知道她已经好了许多。

为了实现想做的事情，学妹的生活开始忙碌起来。周六日去兼职，做过家教，发过传单，还做过推销员。有次在去食堂的路上碰见她，看她比入学那会儿黑了、瘦了，但脸上多了一份从容。

大学的时间过得很快，期中考试很快到来。她成绩排名年级前三，很顺利地申请到了当年的国家级奖学金。

寒假之前见她，她已经联系好了一家韩国烤肉店去当服务员。她笑着对我说："寒假时间挺长的，我想着赚点钱，给爸妈和弟弟妹妹买点东西再回家。"

我知道，我永远没有办法体会学妹的生活。她来自全国最贫困的县区，需要自己负担学费和生活费，回家之后还要帮家人劳动，洗衣做饭，放羊喂鸡，洒扫院子。但对于生活的辛劳，她从不抱怨，只是说自己终于可以自食其力，她要让家里的日子好起来。

后来，我去北京实习，渐渐少了学妹的消息，偶尔回学校才能再见她一面。她已经越变越好，虽然又瘦了，但气色不错，打扮入时。我为她感到高兴。

她说："学姐，大学最后一年我要去房地产公司实习。"

我有些疑惑，问："你不是想做记者吗？"

她眼圈微红，停了一会儿，说："家里情况不太好，有一些借款需要还。弟弟妹妹也需要花钱。我想先去房地产公司赚些钱，帮帮家里。尽了责任，再想自己。"

我心里微酸，有些心疼她。学妹明明和我差不多的年纪，却不能在最好的年华去放纵追逐自己想要的东西。梦想，对她来讲是一件昂贵的奢侈品。

我没有立场否定她的选择，只能在她需要时伸出援手。

2014年年末，学妹突然打电话给我。她激动地说："学姐，我终于攒够钱了，还清了家里三万多的外债和助学贷款，也供得起弟弟妹妹的生活费。我决定辞职，明年就去跟新闻有关的工作。学姐，你能给我推荐一下工作方向吗？"

听到这个消息我比她还高兴。这些钱对刚毕业的学妹来说，并不是小数目。她是加了多少班，拼了多少力才做到的啊！

学妹回家前我们见了一面。从车站见到她，我有些惊喜。那天学妹穿着一件乳白色的羽毛棉服，头发已经

自律生活，散发优雅的光芒

□ 子沫

自律，也是一种自珍，你用珍爱自己的力量塑造出的优雅，像一件艺术品般散发出迷人的光芒，沉默无语也会被别人奉若珍宝。

前段时间，我重读寿岳章子的《千年繁华》。在这本书里，她回忆了自己生活的点点滴滴。她说，她的双亲并非生性奢华，但对饮食非常讲究。

她家的六席榻榻米中间摆了一张矮桌，是家里的一种精神象征。无论吃饭还是喝茶，全家人都会聚拢在这张餐桌周围，开心地谈天说地。

她说起一道母亲常做的料理"山药泥"。"母亲去世后，我动手做过两三回，每次我总是边做边流泪。从前这可是一道充满欢乐的料理。山药放在大研钵里研磨一两千下，再加入高汤，从这一步骤开始就是全家总动员。四个人都到厨房集合，研钵放在厨房地板上，我或弟弟负责扶稳研钵，母亲一点儿一点儿地将一大早就熬好的汤，沿着钵体的边缘缓缓加入。将高汤缓缓倒入研钵后，听到父亲指示，再打一个鸡蛋到研钵里。使用研磨棒时不可以粗鲁地碰撞到研钵的边缘或底部，正确的力道是让棒轻轻游走在山药泥间。这道料理是父亲的祖传绝活，制作工序相当复杂。"做好后，在每个人的白米饭里浇上山药泥，一家人一起品尝，胃口大开，欢声笑语不断。

这个过程，怎么看都像是一个神圣的仪式。父母能够给孩子留下什么？很多年后，能够留下的只是某种对事对物的珍重和珍惜。我们在丢失什么？情怀，耐心，还有对万事万物的敬畏。

还有一些被人忽略的细节，也是真正的教养所在。

比如，削苹果的细节。"母亲要求削苹果时手不能碰果肉。先切成两半，果蒂切成小三角形，切半的水果再对切，即可去皮，将切成四分之一大小的水果端出。手碰到果肉，就犯了母亲的大忌。现在，每当我看到别人切水果，就会用不怀好意的眼神观察。"只是一个削苹果的细节，就能观察出一个人的教养。就像我看到，有的女人把"不抖腿"列入了孩子的家教——一个人，最容易引起别人反感的也是一些细节吧。一个人成不成功并不重要，重要的是，不要成为令人讨厌的人。

"每天使用的抹布一定要煮沸消毒好几次。厨房要彻底打扫干净。洗菜和洗碗的地方不可混用。钱不可以直接放在餐桌上。"他们家还有很多诸如此类的生活纪律。"若非长途旅行，绝不会在电车上吃东西，那样不仅吃相难看，而且非常不卫生。现在年轻妈妈们太漫不经心了。出租车司机说小孩把冰淇淋、巧克力弄得到处都是；餐厅里小孩胡乱碰盘子，玩弄食物，没有一点儿用餐的卫生观念——这是我母亲最不喜欢看到的。对于用餐这件事，应该专注且全心全意，绝对遵守餐桌礼仪。"这才是家风，从小就被要求做到，长大后就成了自然而然的事。餐桌礼仪就是一种家教，只不过被太多人忽略了。

我记得章子提到这样一个场景："春天的时候，母亲开始在院子里晒布，缝衣。我也永远忘不了母亲在茶室中，面向南面窗户缝制和服的背影。同样的背影也会出现在书房，她在书房中做翻译，或替父亲的诗集上色。总之，我家的家风就是勤奋、认真地生活。"

飘着细雨的夏夜，这个世代住在古城里的人家深深地打动了我。他们只是普通人。

扎起来，很精神，面带笑意，出了站就上前抱我。那天我们聊到很晚，凌晨才睡去。她躺在我身边，睡得那么好。也许，是因为她知道，她有不用惧怕未来的能力。

没几天，我接到了学妹的电话，她说去报社实习的事儿得朝后推一推。"母亲的膝盖受伤了，劳损，大概需要动手术，需要人照顾。弟弟明年高考，也需要我辅导一段时间。"

我听她说完心里有些难受。学妹也有自己的人生要过啊！她很自然地对我说："学姐，再过半年我就能做自己想做的事儿了。你知道我有多么羡慕你吗？你想去西藏，努力赚够路费就行，但我还要考虑下学期的生活；你想去北京做杂志，连老师推荐的报社实习都可以推掉，立刻赶去北京，我实习还得想着家里。但我一点儿都不嫉妒你，因为我知道，只要自己努力，接下来的日子我也可以像你们一样。"

她说得我热泪盈眶，隔着时空痛哭起来。

西北的风沙，吹过她干瘪的家境，但给了她丰盈而坚韧的精神，那些经受过的苦，使她变得坚强而独立。

家庭的背景不会阻碍你努力的程度，自身的相貌不能决定你变好的决心，只要你愿意努力，总有一条路可以到达你想去的远方，成为你想成为的自己。

我知道学妹会越来越好。

你对生活认真，生活才会还你热情

□ 沐 沐

朋友小M给我讲过他的一段经历：三年前他刚工作，家里急需用钱。他找当时的部门领导借钱，领导只是简单问了几句，直接从个人账户转给了小M10万元。一年之后，小M把之前借的钱还了。

还钱的时候，领导问他："知道我为什么愿意把钱借给你吗？"那时候的小M，刚入职三个月，还是基层职员。领导说："我有个女儿，她贴在卧室墙上的照片里有你。"

原来领导的女儿在大学期间，去特殊教育幼儿园做过几次义工。当时还在读书的小M是那个义工小分队的领队。小M每周组织活动，其他队员可以根据自己的时间不定期参加。领导的女儿去过5次，5张义工合影的照片上，都有小M。

领导说小M入职一周之后他就发现了，也跟女儿确认过，当时的领队就是小M。领导认为这个年轻人做了两年义工，没有向任何人"炫耀"，踏实又善良，人品和前途都不会差。

听小M说完，我想起另一件事。大学期间我在西安博物院做义务讲解员的时候，接待了几个从北京过来的游客。当时我只负责讲解两个展厅，带一批游客一般需要30到40分钟。那天带他们出来，两个小时过去了。他们的问题很多，在每一件展品前面都要停留。

从展厅出来之后，大家在休息区休息，我坐下来聊了几句。他们一直夸我讲得细致又有耐心，虽然是义务讲解，比专业讲解员还尽职。

知道我学的是建筑设计之后，其中一位先生给了我一张名片："毕业之后如果来北京，到公司找我。"他是某建筑设计公司的设计总监。那时我大三，还没有想过毕业之后的事情。后来搬宿舍，那张名片也丢了，当然我也没有去北京。可当时在无意之间，为自己争取了一个机会。

同学面试一家地产公司，和HR（人力资源）相谈甚欢。临走时，HR说："有时候跟一个人喝一杯茶，就知道是不是想要找的人。你所做的每一件事、每一个动作、每一个眼神，都是你的名片。"

这位HR说得一点儿都不夸张，一个人是谁，并不是他的简历和名片上写了什么，而是他的所作所为。在旁观者眼中，你所做的每一件事，都有可能代表你这个人。

之前有一个很注重细节的教授级高工，他在学校面试研究生时，有一个学生穿着太邋遢，他直接对该学生说："既然你不重视这次面试，我们也不需要重视。不用面试了，你出去吧。"

仅因为细节否定一个人，也许有不恰当之处。但是做得更不恰当的是那个男孩，他用行为亲手在自己的名片上写了一个大大的"否"。

不管是在职场，还是在生活中，每个人都会用自己的观察来判断一个人。我觉得：一个能把最简单的工作耐心做好的实习生，交给他的事我就可以多一份安心；一个对待陌生人都客气礼貌的女孩，性格也一定不会差到哪儿去。

同样的道理，我不相信：一个在地铁上因为一句话就大吵大闹的女孩，有随时控制自己情绪的能力；一个在小事上谎话连篇的人，跟客户谈合作时能以诚相待。

总之，你所做的每一件事，好的坏的，都是你的名片。不要低估人们的判断力，认真对待自己正在做的事，也许你以为没人看到时，有人已经给你贴上了标签。或许这些标签很快随风而去，或许，这些标签会一直跟着你，决定你的去留。

有人说所谓教养就是细节，你的每一个动作，每一个笑容，都是你的教养。有人说打败爱情的是细节，你的每一次猜疑，每一次歇斯底里，都是在亲手埋葬你们的感情。

细节可以成就一个人，也可以否定一个人。不要惊讶一个人对你的肯定和信任，那都是你自己用认真努力争取来的。更不要埋怨别人用一件事否定你，只怪你给了别人否定你的机会。

传统文化中，君子讲究"慎独慎行"。做最好的自己，即使没有人看到的时候。你对生活认真，生活一定比任何人都清楚，它也一定会馈赠你想要的一切。

所以，出门带上笑脸，说不定谁会爱上你的笑容。

医院的住院部是个和外界不搭界的地方。这里很干净，散发着84的气味，白色帘子把阳光都遮住，下午，人都睡思昏沉。

病房里有三张床。我婆婆靠门，中间床是个老妇人，和她一天进来。她们都已经住了半月余。靠窗子的六号床则一直在换人。

起先是个形容枯槁的中老年女性，陪同的年轻男性，我开始猜是她儿子。后来才惊讶地得知她只有34岁。她得了严重的红斑狼疮，头发掉了很多，剪得很短，黄黄的脸上有不均匀的红斑。

有天晚上她刷牙之前，叫丈夫把盥洗台的镜柜关上。我先去洗手，顺手把镜柜又打开了。她拿着牙刷，不小心照到镜子，小声惊叫"哎哟！"声音里满是惊恐和厌恶。

她丈夫长得不错。而她大眼睛，小尖脸，没得病之前，脸色红润之时，也该是个美女。从前，一定是漂亮的一对。

我坐在里面床边看书，感到她在打量我，抬起头来，她把目光移开了，怔怔望着窗外。

她没几天就出院了，她丈夫告诉我家人，她可能熬不过去了。

接着来了个年轻男孩，只有16岁。得了罕见的恶性淋巴肿瘤，左肩已经开了一刀，腰侧也挨了一刀，但是肿瘤细胞可能还在扩散。他细长白皙，正是一个16岁正在抽条的清秀男孩的模样儿。家长都陪护在床头，爸爸妈妈奶奶以及所有亲戚。他老是坐在床上，一条腿支着，肩膀缩着，把MP4放在床上，安静地低头看电影。他父亲瘦小干枯，有点儿秃，架着一副金丝边眼镜，简直可以被拉来做一幅叫《愁苦的中年人》的画的主角。他很镇定地对我家人说，他们已经做好了最坏的打算。

这么年轻！在医院，看到那么多老到活着已经是屈辱的老年人，你会觉得，太不公平了！为什么不匀一点儿时间给他？

后来六床又住进来一个胖大的老太太，是胃部长瘤开刀的。一双儿女陪着，都是身形雄壮，嗓门如雷鸣。周末亲戚来探望，个个都很胖大，就连小朋友也有铁塔般的身形。真是巨怪家族啊！晚上洗澡的时候，老太太也不进洗手间，就在盥洗台前脱光光，展览她硕大的光身子以及背上"斜背一口宝剑"般

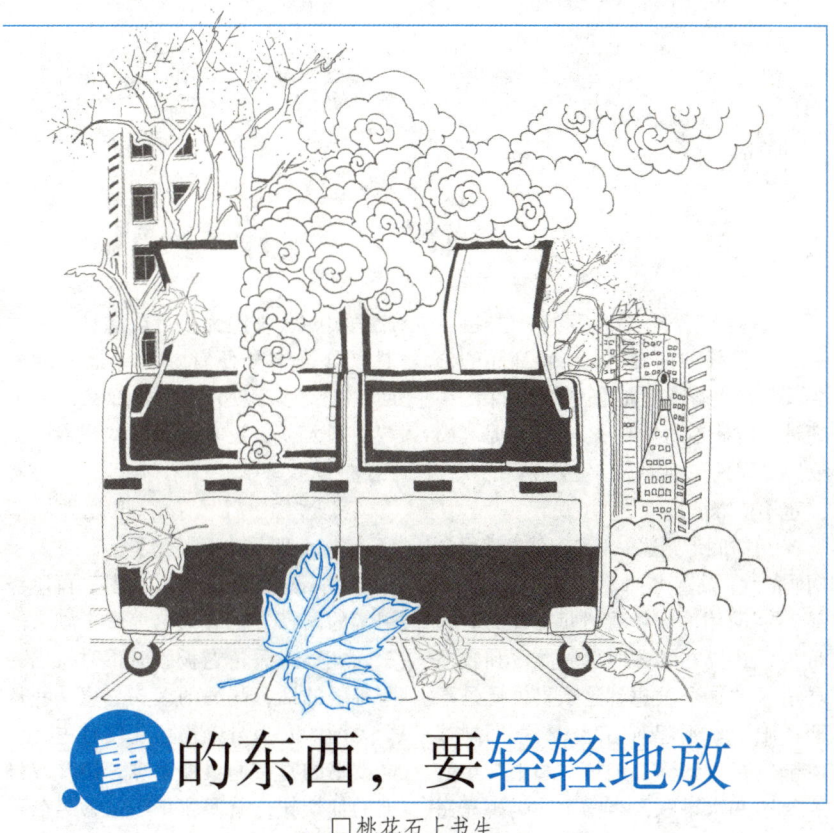

重的东西，要轻轻地放

□桃花石上书生

的长长伤口，一点儿也没觉得不好意思。

可是每天早上，她都坐在床头，压低嗓门读佛经，手上的经卷都翻旧了。我一下子就不讨厌她了。读佛经总是好的。

病房外面走廊有一块空地，放着圆桌和椅子，有时候我就坐在外面看书。隔壁病房里有个不能动弹的老头，有时候会发出呼噜呼噜的痰声，在安静的住院区，声音大得怪异，一波一波如钱塘涨潮，仿佛这是他唯一的生命运动。早上我打水的时候路过，门大开着，护工正在替他擦洗下身，屎尿味传来。

那一天我在医院就没有吃下任何东西。寿多则辱，就是说的这种情形吧。

"活下去"这件事，就这么重要吗？比尊严还重要吗？活到自己都没有力气的时候，是不是就无法结束自己的生命了呢？

陪护的时候，我坐在婆婆的病床、壁柜和床头柜形成的凹形空间里。陪床其实非常无聊，病人很多时候在睡觉，事件密度非常之低，和挤公交车、排队的情形很像，韩松落形容过，这是"赤裸的、干燥的、火星表面一样静止的时间"。

年轻的时候，我们总是着急要去表达什么，努力要一鸣惊人，死亡正是个好题材，因为觉得死亡刺激、神秘、旷远。那些动不动就死人的青春小说，那些因为主题苍白无力而格外考究辞藻、格外大声疾呼的作品……声嘶力竭的摇滚，是演给恐慌着却未曾经历的人看的。

渐渐知道，生与死这样重大的主题，就是该轻声说的。重的东西，要轻轻地拿，轻轻地放。

青年励志馆 先有公主梦，再修女王心

穷治好了我那么多的"病"

□ 杨熹文

小时候我总嫌弃我妈，去超市一定要仔仔细细看过每一件商品的价签，常常大着嗓门在路边和卖水果的小贩计较着抹零的几毛钱，觉得那是"妇女"专属的一种神态，发誓今后的我，一定不要继承这些"坏毛病"。

可时间走到这一年，突然发现很多时候的我，简直比"妇女"还"妇女"。

明明用放大镜看过每一件商品的价格，还要在结账时厚着脸皮和收银员说："这个没想到这么贵，还是不要了吧，对不起对不起……"那副拧着脑门精打细算的神情，和十几年前在街边和水果贩大声嚷嚷的妈妈完完全全地重合在一起，她火眼金睛的扫价能力和口若悬河的砍价技术，我不仅老老实实地继承，甚至比她更胜一筹。十几年前那个抱着肩膀袖手旁观一场场砍价战争的少女，那副潇洒的样子哪去啦？

哦，因为挨了生活的几记巴掌，跌入过几次泥潭，被现实打磨得干干净净了。

我对穷没有偏见，也没有抱怨，当初独自出国，没有亲人没有朋友，在陌生的土地靠一双手重筑自己的生活圈，也穷出了一种坦然，穷出了一种滋味。

从打工度假签证到拼命打工的留学生，那是最被钱束缚的几年，"必须要经济独立"的决心让我的生活格外艰辛。

我经常逛家周围的一个大超市，这里卖的食物因为接近或超越了保质期，价格十分便宜。我一周光顾一回，把罐头泡面牛奶抱回家，就靠"中国人什么没吃过吗"的侥幸心态熬过一天又一天。

我这样一个女孩，把几件衣服穿遍一年四季，开面目全非的多手车，并不是没遭过别人白眼。再阶级平等的国家，也有人热衷看出别人的三六九等。餐馆老板娘时不时挤出一些难听的话，喝酒的客人总想从我这个无助的女孩身上捞点儿便宜占，一同读书的富有同桌捏着鼻子避开我身上的油烟味，有些聊得不错的男孩子也躲着我，生怕我爱上他们或他们爱上我，然后，我变成了一个没有绿卡没有身家的"累赘"般的女朋友。

读书那阵，同学间总是组织各种聚会，我这个曾爱好吃喝的人，去了几次就发现再也负担不起。因钱包瘪瘪错过一些朋友，可在家用几毛钱一包的咸菜下饭去代替餐桌上的觥筹交错，也因此获得很多清醒的时间。穷为我的独处造就了绝佳条件，我学会了如何和自己相处，也学会了在穷里自寻欢乐。穷也让我结识了一些珍贵的朋友，和他们在逆境中结识，彼此鼓劲和生活作战，这些朋友便是人生中的莫逆之交。

记得有一次，因为有朋友要回国，我和一堆落魄的"联合国成员"在街上找便宜的聚餐地方，最后走进一家看似简陋的比萨店。坐稳后却看见菜单上不低于30纽币的两人食比萨，于是互相对视了一下，趁着女主人去厨房间隙，一个接一个灰溜溜又静悄悄地溜走。我们一排人走在街上，浩浩荡荡，每个人都为自己糟糕的行为笑到没力气。

突然有人说："等十年后，我们都成了大富豪，再回来恶狠狠地吃个够！"那一刻，我们中谁也没为自己吃不起的比萨而难过，也没任何人怀疑自己成不了十年后的大富豪。这样一想，也许上天是公平的，他让我们在这大好的青春里穷着，却给了每个人阔绰的决心。

穷成全了我对过去的一场反省，让我学会了珍惜、坚强，并且意识到责任和宽容的重要性。我时常回忆起从前被爸妈庇护着的生活，有点儿懊恼如此晚的懂得，那曾经的每一点儿"阔绰"都来自他们万般的辛苦，这让我如今身上肩负了一份责任，我也想给他们同样的或者更多的"阔绰"。

我从"穷"到"不穷"，经历了三年时间。

最穷的时候，有次学校期末考试结束，我饿得眼冒金星了，还是忍着口水，没走进学校门口面包店去买那个三块钱刚好能填饱肚子的蔬菜派。回到家里，几乎破门而入，拉开冰箱门把两天前做的一大锅炖菜抱出来。冰箱制冷太差，一揭锅就闻到一股味，也没舍得扔，硬是放进微波炉里热了好几次，勉强安慰自己"加热能消毒"，然后一口一口也照样咽得下去。

后来，"最富"的时候，也不过是偶尔去买件自己喜欢的东西，不用"咬牙""跺脚"狠下决心了。因为心里为这"最穷"时的活法留下了一席位置，让我一直提醒着自己，人需要用点儿朴实的生活来挫挫自己偶尔燃起来的嚣张气。

穷治好了我那么多"病"，嘴不刁了，性格不娇气了，我学着低着头走路，谦卑也踏实。从那样的日子一路走到现在，开始有了大把的时间去写作，觉得感恩又富有，做喜欢的事，这本身就是一种奢侈。

严歌苓在《波西米亚楼》里讲

活得漂亮，世界才会把你温柔相待

巴黎地下

□ 冯骥才

倘若到了纽约，想听听音乐会，内行人一准儿会带你去曼哈顿岛南端那些小咖啡馆。几个黑人，两三件亮闪闪的铜管乐器，一架老掉牙的立式白钢琴，再加上一杯苦味的浓咖啡，就可以领略到地道又淳厚的美国黑人的爵士乐了。

那么到了巴黎想听听当地特色的音乐呢？更好办，不用任何人做向导，去买张地铁票到地铁里边东南西北地转一转吧！

只要随着地铁中的人流走起来，便会自然而然进入音乐之中。你走着走着，便听到音乐出现了，并一点点离你愈来愈近。忽然，在一个拐角处，你看见一位乐手在拉琴。这乐手似乎很瘦，脸有些苍白。但他给你的印象也只是到此为止，因为你被流动的人群裹在中间，很快就会走过去，小提琴如泣如诉的声音在你的身后愈来愈小。不等你识别出这似曾相识的有一点儿凄凉的旋律出自什么曲目，前边一个金属般男人的歌声就迎面把你笼罩起来。你进了另一个同样动人的音乐空间。

整个巴黎下边全是地铁，它通往城中任何地方。在这纵横交错的地铁通道中，处处可以碰到乐手和歌手。他们往往在两条或多条通道的交口处，有时也在通道中间。大多时候只是一个人，偶尔也会有两个人一起演奏，他们用不同的乐器美妙地搭配着。甚至还有三四个人一组，有说有唱，还有伴奏，够得上一支有声有色的小乐队了。他们通常把琴盒打开放在脚前，有的则把帽子反过来撂在地上。过路赶车的人群中，时时会有人一猫腰，把几个法郎放在里边。全巴黎的人都会这样做，是表示对艺术和艺术家的敬重与支持。也别以为这些乐手

都是在卖艺乞讨。他们有的是出于对音乐的爱好，为了让公众共享他们演奏的乐曲；有的则是喜欢这种流浪汉式的自由自在的艺术家生活。

一次，我们乘4路车，在夏特莱站准备换乘1路去往拉德芳斯。在穿过一个低矮的通道时，有一个黑人乐手挎着吉他，边弹边唱。这黑人沙哑的嗓子粗犷有力，听起来宛如大漠上的飓风。他的吉他也弹得有滋有味。更绝妙的是：他一只脚踩着一个踏板，敲打着一面弹簧鼓；同时，弹吉他的右手的食指上套着一个铁箍，时不时举起来，"当当"敲两下脑袋上边一根露在外边的金属水管。歌声、吉他声、鼓声和敲水管清脆悦耳的声音，彼此相配，极有节奏感，新奇而又美妙。

我遇到一位来巴黎学习音乐的留学生，她说逢到周末常常买张票钻进地铁站。巴黎的地铁很自由，只要你不出来，在里边乘着车可以来回跑上一天。她就一站一站地去听这些民间乐手的演唱。巴黎是个国际化的都市，乐手也像旅客一样来自世界各地。不用去辨认他们的模样，只要一听乐曲就知道谁是法国人、西班牙人、意大利人、奥地利人、苏格兰人，谁是阿拉伯人、非洲人和墨西哥人。在香榭丽舍站上，我见过一位中国姑娘坐在那里弹琵琶，她黑黑的披发瀑布一样从额头垂下来，弹得很投入。可是匆匆走着的乘客很少有人停下来听一听。也许这种古老的乐声对于法国人来说太遥远了。不同文化是很难快速沟通的，但她的琴桌上却放着一枝深红色的玫瑰。

我相信，把玫瑰放在这里的，一定是巴黎人。

巴黎的地铁简直是一个巨大的网状的音乐厅。上百个乐手分布在各个站口，演奏着他们各自心中的歌。这些乐手经常要"转移阵地"，从这个地铁站迁到另一个地铁站，换一换对场地的感觉。当他们提着乐器上车之后，忽然兴之所至，便端起乐器，即兴地把一支欢乐的乐曲撩人兴致地吹奏起来，整个车厢顿时一片光明。这时你会感到，整个巴黎全是音乐。

这看似寻常的地铁文化，这些无名的民间乐手，实际上处在巴黎生活的深层。这里不是高不可攀的艺术殿堂，却是人间真正的音乐生活的场所；这些乐手不是日月星辰般的音乐大师，但他们可以毫不费力地走进每一个巴黎人的心中。巴黎的地铁已经有一百年的历史，巴黎人每天的生活全都离不开地铁，他们的心灵早与这流动在地铁通道中的乐曲融为一体。你去问一问巴黎人，他们会告诉你，每个巴黎人至少被这些乐手难以忘怀地感动过一次、两次、三次……

起自己在芝加哥的一段辛苦经历，说自己在那贫穷的两年中获得五个文学奖，不禁感慨"人在最失意时，竟是被生活暗暗回报着的"。

我读着这位伟大女作家的故事，也感谢我的穷苦生活，在岁月中为我滋长了全部的力量。穷并不可怕，咸菜馒头白稀粥的日子，要是热切地过起来也没有那么糟糕，可怕的是，一个人从这穷里熬不出一点儿意义，一点儿道理，那还真是辜负了这么好的人生，白来了这一遭。

教养是让别人舒服，自己也不苟且

□陶妍妍

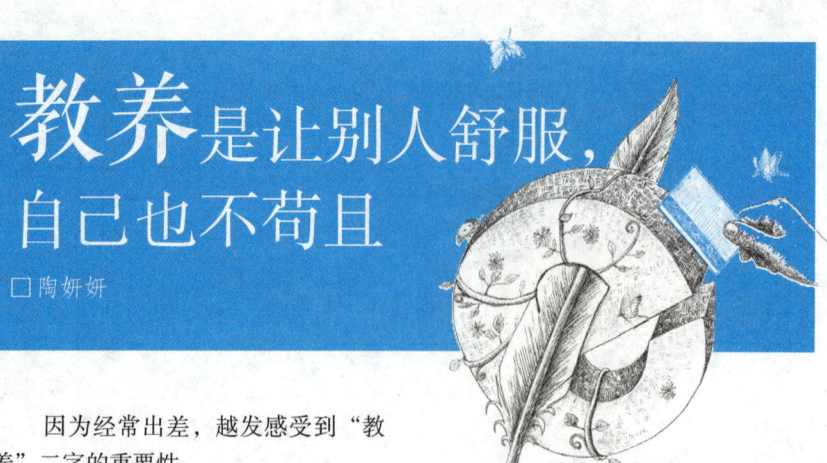

因为经常出差，越发感受到"教养"二字的重要性。

一大早去赶火车，进站口乌泱泱的人群缓慢挪动，突然后面跑来三四个人，一个箭步冲到队伍最前端，直接把身份证和车票塞到安保眼皮下面，"火车要来不及了，快先帮我验！快点儿！"然后幻影术一样过了安检，消失在汹涌的人流中。

规则面前人人平等。既然知道进站要排队，就应该预留好时间，你的加塞就是在破坏别人的出行节奏。即便因为突发情况需要插队，也要说"请"和"谢谢"，因为没人必须为你的失误分摊时间成本。

我让你，是教养；不让你，是应该。

还有次在酒店吃早餐，隔壁桌来了个姑娘，穿着全套紫色运动服，齐腰长发湿答答耷拉着，脚下踩着酒店房间里的白拖鞋，走起路来啪嗒啪嗒响。

我和同事在聊天，之所以注意到她，是因为她太特别了。

首先，她拿了6盒酸奶放桌上占位子；然后，端来一盘水果沙拉，不知大家还记不记得多年前有个热帖，教人如何在必胜客堆自助沙拉，那姑娘就堆了那样一座水果通天塔。这还没完呢，她用两只白瓷盘把所有甜点都拿了一份，一桌花团锦簇……

也许你会说，他们付了房费，这里是自助餐厅，爱怎么吃是别人的事，你管得着吗？

我只是想起多年前自己在大阪关西机场酒店的一件往事。

那次在日本连开了十多天会，每个人都累成狗，入住关西机场酒店后，领队通知酒店可以提供纸盒打包业务，直接托运。

好不容易把各种手信整理到一个箱子中，我穿着酒店拖鞋就进电梯了。开电梯的姑娘穿着粉色职业短裙，一脸妆容精致。看我穿着拖鞋，立刻摇手，用日本味英语叽里咕噜说了一大通，大致意思是，不可以穿拖鞋出房间去大堂。我解释，我去取快递箱子，快递点就在电梯口，我不进酒店大堂，这么重的箱子也不想再提回房间啊。

她看了看我的房卡，然后把箱子接到手上，微笑着又把我请出了电梯……

等我气急败坏换好鞋，坐电梯下了楼，发现另一位穿粉色套装的姑娘正站在电梯口等我，看了房卡后，一个劲儿道歉说添麻烦了，然后帮我把箱子一路提到了托运处。

真的，那一刻我真恨不能找个地缝钻进去。因为她们用自己谦逊但坚持的态度，告诉我什么是礼仪，示范了什么是教养。

适量取餐，也是在日本"被迫学会"的。在日本中餐厅吃饭，菜是一道一道上的，必须把一个盘子吃空，另一道热菜才会端上来，你左顾右盼盯着服务员，他永远笑眯眯地站得笔直，好像不在乎你要吃多久，他们只在乎你一定要吃完眼前的……

我后来懂得：选择真正想要的是种能力；克制贪婪欲望也是种能力；合理分配财力体力心力，更是一种能力。

这些能力，统称为教养的文明驯化。

上大学时流行打零工。我有个学弟，因应聘上美国某连锁咖啡馆的兼职生，在老乡群里轰动一时。

某晚聚会，大家撺掇他说说那家国际化咖啡馆里的故事。

"有个女生，每晚五六点来，天天坐在店里最拐角位置，一直坐到打烊才走。"

我们唬他："观察这么仔细？看上人家了？"

他没接话茬，接着说："有天我去收桌子，无意间看到她从包里掏出一只我们家的旧咖啡纸杯放在桌上，然后埋头看书，当然，她没注意到我。后来我开始关注她，发现她每天都拿那一只纸杯出来，其实经常三四个小时不喝一口水。"

大家都沉默了，三十块一杯咖啡，那年代真不是一般人能消费得起的。但在每天都有人等位的咖啡馆里，拿旧纸杯蹭位的姑娘，心理素质也够强。

"后来我把这事告诉店长，本来以为他会想办法把她请走。结果他只说了一句，'就当没看到'。"

过了段时间碰到学弟，又问起那个神奇姑娘。

"店长后来把自己的班都调到晚上。有时收桌子，会'顺便'给那姑娘添杯热水。不过她很久不来店里了，走之前找店长买过杯咖啡，付钱时我听见她说'这段时间谢谢你'，原来她什么都知道啊。"

"啊？"

这故事，我看到开头，却没猜中结局。

我是过了很多年才理解那个店长的，他选择"没看见"是一种教养；他用"视而不见"默默维护着一个女孩的自尊心。他让别人舒服了，让自己安心了。

多年前香港乐坛还火时，每年都会邀请内地音乐台主持人参加年终音乐盛典，会后有媒体答谢晚宴。

有个电台姐姐去香港参加完一次活动后跟我说："我觉得刘德华这人一定常青。"

问她为什么。

"媒体晚宴就是媒体聚餐嘛，很

门风与涵养

□ 于丹

多明星都不来，刘德华这样的大咖，不仅来了，比我们到场还准时。桌号是按不同地区摆的，像我们内地电台就往后一点儿，几十桌啊，他每桌都来敬酒，和我们每个人都碰杯，我发现他每桌分配寒暄的时间基本也都一样，你说这样的人怎能不红？"

我感叹："华仔情商真高，什么人都能应付。"

姐姐摇摇头："错了，他是教养好。哪个明星不知道要和媒体搞好关系，能做到的又有几个，他是打心底尊重每个来参会的人。饭局最能考验一个人的修养，能照顾到每个人的情绪，尊重每个人，这人真了不起。"

有人说，有钱就会变得有教养，因为活着不紧张不狼狈了，自然有空照顾方方面面。我并不认同。

教养是种温良的天性，是有爱有坚持的家教。

家门口有家苍蝇馆子，以前常去。有天迟了，是最后一桌，上完菜，见一个帅气男孩从后堂出来，躲到包间里一阵，出来时，身上油腻腻的厨师服换成了干净的T恤衫，脚上也换上洁白的球鞋。

然后他在柜台上摸出茶杯，端把椅子到门口，在行道树的树荫下开始翻一本封面破旧的小说。

那一刻不知为什么，觉得特别美好。在午市后的餐馆见过太多蓬头垢面的人，累了一中午，披散着头发，糊着浓妆，有些穿着短胶鞋，有些穿着油滋滋的厨师服，直接趴在刚擦干净的餐桌上就迷瞪起来。而这位小伙，只为在门口喝一杯茶休息休息，执意换上干净的衣服和鞋，他对自己、对生活、对美，都是有要求的。这就是有教养的人。

后来听老板娘说，这小伙是大厨，因父母身体不好，才留在家门口干活。又过了两年，小伙走了，这家菜式越来越"农家乐"，我也很少去吃了。

只是偶尔还会想起那个坐在树荫下的身影，他身上有对平淡日子也不肯苟且的倔强，这是一个普通人最温润的教养。

在台北一家小店，我看中了一套非常漂亮的茶具，合人民币两百多元。店主是一个胖胖的男孩，他骄傲地告诉我，这是他的团队自己设计的，获过台湾最高设计金奖。我请他给我包起来，他却认真地从里面抠出一个小茶杯说，这个杯子当摆设，设计感很强，但用来喝水会很烫，您考虑一下要不要。我遗憾地放弃了，又看中一个不到一百元的小茶海。他提醒我说，这不是台湾设计，我知道很多人来这里是要买台湾原创产品的。他让我很惶惑，我说你还要不要卖东西？他说正因为我要卖东西，才要说清楚，否则我卖的东西烫了人，人家会说我不诚信，生意也不会长久，我是要开百年老店的。最后，我买了一把非常好的柴烧壶，很贵，上千元。但我很高兴，因为我买到的是台湾最好的原产地的产品，他也很高兴，把东西包好送我出来。

站在外面的阳光下，我想，这个孩子吃亏吗？他因为说实话没有卖掉百十元的东西，但是我因为对他的尊敬和想要成全他做百年老店的意愿，最后买了一千多元的东西。诚信不吃亏，反而会有更好的长远未来！我很想调查一下，在大陆，有多少妈妈会不觉得这样的孩子傻呢？

从台湾临走前我去88岁的大姨家吃饭。她通知亲戚们：小丹来了，大家都来。大姐一句话，弟弟妹妹什么事情都能放下。小舅妈七十好几了，在大姐面前像小媳妇一样毕恭毕敬；四十多岁的孙子，事业极为成功，看见奶奶下巴上粘了饭粒，会赶紧站起来给她擦掉；老人爱说车轱辘话，讲当年跟我妈妈的分别，讲1948年离开大陆的时候还惦记着后窗台上的一串糖葫芦……这故事光我都听了七八遍，孙子们听的次数总有上百遍，但他们一言不发地看着老人，一点儿都不打断，那专注的样子就像第一次听。

我们总希望孩子学习高精尖的东西，但损失的是家教和门风，是做人的常识与底线。

有一次聚餐，朋友带着孩子。孩子爬上桌，像飞轮一样拼命转动菜台，什么好吃就往自己嘴里抢，大人根本没办法伸筷子。我问朋友，你不管管孩子？他说，现代教育要解放天性，不能拿老一套束缚孩子。他没有想过，一个孩子最后是要成为公民的，是要进入社会的，如果漠视别人的存在，当别人的权利受到伤害的时候，他的天性能保证他一生的幸福吗？如果一个孩子没有被自己的爹妈管教，那他被社会修理的时候会付出怎样的代价？

所以说，好门风能教我们做人的涵养。好门风一代一代地传承，能让我们在这个迅疾变化的时代里，找到内心不变的温暖，找到属于自己的真正的人生价值和秩序。

生命本身没有意义，你给它什么意义，它就有什么意义。

留着所有的力气变美好

□ 孙晴悦

偶然看到一个林志玲的演讲，印象深刻极了。志玲姐姐谈及好几年前的那次摔马事件，肋骨骨折。她说，从医院醒来的那一刻，医生告诉她，肋骨骨折，会非常痛。她只问了医生一个问题："会好吗？"医生说："会！"志玲姐姐说，从那以后，她没有再喊过一声痛，没有再掉过一滴泪，她要把所有的力气留着让身体复原。

想起了之前在里约热内卢的贫民窟里，遇到的一个踢足球的少年。他叫卢卡斯。清晨七点钟去贫民窟的时候，他已经在只有八分之一足球场那么大的一块空地上，和一群光着脚丫的少年在一起踢足球。和我同去的警察对我说："你没有办法想象他们有多想成为足球运动员，他们没日没夜地在这里踢球，除了吃饭和打零工赚钱养活自己的时间，他们都在踢球。"

"这里会出下一个罗纳尔多吗？"我看着这些兴奋地奔跑着叫喊着的孩子，看痴了。空地外凌乱地放着他们的人字拖，每一双都已经黑旧得看不出人字拖原本的颜色和花样。我在想，罗纳尔多曾经对媒体说，他们都光脚踢球，看来这是真的。小罗纳尔多曾经也对记者说，童年什么都没有，只有足球，看来这也是真的。

这些穿着破烂不堪的衣服的孩子，他们轻盈地带球，用力射门，在这些时刻，好像贫民窟的贫穷和危险对于他们来说是不存在的，现实的饥饿和潦倒对于他们来说也是不存在的。他们踢球的样子在灰色的贫民窟里闪闪发光。而我的手表，指针指在早上七点半。

那一刻，我想起了大学时代的自己。如果上午头两节没有课，那么七点半应该还没有起床。但是等到要考试了，我首先说的却是，我没有时间。现在想来，这些抱怨，除了带来自我消耗以外，到底得到了什么呢？

电影《上帝之城》充满了人性的堕落和无尽的暴力，让人感到恐惧。我没有想到的是，在灰白的砖墙、肮脏的街道、土黄色的泥地组成的上帝之城里，看到的居然是一群闪闪发光，拥有金灿灿笑容的少年们。

警察叫来那个叫卢卡斯的少年过来和我们聊了一会儿天。他说他十点要去修车店帮人洗车赚一点儿钱，不去洗车就没有饭吃。

卢卡斯一本正经地和我们从技术角度分析着他踢球存在的各种各样的问题，贫民窟里任何一个热爱足球的孩子讲起足球来都是一套一套的，丝毫不逊于任何一名足球解说员和评论员。他们谈论着自己的优点缺点，和需要改进的问题。

当然也谈论着他们的偶像们。卢卡斯眉飞色舞地说着他的偶像内马尔，他说内马尔小时候就和我们一样，他也没钱，但是你看，他的技术多好，他踢得多棒。

卢卡斯每天一到十点就要去洗车赚钱，但他并没有沮丧。他说这是现实生活，总要活下去。我说，你并没有很多时间来踢球；卢卡斯很不以为然，反驳我，只要早起就可以去踢球。他无比坚定地相信这个已经掉了皮，棉絮都要飞出来的足球会带他去他想要去的地方。而他，要留着所有的力气踢球，只有这样，"那一天才一定会到来"。

很喜欢王潇的一句话，"记住那，关于光阴的教训，回头走，天已暗，你献出了十寸，时和分，可有换到十寸金"。没错，不能再自我消耗，我们要留着所有的力气，用来让自己变美好。

把心安顿好

□ 周国平

人最宝贵的东西是生命和心灵，把命照看好，把心安顿好，人生即是圆满。

我一向认为，人最宝贵的东西，一是生命，二是心灵，而若能享受本真的生命，拥有丰富的心灵，便是幸福。这当然必须免去物质之忧，但并非物质越多越好，相反，毋宁说这两者的实现是以物质生活的简单为条件的。一个人把许多精力给了物质，就没有什么闲心来照看自己的生命和心。

人生最值得追求的东西，一是优秀，二是幸福，而这两者都离不开智慧。所谓智慧，就是想明白人生的根本道理。唯有这样，才会懂得如何做人，从而成为人性意义上的真正优秀的人。也唯有这样，才能分辨人生中各种价值的主次，知道自己到底要什么，从而真正获得和感受到幸福。

生命所需要的，无非空气、阳光、健康、营养、繁衍，千古如斯，古老而平凡。但是，骄傲的人啊，抛开你的虚荣心和野心吧，你就会知道，这些最简单的享受才是最醇美的。

真正的修养，能抵抗世间所有的不安

　　真正的修养，就是仍能坚持窗明几净，仍能在细微中折射本真的光芒，仍能在平凡中保留品行的高贵。修一颗沉静从容的心，让自己的内心变得豁达而强大，让自己的生命状态呈现出气韵和生动。"随遇而安"，无论处于什么样的境遇，都能够从容面对。

偷钱记

□ 卑屈的猫格

在我还是个小学生的时候,我妈曾一拍脑门,决定要像个西方家长一样培养我的金钱观,如果我想要零用钱,就要像西方小孩一样做家务赚钱。原本我的零用钱就不多,发放制度改革后,我的经济状况更是捉襟见肘。大人们不懂小孩也是需要钱坠坠口袋,腰板才能挺得直的。大到好看的文具百货,小到各种零食,哪一样是不要钱的呢?

小学时我是回家吃午饭的,有些小孩因为离家远,每天都能得到几块钱的午饭钱,我的同桌就是其中一员。那时小浣熊干脆面在小孩中是一种流行食品,附带的三国英雄卡更是风靡了小学生的圈子。他收集卡片成瘾,每天的午饭钱都兑换成了干脆面,还会大方分给我,我也殷勤表示,等有钱了,一定给他买鸡蛋仔吃,他十分感动,毕竟那时鸡蛋仔也是红遍了十里八乡的。

我们校门口常驻着一个卖鸡蛋仔的老头儿,蛋奶暖融融的甜香飘满全街,引来一群小学生驻足流连。那时大家的零用钱不过是五毛一块,谁也不能轻易花钱去买一袋鸡蛋仔。我们的友谊就这样建立在了鸡蛋仔和干脆面上。

为着这个承诺,我每天认认真真拖地倒垃圾,早起给家人冲豆奶,斗志昂扬想要赚得人生第一桶金。但当我拿到第一笔血汗钱的时候,我妈却把五块两毛钱塞进了我的存钱罐里面,给了我一个小本子:"以后花了什么钱就要记下来给我检查。"什么?书上说的西方家长也不是这种嘴脸啊。可她并不在意我的崩溃,脸上只写着独裁者的冷峻。于是我终于意识到了零用钱罐子里的钱给我的只是一种徒劳的安慰。

因为无法履行鸡蛋仔的承诺,我只能顶着巨大的社交压力蔫头耷脑地去上学。同桌看我又没带鸡蛋仔,出言挖苦:"你真是个小气鬼。"

放学回家后,我闷闷不乐地窝在桌上写作业。没多久就看到我妈拎着一包菜回了家,随手把零钱放进了门前的小抽屉里。我的心怦怦直跳,一个大胆的念头死死抓住了我:我为什么不从抽屉里拿点儿钱呢?我也知道"偷"是一件不甚光彩的事情,可问题是,如果拿的是家里的钱,还能算偷吗?

那天晚上我贼兮兮地躺在床上辗转反侧,直到完全肯定父母已经全睡熟了,才赤着脚一溜小跑去了门口,小心盯了一眼父母的房间,见他们确实没有异常动静,便轻轻拉开抽屉,我看到一些明晃晃的硬币,还有几张纸币大钞,伸手拿了几枚一块钱的硬币,小跑着回了房间,心跳平复之后,便情不自禁地涌上一股得逞了的喜悦。

第二天吃早饭,妈妈一如往常,我微微放下心来。胡乱扒完了早饭便跑着去了学校,到了校门口,大大方方地走到鸡蛋仔小摊子前,对那个老头儿抑扬顿挫地说:"我要两份。"

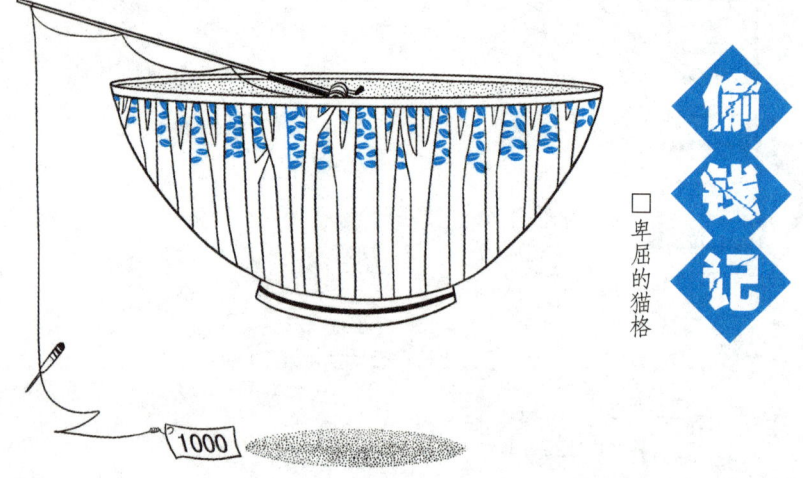

回到教室之后,很快就在班上引发了一场骚动,一下子能买得起两袋鸡蛋仔的土豪小学生在当时也是没谁了。我同桌凑了过来,扭扭捏捏拿了一个——我们就这样冰释前嫌了。

整整一天我都沉浸在喜悦之中,花钱的感觉就是一个字——爽。但欲望的消弭从来都是一种假象,我的胃口越来越大,三国英雄卡,悠悠球,自动铅笔……沉寂了两天之后,我又忍不住在一个月黑风高夜,悄悄打开了那个抽屉……到了后来,便忍不住把心思动到了纸币上,某一天,我看到抽屉里有几张五十元的,略略犹豫了一下,竟然也大着胆子拿了一张。

那是我第一次拥有那么大额的钞票,拿到钱的第一时间,我便去买了心仪已久的软皮本子。小卖店的老板也是第一次从小学生手中接过这么大额的钞票,不住地上下打量我。我不敢和他对视,胡乱把找零塞进了书包里面,居然还剩下这么多钱呢……我突然感觉进退不得,这才后知后觉地想起拿这么多钱是一件非常危险的事情。我想起每天晚上我妈都要查一遍我的书包,那些钱藏不住,我也无法合理地解释来路。

狗急跳墙的我做出了一个大胆的决定,把剩下的钱全部花掉。于是,在课间去买了一大堆零食,还买了汽水等小学生不是轻易买得起的奢侈品。我的座位一下子被围了起来,一直到上课铃响,还有同学恋恋不舍地不肯回座位。上课的是我们的班主任,那天她鹰隼一般的眼神迅速扫过了我,我便有些做贼心虚地低下了头。一直到了放学,我都没能把钱花光,剩下的二十多块钱被我牢牢地攥在手里。我磨磨蹭蹭,徘徊在家门口,痛下决心,最后把剩下的钱团成一团扔到了冬青丛里。那一瞬间我感觉一阵轻松,飞也似的逃回家。

第二天一早,我被我妈薅着耳朵拽起了床。原来班主任看到我在班上挥金如土的样子,给我妈打了电话,让她控制一下我的零用钱。我妈当然会察觉不对,便细细去查了那个小抽屉的资金动向——我东窗事发了。

长大后我看了很多小故事,很

既然不能随便拿别人的东西，那郑重接过来好了

□ 张嘉佳

从小我妈就告诉我一句话，不能随便拿别人的东西。

第一次听到这个话，是在邻居家。我妈带我做客，邻居阿姨在毛线堆里摸了摸，摸出一个稀奇的果子。那时候常见的水果不外乎苹果橘子，还有到春天有种小小的青色甘蔗，剥开外衣带着甜味，也算是水果的一种。但是阿姨拿出来的那个果子，顶上红艳艳，底部是嫩嫩的粉红色，看起来像超级玛丽中的变大蘑菇。

阿姨把果子递给我，我的手已经伸出去，我妈的毛线针就迅速插在中间，跟我说："不能随便拿别人的东西。"

我只好说："谢谢阿姨，我不要，我自己家有。"

我妈很满意，我却一肚子委屈，我家根本没有，我连见都没见过。再说了，为什么不能拿别人家的东西？

可惜大人永远只会跟小孩讲规则，却很少讲为什么有这个规则。

这句话之后出现了更多次，在见陌生客人的时候，在过年亲戚打赏的时候，那枚红得像梦境的果子，和我的接受永远隔着一根毛衣针。

长大之后，遇到的红果子就更多了。生病的时候发一下朋友圈，十几个包裹装着药和零食就寄了过来。有时候做一场活动，结束了除了累得发抖的膀子，还有读者们留下的礼物小山。

尽管我明白这些好意，但心里却别扭地很难面对。"不能随便拿别人的东西"这句话，延伸出来的还有别的规则，比如不能给别人添麻烦，不能成为别人的负担。

有时候拆别人寄来的礼物，包装纸一层一层撕开，心中大喊，千万要便宜一点儿，千万别太花心思。有次有个学生妹子，省吃俭用买了一条名牌围巾拿过来，气得我两眼一黑，差点儿拎着她去退货。

后来我的经纪人阻止了我，经纪人说："如果你什么都不需要，那我们会觉得自己很没用的。"

我看那个妹子，小姑娘满脸通红，不知道自己做错了什么。

一直困惑我的规则突然有点儿松动了，不能随便拿别人的东西，那就不要随便拿好了。

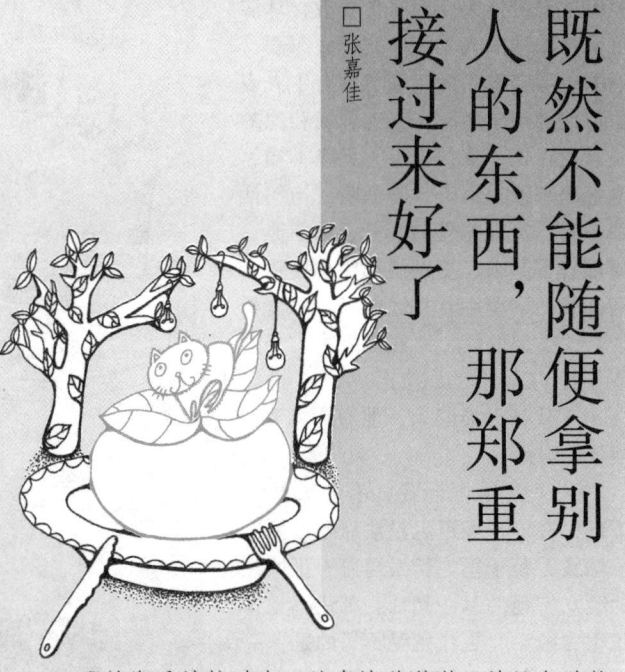

那就郑重地接过来，认真地说谢谢，并且也送份礼物过去，等待对方同样高兴地接受好了。

在我们的教育里面，接受是比付出更加困难的事情。我们可以勇猛地对别人好，毫无道理就喜欢别人，莫名其妙把礼物往对方身上胡塞一气，但换过来，轮到自己来接受时，却推三阻四。不知道这样的好意有没有可以回报的一天，不敢承诺会用同样的热情来面对爱，因此会说"我不要，我自己有"。

一身光辉盔甲，觉得自己是小太阳，不停燃烧从不需要别的热量。到最后就会像那枚被递在半空、悬而未定的红果子一样，找不到可以给予的对象了。

我收下了那条围巾，就像冒着毛衣针的危险，收下那枚果子。我告诉那个小姑娘，谢谢你，我很喜欢，但就这一次。因为啊，我这次要请你吃顿好的，要是你下次再送，我可能就没时间来谢谢你了。

对了，长大后我见了世面，知道这个果子叫莲雾。红艳艳的，熟透的话会很甜。大家遇见的话，不妨试一试。如果觉得送你莲雾的人你很喜欢，你就去买个释迦，跟他一起分着吃好了。

多名家大拿也都有过偷拿家里钱的经历，印象最深刻的是三毛的一篇文章，她的故事里，自己不但没有因为偷拿家里的钱而遭遇惩罚，甚至还因此让家长意识到了给小孩零用钱的重要性。

但我要告诉你们，故事里都是骗人的。

那天我挨打之后，存钱罐里的全部家产也被尽数收缴。我痛哭了一场，却招来更重的一巴掌。

长大了之后的我，有了更多想要的东西，不管是展柜里闪闪发光的美丽的包，还是摆在专柜里买一件便要倾家荡产的衣服。面对它们时，我好像又变成了那个买不起鸡蛋仔的小女孩，但我觉得我再也不会去偷了。大约是年岁渐长才终于发现，欲望之所以甜美，也许正是因为它永远不会被填满。

但如果能回到过去，我还是希望能够把那个买不起鸡蛋仔的小女孩拥入怀里，然后轻轻地告诉她，"以后没钱的日子，还长着哪"。

远离让你感到自卑的人

□ 林特特

从前，我有个上司，能力很强。他不主动带徒弟，但言传身教，耳濡目染，跟他的人总能学到许多东西。他的履历金光闪闪，业界常有牛人表示与他相识于微时。他的脾气和他的成就成正比，公司上下，无人不知，他急起来便拍桌子、瞪眼睛，句句话戳心窝。他最宠爱的膀臂，见了他，腿都直不起来，更别说那些小喽啰、刚入职的毕业生，"太差了""窝囊废"，类似的话，总在他入木三分的业务点评后，作为结束语。

一代新人换旧人，他的公司更新换代特别勤。

一个女生告诉我，有一天她下了班，在停车场迟迟没法启动车辆，一抬头，镜子里，长发裹着一张哭泣的脸。"他的每一句话，都让我觉得我很失败。"更让她受不了的是，一次，她和外地来探亲的妈妈在街上偶遇了他。她介绍："这是王总，这是我妈。"作为老板的他，不知是否对女生的工作有意见，竟扬长而去，连头都没冲这对母女点。

女生羽翼一丰，就跳槽了。那天的经历，让她难堪，"我像一个垃圾"，而从小到大，她都是妈妈的骄傲。

"跟着王总成长很快，但那成长伴随着……自卑，现在走过原公司，我还有生理反应：不喜欢自己。"她挑选形容词时，斟酌半响。

我点点头，谁不是呢？

从前，我有个女友，几乎完美。一百分的家世、成绩、婚姻，毕业经年，再见面，还有一百分的儿女。

她很努力。在凌晨发布的照片常是空荡无人的街，那时候她刚下班；而清晨六点，她又出现在晨跑的路上，与之相符的表情是一只做加油状的胳膊。好几次聚会，大家喝咖啡，她的电话络绎不绝。大家把孩子往游乐园一扔，在一旁闲话，她打开电脑，开始工作，晚上再看她的网络空间，正是以我们为背景，她在电脑前的自拍，下面赞声一片，都说她："不浪费一点儿时间。"

是真不浪费。终于，她放下电脑，在餐桌上，与我们对话。很快，我就在之后的某一天，看到她又联系了什么客户，结交了什么朋友，做了什么新选题，而这些创意、人脉、新鲜灵感，很大一部分是那次聚会中，我们无意讨论、她有心获悉的。

再见面，大家便有些不自在。

当她不在的时候，大家的怨气终于爆发。

"她让我感觉我不上进。""是啊，同样的机会，为什么我没抓住？""我的灵光一现，她竟做出了方案。""我说认识谁，第二天，就接到她的电话，求介绍……后来他们就单独联系。""我们是不是在嫉妒？"

善良的人都在心里为自己画了个叉。

可渐渐地，聚会没有她了，有时是她忙，有时是大家忘了——没刻意不通知，却也不再刻意通知。

直至，一个女友告诉我，已经屏蔽了她。女友说："我总被人说，你看人家的事业……你们不是闺蜜吗？为什么人家能……而你……"

其实，我也屏蔽了她。

她像电影院里第一排站起来的人，在她身后的人都不得不站起来。只要关注她，类似自卑、自责的情绪就会围绕着我，可作为一个成年人，我为什么要被她左右，从而不喜欢自己？

我见过一对情侣，非常般配，十年感情，即将迈入婚姻。我参加过他俩主办的沙龙，大腕云集，女孩是主持人，男孩是主讲人。沙龙快结束时，女孩致辞，提到男孩，满满爱意："如果没有他，这件事就做不成。"后来，我们开过一次会，他俩都在，女孩一发言，就被男孩拦下，"她说不清楚""我来说""你听我说""是这样的"……女孩终于什么也不说。

男孩的QQ签名是"我爱老婆"，各种场合也没见他对女孩有二心。他今天忽然找到我，原来，试婚纱时，女孩竟向他提分手。他描述了当时的场景——

打扮停当的女孩问："好看吗？"他看了一眼，用一贯的口吻评价："还成，反正颜值本来就不是你的强项。"一石激起千层浪。或者说，冰冻三尺非一日之寒。女孩当场脸色大变，将装修时他对自己品位的怀疑，挑戒指时他对自己要求的鄙

为自己挑好一点儿的敌人

□ 陶瓷兔子

刚上大学的小妹妹周末上我家，一进门就一肚子委屈："大学生活怎么就是这样啊？太让我失望了。"她眼神灼灼地看向我，"我特别讨厌我们宿舍的一个人，姐，你帮我想想办法怎么整整她，阴谋阳谋都行。"我一脸黑线地看着她，准是官斗剧看多了吧，丫头。

她像小时候一样嘟起嘴，絮絮地历数了这位"大小姐"是如何凭借家里的关系逃避军训，在其他人晒成狗累得要死的时候躺在宿舍的床上一边看小说一边给自己的脸上涂抹面膜。又是如何通过层层的关系进了学生会成了主席团的备选人员，再到她平时怎么巴结导员书记包括宿舍楼的大妈，再到她明明上课的时候玩手机，一下课就装作认真的好孩子围住老师问问题争取印象分。

"最重要的是……"她义愤填膺地顿了一下，"她总是穿着低胸装！给谁看啊她！"我一口老血喷了一地。她问我："姐姐，你是不是觉得我很无聊啊，我爸妈都说我不应该想这种事，把自己的学习搞好才最重要。"

我不知道要怎么样告诉她，等再过去几年，等她也走到了这个叫作社会的地方，也会不得不无奈地承认，能够经营好自己的人脉，利用好自己的情商或许是一件比成绩学业更重要的事情。

我不知道要怎么告诉她，世间百态本来就是由各种不同的人生组成，本来就没有什么对错之分。你永远需要和所有的看不惯共存。

而她在说起这个人的时候，虽

然带着可鄙的语气与神色，却将每一个细节都描述得栩栩如生，包括那个人穿着什么颜色的衣服，怎么亲热地走上前挽住导员的手臂亲如姐妹，怎么带着居高临下的微笑看着其他人奔跑出入学生会的面试。其实我不介意你给自己找上一个假想敌，也不觉得你无聊。

你把每一个细节都记得，才是我最介意的事。你把你最美好的时光，用来留意一个你不齿的人，用来记住她的一举一动一点一滴，然后在心底化作燃烧自己的厌恶和不甘。我介意的是，如果你也有这样的家庭关系可以用，如果你也能拉下脸皮去巴结奉承，如果你也有一件那样子的低胸装，你会毫不犹豫地选择和她一样的做法用来打击她，以眼还眼，以牙还牙。她在你心里明明一无是处，你用来讲述她的时间，却比你说起最崇拜的学霸学长更长。

记得以前我们一起看过一部很雷的抗日剧，剧里面的日本兵都很笨而且猥琐，往往不战而降或者落入很明显的陷阱。你当时笑着说："要真是遇到这样的敌人抗日还需要八年？简直是侮辱中国军人的智商。"可是，现在你自己挑选的敌人，她在你心里又多么像神剧里的日本兵。

费尽心力去讨厌一个自己不齿的人，真的是一件很浪费生命的事啊。每个姑娘成长过程中都需要一个假想敌，这个假想敌会像她的标杆，一点儿一点儿，把她变成自己的样子。你羡慕别人有傲人的成绩，然后自己拼命去追赶，你嫉妒别人有挺拔的身材，然后每天坚持去做瑜伽。你讨厌别人说一口流利的外语让你相形见绌，然后每天早晨天不亮就默默打开广播听新闻。

所以我不想让你"搞好自己的学习就行了"，或者是像老人家一样劝你"做人要大度，别跟别人比"。

我宁愿你带着年轻人的活力与火气，痛快坦荡地羡慕、嫉妒和讨厌。但是记得，给自己选个好一点儿的敌人。至少她不会让你变成自己讨厌的模样，至少她让你享受过竞争的乐趣。让你很久很久之后想起来，都不后悔曾经以她为敌。

夷，路边随便路过一个长腿的美女，他都会开玩笑"相比之下你就像一个矮冬瓜"……她将心里的苦和盘托出。

"想到未来几十年，都要忍耐你的语言暴力，想到你用一句'只是笑话别介意'就可以解释，'一点儿小事也要生气'指责我，我就没信心继续了。"这是女孩给他的最后一条短信。

"一点儿小事，也要生气？"他问。

我忽然想起从前的上司，从前的女友，并说给男孩听。他们无一例外很优秀，某种程度上，对你来说，甚至有益。

"一个人不喜欢你，可能只是因为你传递给他的信息让他自卑。天长日久，负面情绪累积，他与其不喜欢自己，不如不喜欢你。"

容易自卑的你、我、他，都有这种选择的权利。

讨人喜欢，比长得好看更重要

□ 蔡康永

这件事，用常识判断就知道了：和你住同一间房子的室友，或者，坐你隔壁办公桌的同事，就算长得很美，你也不见得心情会很好，但要是她很讨人厌，你一定心情坏。

如果你的室友或同事，长得不美，但很好相处，很讨人喜欢，那你的心情就很容易很好。大概只有对大明星，人们才很少注意美貌之外的东西。如果没打算做大明星的话，那么会因为你的美丽而感到人生满足的人，其实很有限。反而是你的讨人喜欢，可以造福身边很多人。

"我约好了大家礼拜六一起去吃日本料理哦！"古古的朋友兴高采烈地打电话来约。

"啊，可是我不吃日本料理啊！"古古如果直接这样回答，对电话那头的人来说，当然很为难。

古古这样讲话，当然是把她一个人的喜恶，放在"最重要"的位置。如果不是为古古庆生的话，我想，参加聚会的另外八个人，其实没必要在乎古古大小姐吃不吃日本料理。

古古直接给这种回答，很像"咻"的一声把大刀拔出了刀鞘。她要不就是逼迫对方为她改订别的餐厅，而且一一去通知别人；要不她就是逼对方说："这样啊？那你这次就先不要来参加好了。"

少给别人找麻烦的方法，就是把麻烦在自己手上解决。古古不必勉强自己吃日本料理，她只需要回答：

"哦，那我会吃饱再去餐厅跟你们会合，因为我不吃日本料理。"

或者，"我来帮大家订另外一家新开的泰国菜好不好？因为我不习惯吃日本料理"。

古古如果把话改成用这个顺序讲，她会讨人喜欢得多，别人下次也才有兴趣再打电话约她聚会。可是，要怎样才会知道讲话的顺序，应该哪句先、哪句后呢？

以这次的电话邀约来说，其实需要把握的态度，只有很简单的一个，就是：别人并不是为了伺候你而存在的。

一事精致，便能动人

□ 李林泽

轰轰烈烈固然令人艳羡，但毕竟我们中的大多数人都只不过是沧海一粟。千军万马虽众，能挤过独木桥的却屈指可数；无限风光在险峰，能欣赏到的也只是寥寥。如此，我们就注定平凡吗？不是的。最近在读书的时候，看到了这么一句话："一事精致，便能动人。"这句话深深地打动了我。

很多人一生都只做一件小事。在平常人眼中简单的事情，他们日复一日地去做，最终变成了大师。平常的人们总想着技艺越多越好，会的越多越厉害。在现实生活中，人们往往认识不到这点的重要性。他们信奉"艺多不压身"，礼赞"十八般武艺，样样精通"，谁知到头来却落得个"样样涉足，个个平平"的结局，导致"艺多不养家"的尴尬后果。

法国画家雷杜德一生就是画花，尤其是玫瑰。任凭法国大革命政权更迭，人头落地，血流成河，他只管画他的玫瑰，整整20年，以一种将强烈的审美加入严格的学术和科学中的独特绘画风格记录了170种玫瑰的姿容，成就了《玫瑰图谱》，这本图谱被誉为最优雅的学术、最美丽的研究玫瑰的圣经，他本人被称作花卉画中的拉斐尔、玫瑰绘画之父。在此后的180年里，以多种语言出版了200多种版本，平均每年都有新的版本降临人世……雷杜德，他只做了一件事：画玫瑰，但他的玫瑰成了巅峰，无人逾越。

世界闻名的数学大师陈省身在天津逝世，走完了93岁的人生之路。人们从他的文章中得知，他有一信条："一生只做一件事。"他经常对人说，自己只会做一件事，那就是数学。他爱数学，有一个很简单的原因是，数学简单，只要一张白纸和一支铅笔就行。他说他不喜欢复杂的人际关系，也不会处理这些关系。面对一道道数学题，面对白纸和黑板，他如老僧入定一样，把尘嚣摒绝于外。于是，他将生命的能量发挥到了极致。杨振宁说，陈省身是可以与阿基米德、高斯和嘉当并列的数学伟人。一生只做一件事，做好一件事，多么好，多么值得。如此专一，如此恒久，如此完满。

凡·高以一幅《向日葵》名垂千古，雨果以他的《悲惨世界》屹立于世界文坛，张择端以他的《清明上河图》压倒全宋，人生不需很多，只要一点点足矣。在这样的时代和氛围里，格外怀念一种纯粹：自知、自制，心无旁骛，一生只挖一口井，直到清泉涌出，源源不断。

你所有的偏见，都只是因为你还未达到那个层级

□ 夏至未眠

1

我还上大学的时候，因为经济困难，经常粗茶淡饭地将就，咖啡馆更是从来没去过的。每每从星巴克的大窗户前走过，看着里面一位位端坐在精致的小皮沙发里的男男女女，心里总会默默地说上一句：世俗！

我总是想，有白开水喝更解渴更便宜，何必要花上百八十块钱在这里喝那一小杯奇怪口味的东西呢，有这钱还不如买上两本书呢。

刚工作那会儿，我们几个一穷二白的小姑娘经常凑在一起，中午一起去公司左拐边的小店里吃煲仔饭，无他，因为价格便宜。

有一天我们从杨迪的单位旁路过，麦琪拉着我的手说，你看那杨迪，今天又换了个LV包包，真是个拜金又肤浅的女人！

麦琪满眼的不屑与嘲弄，仿佛杨迪在她眼里，已然是只顾追求物质的女人。

是的，月薪稀薄的我们觉得，买个几万块的包包，脑子是有多不理性，是有多败家啊？

2

后来有一天，我和当时的总监一起出差，因为飞机晚点，我们只好去附近找个地方先打发下时间。

我说去麦当劳吧，点杯可乐坐坐就行，主管眉头一皱，说为什么去那么熙熙攘攘的地方？抬眼看到旁边的米萝，她手一指：就这里吧。

我一边跟在她后面一边想：有钱人果然事事要讲究。

进去之后，我和她淡淡地闲谈着，店里缥缈的轻音乐萦绕在上空，坐在柔软的椅子上，让我出现了那么一点点的错觉：如果以后累了，就在这把椅子上休息一下，也是挺美好的。

看着总监手臂上的卡地亚手链，我终于鼓足勇气脱口而出：你们买这种贵重的物品，从来不觉得浪费吗？

主管一愣，说："不过一万多而已，看着样子喜欢，也没多想，就买来戴了。"

不过一万多而已！听到我差点儿内伤。

主管说，她年薪几十万，给自己买个万把块的喜欢的手链，好像也很正常呀，有什么好浪费的！

主管看看我的侧耳，说，这和你月收入四千，买个喜欢的一两百的银耳钉，好像没有什么区别吧。

她接着说，但是在那些可能还不够温饱的人眼里，你这样花一百多买对耳钉，还不如他们多买两袋白面大米吧？

说得我竟然一时没有缓过神来。

最后，她笑着说，等你以后住得起高楼洋房，穿得起华衣锦服，喷得起五号香水，你就会明白，你喝杯蓝山咖啡，买个LV包包，真是再平常不过的事情，这就是我们生活的常态，和我们去吃个路边摊，喝瓶矿泉水，买双粗布鞋一样一样的，没什么区别。

我环顾店里，人们都在自顾自地忙着，有的看书有的办公，没有人注意到，这边角落里一个普通弱小的女孩子，内心经历了怎样的翻江倒海，沧海桑田。

3

现在，我也经常去公司楼下的咖啡厅角落里默默地想文案或赶稿子，偶尔抬起头，看着外面匆匆而过的小女生或小男生那不屑的眼神，我总是回想起五年前的自己。

忽然就突兀地笑了。

人生啊，真是奇怪，原来你所有自以为是的固执和偏见，都只是因为你没有达到那个层次。

当我也淡定从容地端着一杯拿铁，我才明白，我来喝的原本就不是咖啡，而是在过一种最顺手而理性的生活。因为除了家里，在这种环境这种地方，最适合我整理思维或平静写字而已。

而我后来慢慢了解了杨迪，她家境殷实，工作勤奋，最大的爱好，就是喜欢买轻奢包包。有一次她说，她妈妈常嫌弃她的品位太低浅，买的都是些暴发户东西。

我惊讶不已。杨迪顺口说一句，她妈妈经常去法国或瑞士买包包和饰品。可能正好比较方便，因为她的妈妈，是一家跨国公司的高层。

真是可笑，她妈妈眼中的杨迪低浅而土气，我们却觉得杨迪土豪又败家。你看，同样一个人，因为站的高度不同，我们的视角有着天壤之别。

当我走过了很多的路，见过了很多的山水，认识了很多的人，我才知道，当你没有站在更高的地方，你就不会看到那更远地方的风景，不会明白更多已然合理的人和人生。

每当我工作疲了，跑步累了，写字烦了，我都会在心底对自己说，放下你自以为是的偏见和固执，为了那更无限可能的生活，再坚持一下，再努力一把。

青年励志馆 先有公主梦，再修女王心。

别人的房间

□ 艾小羊

开咖啡馆会遇到很多开心的事，但有时候也会有不那么开心的事，比如店员最怕的就是看到带小朋友的顾客。能带来咖啡馆，又让店员望而生畏的小朋友通常五六岁，我们特意准备了一些绘本给孩子们，然而很少有孩子会安静地看，他们跑进跑出，大声喧闹，把咖啡馆当成了野营地。

一次，三个母亲与三个孩子，坐进了一间包房，房门关着，他们在里面玩了一个晚上。结账时，一个七八岁的小女孩跟母亲一起走了出来，母亲边拿钱，边对她说："你现在知道了吧，这就叫有情调的生活。"

女孩用手拨弄黄铜的手工磨豆机，说下次你还带我来吃蛋糕。

我送他们出门，转头听到服务员的惊叫声。

他们用过的房间，每一张桌布上都泼洒了柠檬水、咖啡、饮料，用过的纸巾扔得满地都是，仿佛这个房间里刚刚坐过十个重症感冒患者。他们自己带了很多零食，剩了一点儿的零食与各种零食的包装袋随处都是，摆在藤椅上的两束干花也被拆开了，散落一地。

晚上，跟一个朋友聊起这件事，她正为自己出租的房子被弄得脏乱而愤怒。

"别人的房间你的确不必很珍惜，但你自己是要待在里面的呀，房间是别人的，环境是你的，你就一点儿都不为自己的环境负责？"她的愤怒，其实也是我的困惑。我的一个朋友嫁去韩国，在做导游。有一次忍不住发来几张酒店的照片。床单上满是食物的污渍，桌子上堆满了吃剩的鸡骨头，啃了一半的玉米，以及各种坚果壳，而垃圾桶是空的，就在这张桌子下面。

这是一个旅行团的孩子们离开后，打扫卫生的阿姨实在愤怒，拍照发给她的。虽然说是孩子，但其实也有十五六岁了，"他们把房间搞成这样，自己住着不难受吗？"她也发出了同样的困惑。

从来咖啡馆的亲子团，到朋友的租客，再到韩国游的孩子们，他们如此邋遢，只因为是在别人的房间里。

因为是别人的房间，因为付了钱，所以他们懒得动一根手指头，去保持环境的整洁，好像无论那儿多么脏，都与自己无关，反过来，即使那里是干净的，也不是他们的荣耀。

与其说这是私心，不如说是习惯吧，习惯于在别人的房间里变成另外一个自己，不爱惜，不珍惜，无所谓，很邋遢。就像那些被带到咖啡馆来的孩子，没有人告诉他们，应该爱惜那些桌布，应该带走自己的零食袋。当他们成为成年人的时候，也会自然而然地觉得保持别人房间里的卫生，不是自己分内的事，哪怕他要在这个房间里生活一段时间。

有这样习惯的人，很难说他是一个追求高品质生活的人，一个懂得什么是情调的人，他们对于整洁的要求，也不是发自内心的，而更像是完成任务。

咸也好，淡也好

□ 林清玄

一个青年因为情感离别的苦痛来向我倾诉，气息哀怨，令人动容。

等他说完，我说："人生有离别是好事呀！"

他茫然地望着我。

我说："如果没有离别，人就不能真正珍惜相聚的时刻；如果没有离别，人间就再也没有重逢的喜悦。离别从这个观点看，是好的。"

我们总是认为相聚是幸福的，离别便不免哀伤。但这幸福是比较而来，若没有哀伤做衬托，幸福的滋味也就不能体会到。

再从深一点的观点来思考，这世间有许多的"怨憎会"，在相聚时感到重大痛苦的人比比皆是，如果没有离别这件好事，他们不是要永受折磨，永远沉沦于恨海之中吗？

幸好，人生有离别。

因相聚而痛苦的人，离别最好，雾散云消看见了开阔的蓝天。

聚与散、幸福与悲哀、希望与失望，假如我们愿意品尝，样样都有滋味，样样都是生命中不可或缺的。

美人有态

□ 张凌凌

我以前觉得长头发的女人实在好看,她们的美态令人沉迷。我写过这样的句子:"怀念没有汽车和空调的日子。开着玻璃窗,强风吹来,少女长发扑面,微微刺痛,加上阵阵清香,让人有随时可以死在她怀抱的感觉。"后来也觉得"喝酒的女人"微醺时最好看——双颊粉红,笑盈盈的,偶尔仰头把盖住了脸的长发往后拨,可爱到极点。

美女不限于容貌和身材,最重要的是能把女性的魅力发挥到顶点。胡因梦,一头长发,雪白的手臂透明一般,很漂亮,但知性那一面是外化不出来的,我不晓得也没法评论。林志玲是一级美女,徐静蕾长相也很好。审美当然是外表先行,但内外兼修当然更好。

很难有一个一言以蔽之的审美观。现在很多人有民国情结,愿意相信民国女子更好看。但谁也没有一幅全景图,大家对那个时代的印象都是从文字中来的,我没有经历过民国,说的话也是臆测。我觉得秋瑾很好,虽然看照片很丑,但是她有独立个性、独立方法。张爱玲我也觉得很丑,但她自己看得很开,说用好的身体悦人和好的思想悦人都是一样的。

也有人常常批评现代女人,认为太有生产力了,就失去了审美功能,但在美上面我是个进化论者。比如朱玲玲小姐,早年当选港姐,现在是两个孩子的母亲了,仍然那么美。美是不会老的,美和老是两回事。她的先生不善待她,她离婚了,敢于做决定的勇气也是美的。相比我写的明朝女子,我倒愿意相信她们未必有朱小姐那样美——高贵文雅,表情不夸张,微笑着跟你聊天。

还有我写过的日本银座酒吧的妈妈桑,有马秀子,年逾百岁,依旧衣着端庄优雅,待客温柔体贴又有礼貌。她对店内女孩子的最大要求,便是教她们做女人,生意好得不得了。她那么老,依然是个有魅力的女人,是一位白发苍苍的淑女。这也是美女。

经常有人问我:"哪个国家的美女最特别?"这没有办法比较,各个地方都不同,但我喜欢韩国女孩子的美,硬朗干净,感情的表达直接大方,会说出来甚至喊出来,不吞吐。表达本身其实就是一种美。内地的很多女孩子,吴侬软语,讲话的时候很有风情,比如苏州话,好听。东北、山东的女孩子高大,漂亮的比较多,有点儿韩国的气象。尤其山东出美女:林青霞、巩俐等皆是。南方女孩子身材娇小,有玲珑之美。

性感?性感也是另一种意味的天然去雕饰。如果低胸就叫性感,这种性感观就太土了。性感是一种亲自接收到的感觉,喝醉了,或者接触久了,气质、智慧、头脑、谈吐,这都是性感。

高僧弘一大师,晚年把生活与修行结合起来,过着随遇而安的生活。有一天,他的老友夏丏尊来拜访他,吃饭时,他只配一道咸菜。

夏丏尊不忍地问他:"难道这咸菜不会太咸吗?"

"咸有咸的味道。"弘一大师回答道。

吃完饭后,弘一大师倒了一杯白开水喝,夏丏尊又问:"没有茶叶吗?怎么喝这平淡的开水?"

弘一大师笑着说:"开水虽淡,淡也有淡的味道。"

我觉得这个故事很能表达弘一大师的道风,夏丏尊因为和弘一大师是青年时代的好友,知道弘一大师在李叔同时代有过歌舞繁华的日子,故有此问。弘一大师则早就超越咸淡的分别,这超越并不是没有味觉,而是真能品味咸菜的好滋味与开水的真清凉。

生命里的幸福是甜的,甜有甜的滋味。

情爱中的离别是咸的,咸有咸的滋味。

生活的平常是淡的,淡也有淡的滋味。

我对年轻人说:"在人生里,我们只能随遇而安,来什么品味什么,有时候是没有能力选择的。就像我昨天在一个朋友家喝的茶真好,今天虽不能再喝那么好的茶,但只要有茶喝就很好了。如果连茶也没有,喝开水也是件很好的事呀!"

青年励志馆 先有公主梦，再修女王心

一辈子怀揣少女心

□ 残小雪

有些人喜欢用阶段去给女性划分任务，比如读书时要好好学习，恋爱时要撒娇卖萌，结婚后要勤俭持家，当了妈要温婉贤惠，跟升级打怪一样一样的。如果在这个阶段做了任务以外的事情，就是没干什么正经事。

于是有的人就接受了这种观点，早早扔掉少女心，跑步奔向妇女阶段，好像不提前去打个卡就丢了人生的年终奖一样。

其实也并没有什么人说，到了什么年龄就该让自己放弃追求，把少女的粉红色的梦境熄灭，灰头土脸地面对惨淡又平凡的人生，接受自己一无是处的事实。

我刚工作的时候，万能的人人网让四散天涯的小学同学又重新聚在一起，那时候我们见面就真的是在叙旧，从不谈什么拆散几对的事。男生和哥们儿还能一起互相笑骂，女生和姐妹还能一起手牵手去洗手间。

第一年聚会，大家在一起悲伤青春拍照合影，发个微博显摆一下岁月还是把杀猪刀。第二年聚会，有些姑娘当了妈，一进门我都认不出来了。比如以前的班长大美同学，过去她一瓜子脸，绑一马尾辫，一点儿不比现在的高圆圆差，她就是我们那年代的沈佳宜。可是走进来的她，居然穿一个肚子上印着米奇的肥大卫衣，头发油亮得像是可以点灯，疏于打理的眉毛也是乱七八糟的。全身的一切造型都是一个大写的已放弃自我的妇女。

她说，现在在家里看孩子，懒得收拾自己，都当妈的人了，还打扮得花枝招展做什么。我说，宝宝也需要一个美美的辣妈吧。她说，宝宝哪里懂什么是辣妈。后来，我就再也没和她一起去过洗手间。

与她相反，在一次旅行的途中，遇到了一个独自背着小双肩包旅行的英国阿姨，头发花白，薄薄的嘴唇还涂了艳丽的口红，在景点让我帮她拍照片。镜头里的她，优雅又自信，身材保持得很好，穿了件碎花的连衣裙。

她说现在无牵无挂的，又退了休，刚好可以自己出来玩。我记得太阳光下，她的腮红在两颊，像是少女的脸上的红晕一样，仍然可以让她天真且好奇地探索这个世界。把少女和妇女的距离牵扯上阶段与年龄，统统都是耍流氓。就像大叔和师傅，一个是风情万种魅力万千，一个是邋里邋遢大腹便便。

这两者之间的差距，不过是一份对自我的坚持而已。

在少女时代，我们仍相信世间美好的一切，有真命天子驾五彩祥云而来。期待商场里新一季上市的时装，鞋柜里缺少的一双高跟鞋。

还愿意在镜子前打扮自己，画精致的眼线和高挑的眉毛，仔仔细细地涂了口红去赴每一场约会。也会嘴馋多吃一块芝士蛋糕，也想在无助的时候偷抹眼泪。

我也见过那些生了孩子还依然坚持健身打扮的辣妈，也有长期独身仍旧温柔的大龄女青年，喜欢和长得好看的男孩子约会，一起嘻嘻哈哈地聊八卦。她们早就到了人们认为的妇女年龄，在她们的身上却看不到任何妇女的标签。

她们没有选择在某个时刻给自己贴上妇女的标签，跟自己过去的闪光和美好说了声拜拜，就一头扎进俗世的坑里，抛弃好奇，抛弃精致，赖在里面继续沦陷。

一辈子做少女又怎样，就是要在妇女节里假装与己无关，在儿童节里去排队买个快乐儿童餐集齐全套的玩具。

我希望十年以后，很多个十年以后，在玻尿酸流失后不小心变成了一个有眼袋和鱼尾纹的妇女，还能有一颗听他为我唱首情歌就开心得热泪盈眶的少女心。

真正的修养，能抵抗世间所有的不安

甜甜的诱惑

□ 未 羊

小时候喜欢吃糖，认为糖是世界上最好吃的东西。长大后知道糖吃多了不好，但还是挡不住甜甜的诱惑，结果患了龋齿，26岁拔掉一颗牙，以后每隔10年左右拔一颗或掉一颗，56岁时就缺了4颗牙。

夫唱妇随，夫人也喜吃甜食。可她喜甜的后果比我严重多了——我只是少了4颗牙，夫人却是患了糖尿病。要命的是，得了糖尿病的她仍然抵挡不住甜甜的诱惑，隔三岔五总要买点儿梅子、沙琪玛什么的，还说梅子是酸的，沙琪玛不太甜。

放眼芸芸众生，很多人都喜欢甜的东西，就是不喜欢吃甜品，也喜欢甜言蜜语。君不见，很多地方很多单位的领导经常发出"安民告示"：请大家多提宝贵意见。可人人皆知其潜台词是"请多表扬"。你如果说"领导高明""领导多注意身体"，他一定"真呀么真高兴"；你如果不识相，真提意见，那就不免摊上大事了！就是摊不上大事，也迟早免不了会摊上一双玻璃小鞋！

不光咱中国人喜"甜"，地球人都喜欢。两名伊利诺伊大学的心理学家曾研究了不同文化中人民使用词语的方式。他们从全球24种语言中，收集了10万个词语，并统计这些词语中正面和负面词语出现的频率，结果表明，"人类语言倒向的是积极的一面"，"全球范围来看，人们更倾向于使用正面词语"。这"正面词语"，约等于"甜甜的词语"。

毋庸置疑，"甜"是人类喜爱的味道，这是由人的天性决定的，挡不住甜甜的诱惑，是人性的一大弱点。从美学角度看，甜言蜜语会引发倾听者感觉器官的快感，无论赞美还是歌颂都会让倾听者心旷神怡。从心理学角度看，人都有一定的自尊心，甜甜的恭维话正好满足了这一心理。从医学角度看，人听到别人说他的坏话，生理上的化学反应特敏感，心情马上晴转阴，情绪上立刻进入难受难忍状态；而一听到好话，则产生另一种反应：心里舒坦，精神愉悦。

综上所述，不难得出这样的结论："抛去一切形而上的想象，我们普通人类本性的DNA（脱氧核糖核酸）里，还就是喜欢甜的东西。"

这个喜好造成了许多悲剧，比如使人体内甘油三酯上升，荷尔蒙敏感度降低，导致肥胖或糖尿病。就含糖饮料一项，每年导致全球18万人死亡。国人喜甜，目前我国糖精使用量较国际水平约高14倍；中国的糖尿病患者已接近1.2亿，约占全球的三分之一。

而喜听甜言蜜语所造成的损害，则比"吃糖"的损害更大更多，有时甚至是灾难性的。

常言说"良药苦口利于病，忠言逆耳利于行"。此道理人人明白，但现实中能听进"逆耳之言"的实在不多，因为常如鲁迅先生所说："说谎的得好报，说必然的遭打。"

如果你既不说谎，也不想遭打，那么，你得说："啊呀！这孩子呀！您瞧……那么……啊哟！哈哈！……"

在社会生活中，很多好话其实就是谎话，不少人也知道是谎话，可由于"谎话养耳""说谎的得好报"，一些人就自觉不自觉地学着说谎话，其中的高手还升了官发了财。受此导向影响，赞美与歌颂一时成了社会主旋律，一些说实话的，轻者招来一顿暴打，重者或被割掉舌头，或被削掉脑袋。久而久之，社会上除了铺天盖地的"正面词语"之外，就只有"啊哟""哈哈"之声了！

喜甜是人的天性，令人愉悦。但凡事都有一个度，甜过了度，就容易坏事。天天生活在蜜罐子里，是会甜死人的。

人生有酸甜苦辣咸五味，五味俱全才是真正的人生。一个社会也是。这是常识，也是真理。

葆有初心

□ 张 丹

当年上大学的时候，读过美学大师桑塔亚那的故事。这个在美国度过了几十年光阴的西班牙人，在某次上课时，在教室的窗台上，看到了一只欢叫的知更鸟，于是，49岁的他，辞去了哈佛大学教授的工作，回到阔别多年的欧洲，开始了肆意悠游的生涯，埋头研究从小就心仪的古老大陆的璀璨文化。几年后，鸿篇巨制《英伦独语》问世，为他的美学添上了浓墨重彩的一笔，也给了自己的初心一个交代。当年，桑塔亚那说走就走的勇气，让我着实热血沸腾了一段时间，并给自己打气，无论生活的担子多么重，也不做背弃初心的逃兵。

初心已成为妥协的筹码，用一步步的退让，换取所谓的生存空间，以达到一种如鱼得水的状态。恰如纪伯伦所言："我们已经走得太远，以至于忘记了为什么出发。"人生只有一次，生命不复再来，无论我们做了多少改变，都要葆有内心的不变。

生命这么浅，我们涉水而过，湿了脚踝，丢了鞋子，到了对岸，如此而已。

好的生命状态比选择更重要

□ 晚秋

那天被友人拉进了一个微信群，旁听了一节微课堂。主讲人是一位曾在巴西圣保罗大学留学的女子。在演讲的最后，她用一句精彩的话语作结："你的一个选择，并不足以决定你的人生质量，你一直以来的状态才是决定因素，凡事用心，凡事尽力，我相信用心的人全世界都会为你让路。"人的生命状态是可以通过一个人做事的态度，以及透过对方的长相呈现出来的，对此我深信不疑。

选择，仅仅意味着一场马拉松赛跑的起点，一个漫漫长路的开始。而通往远方更为关键的，是接下来如何走好选择之后的路，而我们又将以什么样的姿态在走。人是自己的根源，起主导作用的，只能是你自己，是你自己能否一路高歌且以欢欣之姿走向期待的远方。

成功的定义是什么？看到一句关于成功较为中庸而贴切的定义："所谓的成功，也许就是按照自己想要的生活方式生活。如果你觉得安于现状是你想要的，那选择安于现状的生活就会让你幸福和满足；如果你不甘平庸，选择一条改变、进取和奋斗的道路，在这个追求的过程中你也一样会感到快乐。最糟糕的状态莫过于当你想选择一条不甘平庸，改变、进取和奋斗的道路时却以一种安于现状的方式生活，最后抱怨自己没有得到自己想要的人生！"

所以成功的关键在于，你所追求的生活方式是否与你内心的真实意愿相匹配。而最终能否匹配成功，取决于你是否有持续的行动力，即便有矛盾的碰撞，也能以沉静从容的自在状态去消融、去化解。而这个过程也会让你变得更加丰盈、饱满、坚韧有力量，并从你生活中的各个方面和细节呈现出来，同样又反哺于你的生活，滋养你的生命。

我曾就职于一家公司，我的老板是一位雷厉风行、叱咤商界的女强人。而生活中的她，又是另一面，她幽默风趣，充满了活力，喜欢和年轻人打成一片。她总说她的年龄才二十多岁，而她保养得当心态年轻，看起来也像是二十多岁的样子。但其实，她已经是四岁宝宝的奶奶了。

她也有小情小调的诗意情怀，她会把新租来的办公室装扮成精致的小花园，绿色浓密的枝叶顺着办公室的一楼手扶梯攀爬到三楼，我们每天上班走楼梯的时候，都仿佛置身于一片清新的绿意中。她做得一手好菜，偶尔兴致来了她还会绾起头发，系上围裙，为员工亲自下厨。厨房中的她，又褪去了女强人的干练与强势，化身为温柔亲切的邻家姐姐，让人觉得很舒服。

跟她出差时，她会与我谈起她过往的一些坎坷的经历，分享她的人生经验。她说，无论你在做什么，你的状态尤为关键。人生就是痛并快乐着的一个过程，问题也总会有的。不要轻易放弃，信念也要够笃定，那么人就会慢慢地靠近美好和远方。所以我还是该干吗就干吗，作息规律生活方式很健康，照样做事业，照样到处行走，享受生活。我认为我的每一步都很踏实。

倘若你能在生活的细节中感受到那些温润而精微的美好，那么这份美好也会在潜移默化中慢慢渗透进你的生命里。你的生命也会在岁月中透出清明的质地和光感来。

而拥有好的生命状态，意味着人即使身处世间的繁芜和逼仄，在跌宕起伏的山河岁月中行走，那么也会滤掉浮躁的因子静下心来，把眼前的事情一件一件踏实地做好，在氤氲流动的轨迹中呈现出它该有的样子来。

事情的本身不应当成是任务，苟且也不该是我们逃避的理由，这些也无非仅是我们生活中的一部分。只要以愉悦之心去对待，在凝神静气中自如呼吸，那么便会在做事的过程中，感受到灵魂在跳舞的一种喜悦，精神世界也会逐渐变得阔大而丰富。

我喜欢手艺人的世界，喜欢他们做事时专注和安静的、动人的神情。他们的世界很慢很慢，也就在这样的慢动作镜头中，能够清晰地看到时光所织就的一件作品，从无到有各个阶段所呈现的生动的轮廓，并在生命中熠熠发光。

日本东京有一家只卖羊羹和最中饼两种点心的小店，店名叫"小笹"。店面小而朴素，只有3平方米，年收入却高达3亿日元。没有做任何广告宣传，还每天限量150个，每人限购5个，却门庭若市，很多人在早上四五点就过来排队了，遇上节日甚至凌晨一两点就排队等候购买了。

羊羹的制作虽然简单，无非是把用红豆与面粉或者葛粉混合后蒸制，冷却成型即可。但一件事情看似简单，若要让它自带光芒，那么是需要

音量显示你的出身环境

□ 刘墉

三十年前,我刚到美国,常在关车门的时候把老美吓一跳,他用惊讶的眼神盯着我看,猜我有什么不高兴。

我发现了这点,慢慢改,终于把手劲改小了。后来,反而是刚从中国来美国的朋友关车门会吓我一跳。

后来我搞懂了——因为三十年前台湾地区的经济还不发达,许多车子很破烂,发生过车门没关好,把乘客摔出去轧死的惨剧,所以上车之后,大家都狠狠地把门关紧,我也不例外地养成那种习惯。

同样的道理,早期的人关水龙头也特别用力。因为那时的水龙头做得差,里面的橡皮又不耐用,不用力会拧不紧、漏水。

你知道我为什么说这个故事吗?

因为人们的习惯常是环境造成的。同样一个人到中餐馆和西餐馆,讲话的音量就可能相差甚多。

道理很简单!你在嘈杂的喜宴上小声说话,人家能听得到吗?

相对地,如果你到"烛光轻音乐"的西餐厅高谈阔论,能不引人侧目吗?

这时候就出现问题了——如同可以由关车门和水龙头的轻重猜想他是来自怎样的环境,大家是不是也能由一个人讲话的音量,来猜想他出身的环境?

了解了这一点,你要常常检讨自己说话的音量是不是太大,甚至往更深一层想:是不是因为上一代从你小时候起,就用大声的训斥取代理性的教诲,你又承袭了这种习惯,扯着嗓子对孩子说话?

还有,你可能在几十户人家合居的大杂院里长大。但是今天,经济情况好了,大杂院改建成高楼大厦,地方大了,门户严了,四邻不再那么吵闹,连路上的车子都很少按喇叭,你说话的声音是不是也可以放小一点儿了?

你说话的音量可能在第一时间已经显示了你出身的环境,你能不小心吗?

用时间去精心打磨的。

这家小店的老板叫稻垣笃子,他在高中毕业后便继承了父亲的点心店。但稻垣的父亲是一个很严苛的人,稻垣在制作羊羹的最初十年间,迟迟未得到父亲的认可。直到稻垣第一次"听"到紫色光芒的声音时,父亲终于点了下头。而为了让这道紫色的光芒持续,他又用了十年的时间对红豆的产量和质地、木炭的状态甚至气温和湿度进行了反复的摸索、调和。每当看到这道紫色的光芒时,他都会生发出极大的喜悦感。如今他所做的羊羹已经远远超过了他的父亲,而这,他用了自己一生的时间。

稻垣对自己做事的态度要求严苛、自律,忘我而专注。他说:"每次炼制羊羹时,就是我一个人的世界。那是谁都不能打扰的我和羊羹面对面的时候,是只能专注于这件事、心无杂念的时间。"

他还说:"一辈子,做好一件事情,什么事都可以。""现在慢一点儿没关系,只要记得前进就好。"

尽管世间浮华万千,人烟嚣盛聒噪,他们仍依心而行,专注一事。他们不随波逐流,不急不躁,一辈子只做一件事情,以匠人之心往深处静静沉入,并把这件事情做到极致。他们的生命就是他自己的一件作品。

毕淑敏曾说:"人生的重大决定,是由心规划的,像一道预先计算好的框架,等待着你的星座运行。如期待改变我们的命运,请首先改变心的轨迹。"因此我们需要修行,修一颗沉静从容的心,让自己的内心变得豁达而强大,让自己的生命状态呈现出气韵和生动来。而这样的人,必定是一个冷静而清醒的有智之人,即便身处困境,他也会游刃有余地去理清那些枝枝蔓蔓,未来终会云开雾散。

我们需要从生活中来,再到生活中去。修行没有时空的限制,而日常生活就是最佳的场地,从中洞悉细微之处一点一滴的美好。在洋溢着生活气息的菜市场感受生活的热烈和温度,在厨房里下一顿饺子看那缕缕升起的烟火气,在书房中捧书阅读把岁月珍藏,或在旅途行走,寻一片草木情深,看夕阳西下,黛青色的远山淡入云层……随清波婉转,赏风光霁月,千帆过尽依旧是万种风情。

无论身居何时何地,我们都可以试着心怀虔诚欢喜意,学习如何与当下的每时每刻交流,并在这个过程中找到一种主客相融的共振和愉悦感,最终在自我与外界中达到一种灵动相谐的平衡,心平气和地走向期待中的样子。

去保持拙朴的天真,去进行温柔的试探,去慢慢靠近天地光阴的美好。以安静沉凝的生命状态,度残缺而繁复的人生,活出生命该有的样子。

鉴天地之精微,察万物之规律。生活处处是修行,万物静观皆自得。养一心静气以致远,而这比什么都重要。

会"遗传"的幸运基因

□ 肖 卓

1

20岁生日那年,父亲在我生日聚会宴席上说:"孩子,能够当你的父母我们觉得非常幸运,看着你们两兄弟健健康康长大,顺顺利利成家立业,好像一直都有好运伴随着我们,也祝愿我们一家人能够一直有好运相伴。"

从读书到工作,到组建新的家庭,我好像一直都很幸运,似乎真的在一路实现这个祝愿。大学毕业,我是班上第一批进入航空公司工作的。后来从航空公司辞职出来,遇到的每个同事也都很善良,每个老板都很慷慨,每个朋友都很真诚。

记得有一次在长沙旧街区租房子住,凌晨3点左右,一个小偷撬开了我的房门。他翻开了我的钱包,拿走了里面的现金,而我的电脑、手表,还有钱包里的证件、银行卡都没有动。

如果他拿走我装满公司资料的电脑,以及证件、银行卡的话,那我真的会很惨,但是他没有。所以,我到现在都很感激他,也觉得自己很幸运。

朋友对我说:"你是不是傻,自己钱被偷了,还觉得幸运?"我说:"或许,他真的只是那个时候缺钱花了,并不是十恶不赦的人。要是他拿走我的电脑换钱,拿走我的证件、银行卡来讹诈我,那我是不是就更要呼天抢地了呢?"

很多时候我回想起来,我的这种挡不住的幸运,不仅仅是父亲当时的祝愿,或许还是上一代遗传给我的。

2

我的父母一直和和气气,相敬如宾,从来没有吵过架。有时候遇到事情他们会换一种心态去对待,想办法解决。

我爸是一个木匠,有一次我和他在木厂里面做事,想尝试一下做木匠的威风。于是,年少不懂事的我把父亲刚刚运回来的最好的木头——"春杨木",用电锯裁剪得稀巴烂。

这一批木头,是父亲准备用来做一套顶级原木家具的。他看到后,并没有漫骂和责怪我。父亲带着我,把一些可以用的木头挑出来,做成了12双木屐。结果,我们全家都穿上了时尚又质量好的木屐,还送给了亲戚朋友们一些,大家都很高兴。

父亲后来告诉我,你那么小,又不懂这个,事已至此,打骂又有什么用呢?

一件坏事变成好事,最后还有一个圆满的结局,那种满足感我至今还记得。父母从来没有和我说过什么人生大道理,却总是用自己的行动教导我:遇到坏事,不要责怪,不要怨天尤人,要有坏事变好事的能力。

后来,每次我在生活中遇到困难的时候,总会想起父亲做的那一双双木屐。

有一次,我落下了几支笔在客厅的茶几上便进了书房,在客厅玩耍的儿子拿起我的笔,把雪白的墙壁画得惨不忍睹。等我出来的时候,他知道自己做错了事,待在角落不吭声。

我望着他笑了笑,说:和爸爸一起在墙壁上面画个大鲸鱼好不好?

儿子暗淡的眼神突然光彩熠熠,连忙跳起来拍着手掌说:"好,好!"

于是,我又找了不同颜色的笔,和儿子一起在墙上画了一头巨丑无比的鲸鱼。那天,儿子很开心,从此以后,他便爱上了在"鲸鱼"下面玩。当有人来家里做客时,他都会拉着人家的手来看"鲸鱼",说这是和爸爸一起画的。

3

父亲曾经和我说过,几十年前,他小的时候家里条件很差,经常吃不饱,肚子要挨饿,晚上漫漫长夜很难熬过。

可是,父亲却喜欢恶作剧。有一次,他用木棍把自己家里下蛋的老母鸡的屁股堵住了,结果那只鸡不能下蛋,不能排便,被活活憋死了。奶奶知道后,却没有怪他,而是说:好久没有开荤了,晚上就吃鸡肉吧。最后,奶奶把那只母鸡炖了一锅汤,一大家子吃得开开心心。

爷爷临死前说,想看我堂妹跳舞。于是,我叔叔就把他女儿从学校接到了医院,在爷爷面前跳了一支舞。爷爷咽气之前说:我感到自己很幸运,有你们这些子女的陪伴,还能看到小孙女跳舞,上天真是很眷顾自己。

多年来,我不时会觉得,幸运基因是会遗传的,就如我家一样,从我爷爷奶奶遗传给我父母,父母再遗传给我……然而,这个世界上哪里会有幸运基因呢?无非是通过自身的言传身教,教会下一代一种乐观的态度,一种把坏事变好事的能力。

经济学上有一个概念叫沉没成本,是指由于过去已经发生的决策造成的,不能由现在或将来的任何决策改变的成本。

一个成功的商人,往往不会去追逐沉没成本,而是想办法尽力去挽救现在的困境。我们做人做事又何尝不是这样呢?已经造成的损失既然无法避免,难道还要去怨天尤人,伤了他人伤了自己?

任何事情都有好坏,我们何不换个角度来对待这个世界?同一件事情,用不同的角度对待,幸运基因就会相伴你一生。

舍得，舍不得

□ 蒋勋

我有两方印，印石很普通，是黄褐色寿山石。两方都是长方形，一样大小。一方刻"舍得"，一方刻"舍不得"。

当初这样设计，大概是因为有许多舍不得吧——许多东西舍不得，许多地方舍不得，许多时间舍不得，许多人舍不得。有时候也厌烦自己有这么多舍不得，过了中年，读一读佛经，知道一切难舍，最终还是都要舍得；即使多么舍不得，最终还是留不住，所以一定要舍得。

刻印的时候，我还在大学任教，给美术系大一开了一门课教篆刻。篆刻课有许多作业——临摹印谱、学习古篆字、刀法。因此学生会借此机会，替我刻一些闲章。刻印的学生叫阿内，替我刻这两方印时，阿内大一，师大附中美术班毕业，素描底子极好。

在创作领域久了，知道人人都想表现自我，生怕不被看见。但是艺术创作，其实更像修行，要能够安静下来，专注于面前一个小物件，忘了别人，或连自己都忘了，大概只有这样，才能拥有修行艺术的缘分吧。

当时阿内18岁，偶然临摹泰山《金刚经》石刻，字体朴拙安静，不露锋芒，不沾烟火，在那一年的系展里拿了书法首奖。评审以为他勤练书法，我却知道，还是因为他专注安静，不计较门派书体，不夸张自我，横平竖直，规矩谦逊，因此能大方宽阔，清明而没有杂念。

艺术创作，关键在于人的品质。没有人品，只计较技术表现，夸张喧哗，距离美就很远。孔子说"士先器识，而后文艺"，就是这个意思吧。

阿内学篆刻，有他自己的趣味。他像凝视一朵花一样，专注在字里，一撇一捺，像花蕊婉转，刀锋游走于虚空，浑然忘我。

他对篆刻有了一点儿心得，说要给我刻闲章。我刚好有两方一样大小的平常印石，也刚好在想舍得、舍不得的矛盾两难，觉得许多事都在舍得、舍不得之间，就说，好吧，刻两方印，一方"舍得"，阳朱文；一方"舍不得"，用阴文、白文。我心想，"舍得"如果是实，"舍不得"就存于虚空吧，虚实之间，还是有很多相互的牵连纠缠吧。

这两方印刻好了，有阿内作品一贯的安静、知足和喜悦，他很喜欢，我也很喜欢。

以后书画引首，我常用"舍得"这一方印。"舍不得"却没有用过一次。有些朋友注意到了，就询问我，怎么只用"舍得"，不用"舍不得"？我回答不出来，自己也纳闷。

阿内后来专攻金属工艺，毕业作品是大型铜雕地景，锤打锻敲过的铜片，组织成像蛹、像蚕茧，又像远古生物化石遗骸的造型，攀爬蛰伏在山丘旷野、草地石砾中，使人想起生之艰难，也想起死之艰难。大学毕业后，阿内在旧金山成立了工作室，专心创作。2012年，他忽然打电话告诉我，说他入选了美国国家画廊甄选的"40 under 40"——美国境内40位年龄在40岁以下的艺术家，要在华盛顿国家画廊展出作品。阿内很开心，觉得默默做自己的事，不需要张扬，不需要填麻烦的表格申请，总会被有心人注意到。

我听了有点伤感，我问："阿内，你快40岁了吗？"啊，我记得的还是那个18岁蹲在校园的树下画一个蝉蛹素描的青年。所以也许我们只能跟自己说"舍得"吧！

我们如此眷恋，放不了手。青春岁月，欢爱温暖，许许多多舍不得，原来，都必须舍得；舍不得，终究只是妄想而已。

无论甘心或不甘心，无论多么舍不得，我们最终都要学会舍得。

青年励志馆 先有公主梦，再修女王心。

善待自己，体现在生活的每一个细节里

□柳主任

十多年前，中央戏剧学院表演系有两个漂亮的女孩同期毕业了，她们都姓白。一个毕业了就早早地嫁人了，嫁给了一个中年富商，过着看似富足的日子。还有一个拼命地跑剧组，磨演技，一步一步地实现着自己的职业理想。后来，她们一个因为情感纠纷死在了丈夫的刀下，一个成为了家喻户晓的明星。她们一个叫白静，一个叫白百何。

也许这个例子有点儿极端，那么看看我们生活的世界。从女总统，女法官到女"影后"，女教授。那些从银幕到头条，我们耳熟能详的成功的女性哪一个不是把宝贵的青春用来投资自己？而那些投资爱情和家庭的芸芸众生，则沦为了我们叫不出名字的：王太，张太和李太。

也许美貌和性格可以让你收获爱情，但只有独立才能让你收获尊严。而有尊严的爱情才是有质感的爱情，才是平等的爱情。所以女人最值得的投资永远不是用青春貌美来投资一个男人，而在于源源不断地投资自己，提升自己。

毋容置疑，所有女人都像需要空气一样需要爱情。但是如果你把有限的青春用来投资一个男人和一段爱情，那么你的后半生将在祈求这个男人不要离开你中度过。如果你把投资男人的时间和经历用来投资自己，那么爱情则由追求变成了吸引。一个优秀的女人从来都不会缺乏追求者，而你需要做的仅仅是挑一个自己喜欢的。

其实男人不会去深入研究他要如何对待你，基本上你呈现出来的面貌，就是他对待你的标准模板。说难听点就是：看人给价。普通女生是普通女生的待遇，女神是女神的待遇。你若内外兼不修才疏而又学浅，你凭什么要求他视你如沧海遗珠？爱情是什么？它从来都不是毫无逻辑的荷尔蒙分泌。它是一场精准的匹配，是人们以爱的名义在生活中寻找他能找到的最棒的那个人。

所以，投资自己才是一个女人最值得的事。

说到投资自己，很多女人的第一反应就是：我要买包，买衣服，做美容，四处旅行。我要把赚来的钱都花在自己身上才是投资自己。如果你经济宽裕，我赞同你这么做。如果你尚在奋斗，为了买包和旅行节衣缩食每天吃泡面，那么我非常不建议你这么做。

宠爱自己绝对不只是买名牌和出国旅游这么简单肤浅，而在于生活的每一个细节。你吃的每一顿饭，喝下去的每一滴水，你手上没有脱落的指甲油，衣服上没有脱线和粘毛，头发整洁干爽，周身体香怡人。

这样的姑娘，哪怕你全身上下没有一件名牌，没有去过家乡以外的任何地方，在我眼里也是好好宠爱自己的有质感的姑娘。那些蓬头垢面节衣缩食大半年只为了买一只LV的姑娘，哪怕你背的是爱马仕，很抱歉你在我眼里依然不高级。

姑娘，你要学会把你的生活和目标联系在一起，而不是和具体的某个人某件事联系在一起。与其把宝贵的时间投入在找男人上，远不如投资自己的眼界、格局、审美和品位。

我们要把自己塑造成一个经久不衰的名牌，无论你穿20块钱的地摊货还是20万的高级定制，它们都只是你的陪衬。记住，你才是那个最有价值的品牌。如果你没有把两万块的名牌包随手丢到地上或者顶在头上挡雨的底气，那就别背。买回来供着，证明你用不起也配不上。买名牌不是宠爱自己的唯一途径，善待自己体现在生活的每一个细节里。

所以，你若问我作为一个女人什么最重要？我的答案永远都是：经济独立、财务自由最重要。你的气质、阅历、品位这些通通都可以培养，但是很现实的一点就是，培养这些都离不开金钱的土壤。无论是读万卷书还是行万里路都是要花钱的，你在家里吃薯片看韩剧幻想李敏镐跟你求婚不是不可以，但是你看十年也看不出在塞舌尔的海滩上读完了《资治通鉴》的那种气质。

然而，比起投资身外物，更有"升值空间"的是投资我们的眼光、品位、气质和格局。这些美好的软实力不会被时光磨损折旧，反而越陈越香，历久弥新。这些品质不能穿戴在身上，但是能融入你的血液，提升你的谈吐，优化你的气质，甚至可以写在你的DNA里遗传给下一代。

所以我愿意用一只香奈儿的钱去上一个昂贵的专业课程，我愿意把买高跟鞋的预算拿去听一场演奏会，我愿意少买一条裙子多买几本书，我愿意把聊八卦和下午茶的时间用来参加更有意义的行业峰会。

试着用那些投资外在的时间和精

力拿来投资内在，你会发现东西是越买越少，但是买东西的品位和质地却是越来越好。你再也不用担心看到信用卡账单，因为无论钱包还是内心，都是美好而又富足的。

我们谈过的恋爱，不是在教育我们如何选男人吗？我们买过的包包，不是在教育我们什么才叫作经典吗？我们吃过100家著名餐厅，只是为了培养一条懂得鉴赏美味的舌头。我们去过的地方越多，就越觉得自己渺小而又浅薄。于是学会了对我们不了解的事物表现出应有的尊重和谦卑。

我们读过的书，走过的路，见过的人，花掉的钱，其实都是在给一堂课交学费——那就是向这个世界学习如何变得体面。例如，穿款式简单质地上乘的衣物比花里胡哨的淘宝爆款体面；了解每个品牌的文化和背景比背着印满logo（商标）的包包体面；学习拍一张有质感的照片，比用软件修图一百遍体面。好好地谈一场严肃的恋爱，比隔三岔五地换男友体面。做个被人尊重的独立女性，比彻底依附于一个男人体面。

所以，一个女人最值得的投资永远都是投资自己。在豆蔻年华里好好读书别满脑子谈恋爱，更不要愚蠢到跟男朋友私奔或者怀孕。奔三的年纪，好好投资自己的事业，努力赚钱。这是你投资内在外在品位气质的资本。人到中年，也要学会把自己从家务和孩子中解脱出来，投资自己的兴趣爱好，投资旅行多看世界，不然退休以后多无趣！

如此过一生，当你白发苍苍的时候，你就是一个又有钱又有趣又时髦的老太太。这一生，无论多少岁离开都没有遗憾，这就是最好的生活。如果这辈子年轻的时候用全部精力投资男人，中年用所有时间投资孩子，年老了如果孩子不在身边，跟老头子又没有共同话题，你的晚年生活是不是一眼就能望到尽头的荒芜？

我从未见过一个丰富又有趣，有钱又有见识的女人会没有爱情。

反而那些除了男人什么都没有的女人，到最后也会失去这个男人。

善忘者明

□ 叶春雷

庄子有一个词叫"坐忘"，用"忘"来解读人生，他对很多问题的看法因此别开生面。庄子论"孝"，认为"孝"的最高境界是"使亲忘我"，"使我忘亲易，使亲忘我难。"在庄子看来，"孝"不仅意味着子女忘记父母，更意味着父母忘记子女。这话乍听起来非常别扭，这不是六亲不认吗？

细细一想，庄子的话是有深意的。最大的孝，其实就是让父母对你完全放心，不把你记挂在心上，老人踏踏实实过好自己的日子。想一想，这难道不是孝的最高境界吗？如果父母今天担心你没吃饱，明天担心你没房住，后天还要冒着风雪为你占车位，想一想，你的孝在哪儿？

孝至彼此相忘，这种理念，西方人践行得比我们早。善忘的人更开心，这不仅体现在孝道上，生活的方方面面都是这样。日本作家渡边淳一提倡"钝感力"，"钝感"是与"敏感"相对的。一个有"钝感力"的人，对他人有意或者无心的伤害根本不会记在心上，而是转眼就忘。这样的人，活着是开心的，生活质量一定是高的。美国影片《坚不可摧》令我感动的，不仅是主人公路易斯·赞佩里尼面对集中营的非人生活所保持的那份活下去的信念，而且包括主人公的善忘。战争结束后，他亲自跑到日本，要求与当初在集中营中残酷折磨他的日本军官渡边长野见面，表达自己要原谅他的心意。路易斯·赞佩里尼的善忘，真正体现出他的宽容和豁达，一个不记仇的人，他的心灵真是比大海还要宽广啊！

人与人之间的摩擦不可避免，因为今天是一个竞争激烈的时代。但是，面对摩擦，我们一定要学会忘。如果我们小肚鸡肠，为一点儿小事就耿耿于怀，甚至睚眦必报，那是非常不合适的。复旦投毒案的凶手林森浩被执行了死刑，这件事给人的启示是：一个有才华的人，还要有胸怀。而善"忘"，正是有胸怀的集中体现。

"忘"是一种做人的境界。一个人能忘记自己在尘世所受的不公正待遇，只记得他人对自己的好，记得他人的恩，这样的人，就可以说有佛性了。从某种意义上说，一个人生命的宽度，实在和他的"善忘"是成正比的。"善忘"的人，看到的都是他人的笑脸，他活在一个充满阳光的世界里。

庄子说："泉涸，鱼相与处于陆，相呴以湿，相濡以沫，不如相忘于江湖。"相忘于江湖的那个世界，一定是鸢飞鱼跃、海阔天空的世界啊！

先有公主梦，再修女王心。

你到底会不会聊天

□ 李筱懿

1

我是一个反射弧比较长的人，说好听点，叫稳重，说难听了，叫呆，比如，一群人说笑话，我总是那个压轴笑，别人笑上半场，我笑下半场，不了解的人会觉得好像很有智慧深思熟虑的样子，其实，我只是吃过大亏而已。

刚工作几个月，老板看我目光机灵好像沟通能力很强，经常带我出席一些公务场合，成年人对职场小朋友都很宽容，即便说错话也往往被原谅，直到有一次我聊天把天聊死了。

那天中午来了两位重要客人，其中一位还是我的校友，作为老板秘书和未来工作的对接人，我们四个人一起午餐。吃得高兴，校友问我："教你们现代文学的是不是某某？"我说是啊。她接着问："他课上得怎么样？"

我觉得，是时候表现自己是一个有趣并且有观点的人了，于是道："他是一个好老师，但是太没趣，他的课一半人睡觉，一半人看小说，他还有个毛病，每一届都要挑全班最漂亮的女生读《桨声灯影里的秦淮河》，哈哈哈，怎么，你们认识？"

我嘹亮的"哈哈哈"还飘荡在饭桌上，她已经吐出几个字："他是我爸爸。"

我老板深深地看了我一眼，没说话；校友的同伴赶紧找话题打岔。

不用猜，那个项目换了对接人，

好的开始是成功的一半，糟糕的开始同样是难以为继的一半，这次吃一堑长一智之后，我明白社交关系错综复杂，浅表交往很难判断对面的人有着怎样的人际关系、爱憎喜恶，很难知道他真正喜欢谁，和谁有梁子。

年轻人都嘲笑过言语谨慎的成年人，觉得"语不惊人死不休"很酷，吃过亏才逐渐明白，那些看上去讲话没趣的家伙，不是呆，而是他们明白标准答案对于职场的重要性。

真正的聪明，并不需要抖太多包袱。而机灵，是轻飘的，重要时刻，往往压不住场子。

2

后来，我进了报社做记者，写财经和人物访谈，开始总是整不出像样的稿子，因为我和采访对象没话可说，我总是像《艺术人生》一样问："最艰难的时候你想到过放弃吗？""你那时有什么感受？""你的愿望是什么？""你觉得是这样吗？"

这些问题一句话把天聊到尽头，只能换来"是"，或者"不是"。

直到后来，我跟我师父一起采访。

她非常会聊天。

她总是聊一些细节，比如：咦，你办公室墙上这幅字有趣，"静水深流"，你为什么喜欢这句话呢？

再比如：我看过几篇你的采访，但是今天见面觉得你的状态比采访中更好，你有什么窍门吗？

甚至还有：听说你蛮喜欢星座的，你是狮子座，我是大射手，哈哈，都是火象星座。

比起我滔滔不绝表达自己的想法，最后问一句"你觉得呢"，师父特别明白聊天的价值——会聊天的人并不是为了表达自我，显示自己的聪明、睿智、博学，而是和对方形成语言和心理的良性互动，最终达成共识解决问题，先让对方说爽了，你才能获得自己想要的信息。

所以，她首先融洽气氛，每次见面都很会破冰，用细节告诉对方她关注并且试图了解他，拉近心理距离，心放松，话才能放开。

她让我明白，话说得最多的人，并不是最受欢迎的人，说很多话和"会聊天"完全是两个概念，于是，我仔细留心了周围那些被称赞"高情商"的人，他们未必自己能说会道，但是都特别善于倾听别人说话，他们明白有效沟通是达成共识，而不是做一道抢答题。

即便我从师父身上明白那么多道理，却依旧克制不住自己话痨的欲望，我喜欢争论，在争论中表达自己打击别人，尤其享受占上风的快感。

那时，我的话风通常是这样的：

别人：报社附近新开的那家港式茶餐厅不错，中午一起试试？

我：有吗？市中心那家才好，报社旁边的菠萝包有股怪味。

别人：你为什么不喜欢韩剧啊？女人看韩剧就像男人看武侠打游戏一样是放松。

我：我还是喜欢有脑一点儿的剧情，负责任的编剧，你看完了美剧和英剧再也不会想看韩剧了。

别人：《普利策新闻奖图语》很好看，新闻事件和作品的来龙去脉写得比较清楚，拍摄技巧和获奖理由的分析也到位。

我：千万不要看这种所谓国内专家写的大综合，真想看聊天技巧还不如《奥普拉脱口秀》。

我曾经就是这么一个会聊天的人，擅长三个必杀技：一句话堵死

真正的修养，能抵抗世间所有的不安

守得安静，才有精进

□ 倪志良

91岁的叶嘉莹女士曾表示：她喜欢多些安静的时间，多读些好书，多些静思，多些与先哲的神交。百岁高龄的杨绛先生守静功力更是了得，她和钱锺书春节时一样专注学问，面对前来拜年的客人只透过门缝寒暄几句，没有让客人进屋，有些不近人情。正是因为有了这种超常守静的功力，才铸成大美之作。

"动静等观"。人的生命与动密不可分，生活中要有动态美，但不能过，更不能变味。追求动态美更不能演变成：公共场所的喧嚣，极尽显露能事的夸张动作，声嘶力竭的吼叫，酒桌上的推杯换盏，资讯的有量无质。这都属于厚动薄静，不具有持久的生命力。

守静能安。韩国的一项长期跟踪实验显示：长期身处节奏过快、喧嚣的环境，少年易有注意力不集中、多动症等疾患，成年人逻辑推理能力会弱化，主管短期愉悦的细胞会更活跃。美国的脑科学研究也证实：长期守静有利于神经细胞轴突的延长，有利于信息在脑细胞中的存储、分辨、比较与联系，有利于提升记忆力、分析力、判断力与决策力。这些恰恰应验了"水静极而形象明，心静极而智慧生""非宁静无以致远，非淡泊无以明志"等诸多中华古训。

守静以削冗举要。信息爆炸的当今，削冗力、举要力至关重要。此力不举，个人就无法从杂乱的海量信息中甄别出主信息与有效信息。此力足，主信息得以甄别，有效信息得以链接，创新性认知易得，大美之作可成。而削冗力、举要力、甄别力、链接力的提升无一不需要守静。万万不可因占有信息的过于求多而挤没了"思"的时间，车多而不管理堵路，信息多而不整理堵心，学而不思则罔。过多的信息缺乏整理，带来的只能是负效用。只有在"不窥牖，见天道"的守静中方能带来创新与突破。

守静以求"信息一致"。神经生物学进一步证实，注重整理信息使头脑中信息得以一致，不但有益于认知创新，而且有益于提升积极情绪占比。杨绛百岁时感言：我们曾如此期盼外界的认可，到最后才知道世界是自己的。人生最曼妙的风景，竟是内心的淡定与从容。谁得"内在信息一致"之法，谁就得"真实幸福"之道。

守静而"无不为"。"大音希声，大象无形"。杨、叶两位大师因守静有了大为，并得人生之大乐。"重为轻根，静为躁君"，环境略显喧嚣时，多些静，或许更好。

人，我比你牛掰，你好弱智。很多句子到我这儿就变成再也没有然后了，甚至，我自己都听得见话题落在地上摔得稀巴烂的声音。

有一次，我和师父争论一个现在早就忘记的话题，她轻蔑地斜了我一眼："现在我们就当答辩论，谁也不要让谁，看看你有多大本事能赢。"

我第一次发现，她原来那么能讲，我最后被辩驳得哑口无言恼羞成怒，却找不到合适的借口发泄，甚至有一种气炸了要落泪的感觉。

她倒了杯水放在我面前："争论有意义吗？生活中哪有那么多大是大非值得争得你死我活，你以为平时别人不说话是服了你？她们要么是不和傻瓜论长短，觉得跟你说话浪费时间，要么是体谅你，不忍心真把你说败了，宁愿自己委屈。你争了这么多，获得什么了？"

是的，我获得什么了？

把天聊死之后，往往把路也堵死了。

从那以后，我尝试逐渐改变，即便有时还难免冒泡。

我练习不要接话太快，让自己没有慎重思考的时间；不要说得太多，让别人失去表达的余地；不用总是反驳，堵死其他人的每一句话。

意外之喜是，语言改变之后，我的心态也慢慢转变，从暴躁到安静，从争执到思辨。

后来，我离开新闻部调到广告部，师父给我发了条信息：

莱特兄弟发明了飞机，一大帮子记者去采访他们，非要人家说几句惊世骇俗的话好回去写稿子，哥哥想了想，说，据我所知鸟类中最会说话的是鹦鹉，而鹦鹉是永远飞不高的。

这才是真正的炫酷。

或许，我们都曾经是个不讨人喜欢的年轻人，所谓的智慧不过是生存的痕迹和吃一堑长一智的沉淀。

一半为生计，一半为生活

□ 梅 素

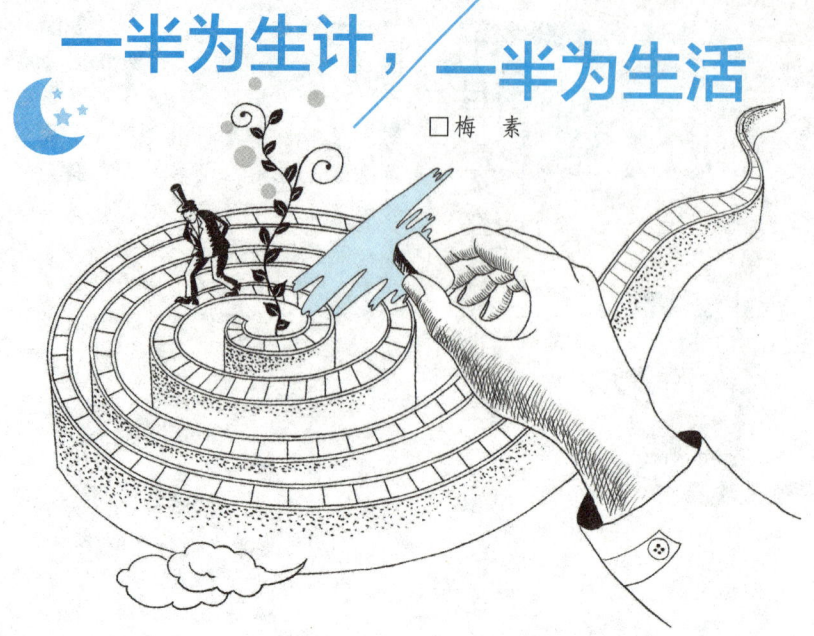

街角有一糕点店，经营各式糕点，十几年老店，生意长久不衰。稍显遗憾的是每天关门早，常常令顾客空手而归。

店主年近六旬，有次我忍不住问他："开店做生意，总要让顾客满意为止，怎么赶着这么早就收摊？"

老人被热气熏得红润的脸上，堆起笑，高亮着嗓子，中气十足："跟一帮老友约好了户外骑行，每天准6点出发，不能爽约啊。"我一脸诧异，老人看出我表情上的疑惑，于是解释："我们这个岁数啊，儿女都成了家，挣多少钱已不打紧，不给儿女添太多负累就好。也该学着惜福养身，自己找找乐呵。一群老友，去郊外踏青，爬爬山，回来骑累了就走一走，看看风景，唠唠家常，多好。"

他的关于"生活"的解释让我释然，他说，生活，就是一半为生计，一半为自己好好活着！

电视里，正采访一位中年企业家。企业家提到他生命里一次精神危机。事业如日中天，他开始炫耀自己的成功，买别墅，开豪车，生活极尽奢侈。由于应酬过多，身体每况愈下，渐渐变得心情烦闷，几乎患上抑郁症。一次散心，无意来到山中寺庙，一记钟声，空谷幽静，余音传响，他的心瞬时被击中，焦躁思虑顿然间释散。

"晨钟暮鼓，梵音浅唱，布衣疏食，简单朴易的生活，拯救了我，让我获得了心灵上的救赎。"他在自己的《我的精神突围》一书里写道。虔诚静修的日子，节制恬淡的生活，让他不仅走出精神困境，身体也渐渐好转。

"与佛结缘，是不是意味今后会皈依佛门？"主持人笑问。他摇头，"修行只是我的一种生活方式，苦恼烦躁时，他度我脱离困厄。我会一直走在修行的路上，应该'半缘修道半缘君'吧！"

喜欢上"半"字，是读清人李密庵的《半字歌》，其中有"酒饮半酣正好，花开半吐偏妍"的佳句。这里的半，不是浅尝辄止，半途而废，而是一种生命智慧，人生境界。是知道了生活不能随心所欲，而让心情释放，精神愉悦；是明白了凡事不可执着强求，而学会分寸与度也；是懂得外在荣誉光环再耀眼，而守得一份恬然自醒，足让身心安顿轻松！恰似酒半酣，花半吐，却是一势向着上走。

一半，是无意最有情，淡极却饱满，是清静无为处大有可为，因为"唯其未尽，方得不尽"。我们人生亦当如是，推开一半利欲，留一半闲适快意给自己，生活的从容就来了。清心素淡的日子，会让一颗躁动不安的心回归宁静。果敢地放弃一半繁华，留下一半荒芜，给自己的灵魂一个刀耕火种的自然之地，那灵魂该会多么鲜活！

真正完美的生命，是适时的留白，那些看似遗憾的缺口，转念回首，却是圆满，是自得。你看那弯弯的看似忧伤的上弦月，不正走在通往浑圆而喜悦的路上吗？

吐丝的蜘蛛与吐丝的蚕

□ 黄小平

"你吐丝，我也吐丝，可我们之间的差别是多么大啊！"蜘蛛不屑地对蚕说。

"差别在哪里呢？"蚕问。

"你吐丝结茧，是缚住自己，我吐丝结网，是去缚住别人，缚住利益和好处。"蜘蛛嘲讽道，"你看看，你是多么愚不可及啊！"

"你看到的只是眼前的利益，又怎么看得到高远的理想呢？"蚕反讥道，"我吐丝结茧，不是缚住自己，而是隔开尘世的喧嚣和诱惑，给自己一角安宁和清静，去孕育自己的希望和梦想。也许，这才是我们之间真正的差别！"

结果，吐丝去缚住别人、缚住利益和好处的蜘蛛，最终也缚住了自己，成为蛛网中一只终身的囚徒；而吐丝去编织自己希望和梦想的蚕，最后成为一只破茧而出的蝶，拥有着飞翔的自由、快乐和美丽。

被"富养"长大是什么样的感受

□ 林一芙

都说女孩要富养，男孩要穷养。"富养"是即使贫穷，也要试着去淡化"贫穷的概念"。

我第一次赚钱是四岁。当时我在学儿童画，画技尚拙劣。父亲就鼓励我给一个省报的小画手板块投稿。父亲说，选上的小画手，会定期收到这个栏目送的麦当劳套餐。"从今天开始，你的麦当劳都要靠自己来赚。"于是，我天天画。结果，四岁的我在那家报社做了两年"小画手"，整整吃了两年的周末汉堡。

小学六年级拿到第一笔稿费，三十八块，稿费单寄到邮局，一家人带着我兴高采烈地去取。我妈交到我手上告诉我：这是你自己赚的钱。小学时第一次靠演出赚到零食、饮料、玩具，家里也会说，这是你自己的收获。

中学的时候，我写了一本书，自己联系出版社。中间花了无数时间接洽，却在三审环节卡住了。我知道结果后大哭。我妈说，多好，又是一次经历。

至今为止，我有十几次的独自旅行，虽然行程安排不够紧凑，但随心所欲。每次自由行，父母会定时全程电话视频联络，确保安全。至今为止最骄傲的，是大学里的学费、生活费全部是自己赚来的。没有钱旅行，我就想尽办法赚来许多免费旅行。十八岁到现在，无论是吃喝穿用，还是旅行，我没有再花过家里一分钱。

每个孩子都是先摔跤再学会站立。"富养"的家庭可以提供一种"处变不惊"的心态，同时做摔跤的肉盾。

小时候看幼儿园老师弹钢琴很羡慕，下课母亲去接我时，总要在钢琴上摸两把才肯走。母亲看到就征求我的意见，问我要不要学钢琴。四岁的我还够不到键盘，老师就在钢琴椅上垫非常厚的辞典，每次上完课都硌得屁股通红。枯燥乏味的练习和那总硌着屁股的琴椅，让我很快就生厌了。我妈起初用毛笔写了个"忍"字贴在钢琴正对面的墙上，后来我的厌学情绪越发不可收拾，把自己反锁在厕所里，打死都不去上钢琴课。我妈开始和我谈判。"你是不是不想弹钢琴了？"我点头。"那我们明天把钢琴卖了？"我点头。"那好，这是你自己的决定。你记好了，是你自己放弃这件事情，后悔也是你自己的事情。"

我妈轻描淡写，然后第二天，马上把钢琴卖了。

后来遇到任何我想放弃的事情，我妈都会轻声提醒我"钢琴"。自从"钢琴"之后，我几乎能够坚持我认为我应该坚持的所有事情：画画，表演，写作。

我妈的原则，我现在还受益匪浅，她的理论是：人要将有限的精力不平均地放置在"决定要做的事"和"只是培养兴趣"的事情上。付出百分之两百的精力在决定要去做的事情上，这样才会有百分之九十的收获。

有段时间父亲的生意做得不好，对于那段时间的记忆，惨到了大年夜我们要关了灯趴在桌子下躲债。可是，除此之外我的生活几乎没有变化，兴趣班照常在上，生活有多难，其实我从来不知道。

父母没有一刻让我以自卑的面貌出现在同龄人面前，我依然能有很好的文具，只是妈妈说，你要省着点用；我依然能穿同龄人里很好看的衣服，只是妈妈说，你要穿得小心点，否则明年刮花就不好看了。

那时候的我理所当然地毫无察觉，只觉得贫穷都是大人的事情。我的家庭让我知道，一个母亲带着全部的爱"富养"，可以抹去你身上所有有关贫穷的印迹。

我经常和我妈开玩笑，我上辈子一定是拯救了银河系，才换来了这个此生不换的母亲。她居然嘎嘎一笑，丝毫不谦逊地自夸说，她大概上辈子欠了我一整个连锁银行的钱。

我感谢我的母亲让我知道了"富养"的真正涵义。

可以不漂亮，但你得有质感

□ 徐嗖

> 照天性来说，人都是艺术家。他无论在什么地方，总是希望把"美"带到生活中去。——高尔基

我到北京的那天晚上，跟几位朋友聚会，想叫上大纯的时候，她死活不肯。问其原因，说是临时叫她，没能化妆，所以羞于见人。

我们好说歹说，她终于同意出席了。最后姗姗来迟，我定睛一看，这分明涂了口红吗。同行的幺幺骂她心机girl（女孩），明明有口红，还欺负她这个啥妆都没有化的人。

大纯说，翻了很久才在办公室找到一只口红，要不是见徐嗖更重要，她才不会素面朝天地跑去聚会。

返程前，我又约了大纯一次，这回见到她，不仅抹了口红，还精致地画了眼线、修了眉毛。裙子也搭配得特别好，即使身材娇小玲珑，也不会显得腿短、幼稚。因为吃饭的地儿比较热，她还时不时注意自己的妆有没有花。

大纯说："咱都是有内涵的人，剩下的就是把外表拾掇好了。"

张爱玲说："没有一个女子是因为她的灵魂美丽而被爱的。"

关于穿着打扮，我和大纯在饭桌上聊了很多。

她说，因为工作，她经常要出席一些时尚品牌的新品发布会之类的活动。

每次临行前打开自己的衣柜，想到同行们的着装都是那么高端大气上档次，就觉得自己的衣服真的好low（低端）。于是狠下心，忍痛割肉买了一套比较昂贵的衣服专门用来出席比较重要的场合。

我对大纯的"狠心"深表赞同，别人都是有模有样、衣冠楚楚，唯独你一副穷酸样子，多不合适。我也有一套正儿八经的高价西服专门在做正经事儿的时候穿。

实话说，你看起来是不是衣冠楚楚、风度翩翩跟衣服、化妆品的价格并没有绝对的关系，重要的是你对于打扮的态度。

不贵不要紧，你得有点质感。

淘宝买回来的衣服有没有把线头啥的都处理好？收纳衣服的时候有没有叠得整整齐齐，不至于穿起来同咸菜一般？上身穿着的时候有没有把颜色搭配合理？妆容配饰和衣服是不是和谐共鸣？小清新不宜烈焰红唇，盛装不宜清汤挂面，你都懂吗？

有的人，朋友圈是真的很贵；有的人，是因为质感而让朋友圈看起来很贵。我愿意做后者。

不记得曾经在哪儿看到一则故事：

一个法国姑娘去一家不错的公司面试，穿着运动服，背着破书包，素面朝天。结果，面试自然是无情被刷。面试官说："你衣着随便，证明你是一个随便的人，虽然你能力很强，但是随便的人配不上我们提供的岗位。"

姑娘痛定思痛，咬咬牙给自己买了名牌的包包和套装，仔细化了妆，去参加了另一场面试，结果大相径庭。那个公司的面试官说："你一进来我就注意到了你的名牌包包和套装，它们价格不菲说明了你对自己的重视。一个愿意把自己好好装扮的人，往往都能一丝不苟地对待自己的事业。"

从此她把自己穿得破烂不堪的T恤都锁在柜子里，上班永远都是得体的职业套装。

其实，这样的故事在生活里多了去了。我在香港的时候，总是看见白领们在地铁里梳妆打扮，女的抹唇膏、画眉毛，男的则在用发蜡打理头发。一律都是合身又大气的穿着，配着一个不错的包包，那个场景其实挺赏心悦目的。

说到底，让自己穿好点儿，就算不能让你沉鱼落雁闭月羞花，最起码能让你看起来有质感，而不是一个随随便便的人。

应了著名时装大师YSL（圣罗兰）的那句名言："穿衣打扮是生活的一种方式。"

不是我想做外貌协会会员，很多时候，你是什么样的人看看你穿什么样的衣服，化怎样的妆，用怎样的配饰就知道了。

前一阵给一场相亲活动做工作人员，我细细地观察了一下在座的男男女女。发现了一个特点，那些衣着随意的宾客往往都是一个人静静地坐着，没什么人搭理。反观那些打扮入时的女士或是那些风度翩翩的男士则受到了大家的欢迎，围绕他们的聊天气氛也更加热烈。

给人留下好印象不仅仅是言谈举止，还有你的穿着打扮。即使不帅、不美，有质感的人看起来总是顺眼的。

我所在的媒体行业属于对着装要求相对散漫的工作。前辈们往往就是运动服、大裤子，穿着就来上班了。

然而，只要他们有会见事务的时候都还是会把自己妥帖地收拾一番。每当我看到同事穿得特别正经，我都会笑骂一句："穿这么漂亮，是不是要见客？"他们都会笑着点点头。

可可·香奈儿说："优雅不是那些刚刚从青年时代挣脱过来的人，而是那些已经掌握了自己的未来的人所拥有的特权。"

不要说人家美颜盛世，到你这儿却成了人生负累。想要征服你的人

会夸人的女孩子，运气才真的不会差

□ 鹿十七

常听人说：爱笑的女孩子，运气都不会太差。每次听到这句话，嘴上虽应和着，心里却总感觉哪里怪怪的。后来，终于有民间高手跳出来反驳：不是爱笑的女孩子运气都好，而是运气差的女孩，根本笑不出来啊！

深以为然！

1

《红楼梦》里的薛宝钗就是个极会夸人的女子。她念过书，又精于世故人情，所以会把书上文雅的词勾化作暖人心的话。

比如在第四十二回，园子里的姑娘聚在一起说起刘姥姥。黛玉心直口快，说了一句："她是哪一门子的姥姥，直叫她是个'母蝗虫'就是了。"说着大家都笑了起来。宝钗笑道："世上的话，到了二嫂子嘴里也就尽了。幸而二嫂子不认得字，不大通，不过一概是市俗取笑儿。更有颦儿这促狭嘴，她借用《春秋》的法子，把市俗粗话，撮其要，删其繁，再加润色，比方出来，一句是一句。这'母蝗虫'三个字，把昨儿那些景儿都画出来了。亏她想得倒也快。"

众人听了，都笑道："你这一注解，也就不在她两个以下了。"

这就是宝钗，夸人夸得引经据典还不落俗套。一席话说完，既抬高了黛玉这一句"母蝗虫"的品位，听得黛玉心服，众人也笑得开心。

宝钗只是个借住在园子里的姑娘，可她在园子里的人缘和分量，丝毫不逊于其他姑娘。宝钗能博得众人的喜欢，这与她懂得夸人技巧，定是不无关系。

2

我婶婶也是个很会夸人的姑娘。平时，三奶奶（婶婶的婆婆）在家做饭，婶婶下班回来都是吃现成的。每次都是一边吃一边夸自家婆婆的手艺好。

三奶奶被夸得开心，也乐得天天做饭伺候儿子和儿媳妇。

婶婶也不只夸婆婆，还经常当着婆婆的面夸夸自家老公。一方面抬高了老公在家里的地位，另一方面讨了婆婆的喜欢。

三奶奶说，其实有时候，她也知道自己菜做得没那么好吃。可是只要听见儿媳妇夸，她心里就高兴，恨不得下回做得更好吃。

如果只要讲几句夸赞的话，就能让别人开心，那何乐而不为呢？毕竟，这也是给自己谋一个舒服的人际环境啊。

3

在我见过的同龄人里，樱子是最会夸人的姑娘。

有一回我们一起出去逛街，我在镜前试衣服，樱子边打量边说："十七啊，我觉得你长得好像一棵葱呀！"我不明所以地看着她，听她继续说："就是又细又长又直又白啊！"

一句话听得我，开心得简直想要飞起来。

不过后来我发现，比樱子更会夸人的，是她的妈妈。

有一次我和樱子一起去她家玩，樱子妈很热情地招呼我，跟我说："十七啊，我整天听樱子提起你。虽然之前阿姨没见过你，可是我一直啊，都觉得我好像有两个女儿似的。你们要当一辈子的好朋友呀！"

一句话听得我，像是喝了一大杯暖暖的蜜水。樱子妈的道行果然更深，一句话夸了我和樱子的友谊，又说我像她亲女儿一般好，还暗示我樱子在家常提起我，让我们好好做朋友。

但是，夸人必须建立在一个前提上，那就是真诚。离了这个前提，任是嘴再甜，也是无用。会夸人，才有运气。而"会夸人"三字，又精在一个"会"字。不走心的夸人惹人生厌，不真诚的夸人更令人不齿，不懂技巧地乱夸还会招人心烦。

夸人不是为了功利地套近乎，而是一种令人舒服又暖心的情感表达方式。即便非要从功利的角度来说，这也是件性价比极高的事儿呢。

与会夸人者玩耍，和真诚且会夸人者交往，人生啊，想想就觉得畅快呢。

生，首先你得征服你的外表。

5

那天和大纯吃完饭，我调侃了一句："虽然你挺漂亮的，但是好像照片磨皮很厉害哦。"

她不屑地回应我："哪个姑娘发照片不修图？"

结果今天她给我发微信说："你说我磨皮太厉害，然后你走了以后我就一个人去买了一大堆护肤品。我就是这么脆弱，因为我不能一辈子磨皮。"

人的外表有多重要？就是这么重要。

契诃夫说："人的一切都应该是美丽的：面貌，衣裳，心灵，思想。"

虽然我很赞同那句"漂亮没用，你得善良"，但是除了美丽的心灵与思想，难道你不得做一个漂亮的人吗？

我们总说这是个看脸的社会，毕竟没有一个人仅仅因为灵魂美丽而被爱。或许真的有，但你可以数数有几个，那个会是你吗？

你可以不漂亮，至少你得有点儿质感。

别再以貌取人了

□ 摇铃铛

当你在街上看到一个茫然四顾的小女孩，孤零零地站着。你会有什么反应？

会上去试图帮助她，还是冷漠地路过？

联合国儿童基金会最近的一个视频，让人忍不住思考人性。

视频里可以看到，当落单的小女孩衣着整洁，容貌美丽，就会有无数人来询问她是否需要帮忙；而当她经

过化妆处理，变得衣衫褴褛满脸污糟，来来往往的人群就都对她视若无睹。

场景换到餐厅，结果更加残忍。穿着考究的小姑娘招人怜悯，甚至有人忍不住把她搂入怀中；当她一身污秽，别人都避之唯恐不及，甚至还有人呼叫老板赶她出去。

这个小模特明显从未受过这种糟糕待遇，伤心地跑出餐厅，一度导致节目中断。

不同装扮带来截然不同的待遇，原来世界上以貌取人的人，比我们想象中更多。

一开始看到这样差异化的视频，每个人都会很愤怒。但是细想一下，却又很正常。为什么？

以貌取人，本来就是人性。

独自站在街上、衣着肮脏的小女孩会让你产生本能的戒备，并且传达给你一条信息：她可能已经流浪已久、无家可归，帮了也没用，可能引来更多麻烦。

甚至可能是职业团伙小乞丐，背后有大人操纵。不然在弄到这么脏之前，早就被人送去福利院了。

或单纯就是外貌协会。就喜欢美丽整洁的人和物，而对丑陋肮脏退避三舍。

但"仓廪实而知礼节"。流浪了太久，又怎么可能会有精力去打理外在呢。

这个视频下有这样的一个评论：

"人都是潜意识认为美的都是善良的，坏人都是面目可憎的，所有人都一样，衣着干净，大家首先会认为她有良好的教养，衣衫褴褛，意味着贫穷、偷窃。人都是感官动物，也是生来就是不平等的。这样的试验，不过是揭露和正视，无法改变。"

真的无法改变吗？我觉得不一定。

以貌取人确实很正常。但因为正常，就不去思考其他的可能吗？比如，你本可以给看起来不那么光鲜亮丽的人多一些善意。那么，也许他们就会变成更好的人呢？

我曾经看过这样一篇神逻辑的文章。作者批判丑陋，说长得丑的人心眼都坏，长得美的人都心地善良。她的理由是：长得不好看的人，从小肯定没有受到别人多少善意的对待。这种在憋屈歧视嫌弃中长大的人，绝对是心灵扭曲，不会对别人好的。

虽然我很鄙视她本末倒置的行为，把大多数加害者的恶意转嫁给受害者。但我也不得不这么认为：

如果你愿意把善意分一点儿给"丑陋"或平凡的人，或许会照亮他们心里一个阴暗发霉的角落。而他们能反馈给你的，也可能会比那些站在金字塔尖的人能给你的更多。

比如小七。

小七以前挺难看的，性格也沉默寡言。

那时候她就知道，像自己这样的小孩儿不能淘气。因为一旦不听话，长辈发火的临界点会比一般孩子更低。因为长得不好看，大人会更容易不耐烦。

但她不懂事啊，所以还是挨了不少打。

那时候她邻居是个和她差不多大的小姑娘，从小就又白又漂亮，特别讨人喜欢。

那时候小七和姑娘关系不错，经常一起上下学。她印象最深的是，经常路过传达室，两人都会脆生生地叫一声守门的大爷。她总会得到一个苹果，小七却从来没有。

从小到大，她身边也总簇拥着许多朋友。所有人都把最大的善意给了她，小七没有。

青春期她有很多人追，年级里最帅最高的那个也会被她吸引。小七也没有。

最可笑的是，自卑到极点的时候，小七甚至还假装陌生人的笔迹，用左手给自己写了一封歪歪扭扭的情书。

那时候，只要有一个人对小七表达出一点点善意，她就会报以最大的好感。小七曾经在长达两年的晚自习后，坚持送一个女孩回家。只是因

为对方愿意在小七最孤独的时候接近她，当她的朋友。

读大学后，小七学会了打扮。慢慢开始有人追，一天能换三套衣服。对她表达善意的人变多了，居然还有人夸她好看。她还是性格拧巴，但是大家容忍度变高了。

你知道突然变得好像有点儿好看的女孩，心态也会和一直好看的姑娘不一样吧。就好像一个暴发户，特别强调自尊，特别玻璃心，也特别害怕别人看出自己以前很穷。

小七连出门倒垃圾都会化妆。并不是害怕遇到真命天子，不过是害怕自己不美，其他人对自己的态度会一落千丈。

曾经被外貌困扰过而现在变美的人，照镜子的频率也会比一般人更高吧。他们内心是不安又自卑的，害怕自己不完美的一面被人看到。

那时候小七经常在想：

如果曾经有人给自己这种人一束光，也许现在自己会活得不那么小心翼翼呢。

在任何年纪里，我们都喜欢和朋友簇拥的交际花玩。

这种人总是非常漂亮、自信又闪亮，好像总不缺活动，和他们在一起也很开心。

我也曾经见过这样的姑娘，还一度很喜欢她。

但有一次，我无意中听到她和"最好的闺蜜"吵架后，这样评价对方：

"她不过是我的玩伴之一，撕了就撕了，我并不缺朋友。"

事实确实是这样，但让人听了心里很不好受。

我性格比较开朗，爱在社交网络和人插科打诨。所以在我的朋友心里，可能误以为我也是这样的人吧。我有个死党，她性格内向，朋友不多。在所有的朋友里，她是唯一一个我随叫随到的好友。有段时间我很忙，曾好几个星期没空和她联系。她找我聊天的时候说了一句：

"可能我总是找你，总给你压力。但你朋友众多，所以你总想不起我。但我只有你啊。你对我来说，就是友情的全部。"

当时我很受震动。

是啊，对那些漂亮开朗的"交际花"来说，你的善意不过是她的日常，她可以弃之如敝屣；而对另一些不那么完美的人来说，他们从来就不是被溺爱的对象，那么你的善意便更容易照进他们心中。

你想过吗？

在福利院里，长得最可爱的孩子总是最早被收养的。那些长得不怎么样的、兔唇的、长短脚的，可能就会在福利院里度过寂寞的童年，在没有爱的环境长大。

长得好看又会卖萌的宠物也是最先被买走的，留下装深沉的丑猫丑狗在笼子里静静思考一生。

水果摊上卖相最好的总是最多顾客围着挑，就算在一个家庭里，最好看的孩子也会得到最多的爱和耐心。

我们已经习惯了这样的言论：

长得难看都心坏，长得美都善良。还看过不少作者批判穷人：穷就是原罪。你穷都是因为懒惰和不求上进。

但其实他们很少站在对方的角度想问题。

脸是爹妈给的，除了化妆整容几乎没有别的改进途径。而不少穷人社会资源匮乏、上升通道逼仄，被生活摧残得焦头烂额无力奋斗，何谈上进。

这个世界慢慢变成这样：笑贫不笑娼，颜即正义。

长得丑和穷，并不是我们能自由选择的。是不是必须要不择手段地赚钱和变美，才能得到你善意的对待呢？

对强者微笑，是本能。但他却不一定领情，甚至可能觉得你在谄媚。

对弱者微笑，却是善良儿。他们也许从未感受过温暖。夸张点说，你的善意可能会帮他们建立自信和健康心态，甚至引发连锁反应。

或许只有曾感受过外貌、地位等一系列外在带来的差别待遇的人，才会更加愿意好好对那些曾经和自己一样平凡渺小而"丑陋"的人吧。

因为他们很清楚：对什么都有的强者来说，你给他任何东西都不过寥寥，因为他早已习惯众星捧月。

而对弱者来说，你不懂你随手施与的温暖，会在对方心里展开多美的画卷。对从来没得到过善意的人，你一个无意的举动说不定会改变他的一生。

试着去让这个世界更美好吧！试着温暖那些不那么强大和优越的人们。因为只有得到过爱的人，才会更懂得如何去爱别人。

真正拉开差距的是低潮期

□ 丰言丰语

周星驰刚出道时，扮演了《射雕英雄传》里的一个龙套角色，后来又在万梓良主演的《生命之旅》等片中出演配角。周星驰是如何面对人生的低潮期的？他在自导自演的电影《喜剧之王》中说出了自己的心声：有人叫周星驰"死跑龙套的"。周星驰说："其实，我是一个演员。"

哪怕是个配角，也要按演员的标准要求自己，而不会因为是无足轻重的小角色，就放松对自我的要求。这就是周星驰。

身在低潮，心在高潮。

正因为周星驰在低潮期里，蛰伏而不放弃，放低身段，不放弃每一个学习的机会，才会脱颖而出。他在社区排练《雷雨》，每天夜深人静的时候躺在蜗居的小床上读《演员的自我修养》。

看起来让人心酸，却是我们很多人都经历过的成长之路。

我们不是说经历低潮是成就的必要条件，低潮中你如何做，才是重要的，有人在低潮沉寂，有人通过低潮到达高峰。生活对每个人都是平等的，差距在于如何面对它，好好利用低潮期，就是聪明。

想像蔡康永一样会说话吗

□佚名

那么，请记住这四件事：

"我的说话之道，就是把你放在心上"

"你去签离婚协议书的时候穿什么衣服""你怎么会没有富二代追"，这些令人尴尬而不失尖锐的问题，换一个人说那就是"恶毒"，但为什么一旦被蔡康永说出来就永远显得那么斯文，那么理所当然呢？

首先他的信念是"适度的挑衅，绝对能让谈话热络"。

尖锐并不一定是坏事，就算是文艺青年，也未必不想辩论他是否在写论文时作弊，就算是60岁的路人叔伯，可能也很想聊第一次性经验。

自以为善意的体贴，反而可能令他们因为错过了难得成为话题中心的资本而感到失落。否则，"惺惺相惜""顾影自怜"这些词是为了什么存在的呢？

换位式的说话，远远不是机械的一句"你的苦我都知道"能诠释的，真实情况是，你真的很难"了解另一个人所受的苦"，而如果你不能了解，宁可不要这样说，还显得更加真诚。

诸如："你最近是不是因为离婚压力很大，所以才会吸毒的？"迂回式的尖锐，可以说是讨巧，也可以认为是贴心的，事先留出了余地的。

然而大多数人会容易忘记要给对方留余地，因为他们总把说话当成比赛，一定要有上风下风，一定要分出个你死我活。一旦遇到对方提出一个烂话题，战斗全体会兴奋地觉得终于抓住了错漏，纠结着不放。

而蔡康永则会认为，这其实就像是，闻到有人放了一个屁，你通常都是怎么做的？最得体的办法或许就是默默地让它过去吧。

说话中无所谓的胜利，就让给对方好了。

每次想说"我"字时，都改成"你"或"他"

"初次跟别人碰面，约见的地点墙上是有镜子的，我会尽量让对方坐在可以照镜子的位置，这样就可以看看对方在和你谈话的过程中，是对你比较有兴趣，还是对镜子里面的自己比较有兴趣。"蔡康永这样解释他的环境个性论。

一般人的直觉是，既然对方对自己没兴趣，还有必要继续交谈下去吗？但问题是，说话中到底是"我"比较重要，还是"你"更重要？

很多时候，你必须承认自己就是个听话的角色，向你倾诉的人也许需要你给他一点儿建议，但并不一定会喜欢另一个人也不断地插话进来，宣称"我也有过类似的故事"。

如同你总是觉得自己的故事最重要，自己的话题最有趣，让对方聊自己，他也会更有说话的兴趣。

不断把话题丢给对方的时候需要把自己当作足球比赛里的后卫，懂得自己的最大责任是传球，可参考的实用技术包括："自己的问题要短，让对方的回答更长。问得越具体，回答的人越省力，回答的人越省力，就越有力气和你聊下去。"

这是说得好话和会说话的最大区别，前者能做到听众连晚上做梦都全是你，而后者，就像蔡康永说的，你需要懂得，你不是英国女王，离场时不必惊动大家。

做自己和没礼貌只有一线之隔，永远不要吝惜赞美

"每次听到别人说：'我这个人说话就是比较直'，我就开始冒汗，因为接下来一定会有一些被他归类为直接其实挺刺耳的话出现，比如'你今天气色怎么这么差''最近胖喽''怎么还不结婚'。"这话听着真不像是百无禁忌的小S会抱怨的。

但事实是，做自己并不是可以不懂礼貌的借口。

蔡康永说他喜欢研究说话，是为了从中搞清楚自己和别人的关系，搞清楚自己在想什么、别人在想什么，最重要的，自己到底是一个什么样的人。

《论语》说"不因言举人"，对话令人格的无所遁形在于，除了语言的技巧，它不可避免地要暴露出人与人的关系，人相对于人的情感交锋；有道无道十分明显。

"别人骂你一句，你回骂他一句，这就叫吵架。别人赞美你一句，你回一句赞美，这就叫社交。"

蔡康永是无条件赞同赞美在说话中的重要性的。

在他看来，故意去捏造赞美那当然虚伪，但如果是真的听说过，就算是转了三四手的赞美，也一定要不吝惜传达给当事人，这样不仅会让听的人很高兴，而且比你自己一味说一些空洞的赞美，要可信很多。

应酬不是打牌，不用全力以赴或填太满

英文中有句话叫"Less is more"，少即是多，说话讨人喜欢，数量和频率并不是关键。

觉得寡言就等于不会说话，以及害怕冷场是连许多靠说话吃饭的主持人都会患上的说话综合征。他们不能

接受谈话的中间存在空当，他们无法摆脱一个话题陷入僵局的噩梦，他们去参加派对，永远是从头到尾都在炒热气氛。蔡康永形容说，"好像网球发射机，只顾发射没感情"。

而对以为谈话遇到瓶颈，多讲笑话总是没错的人，他则评价说，讲笑话像翻跟头，翻得好不好姑且不说，但其实很少人喜欢跟一个没事就翻跟头的人一起走路的。

处理一个死结最快的方法是什么？正确答案是：直接把结剪掉。

同样，一个谈不下去的话题，其实根本不必用力挽救，另开一个话题即可。

"如果在相聚的两小时里面，你有三次让对方开心地笑，那对方应该是绝对不会记得你曾经提过几个无聊的话题的。"

事实上，说话中的适时停顿和空隙也是一种技能。

另一个以会说话出名的台湾作家吴淡如说过一个故事，有位企业家很不喜欢某一种员工：在他讲话时为了表示积极肯定，一直说"对，对，对"，问题在于"对"得不对节拍，反而给人一种企图打断谈话的感觉——对得不是时候，也是错了。

但是，我们为什么要学习说话的技巧？

说好的做自己呢？不是说不合群也没关系吗？

蔡康永曾经出过一本《蔡康永的说话之道》，他自己是这样推荐这本书的："让已经很讨人喜欢的你，在未来会更讨人喜欢。"

就是这样，谁又真的会讨厌被人喜欢呢？

这家伙果然很会说话。

晒书也有鄙视链，这样晒才能脱离低级趣味

□ 宋 彦

清华男神李健曾把莱昂纳德·科恩的诗集《渴望之书》带上《我是歌手》的舞台。他把书垫在椅子上，希望科恩赐予他更多低音。

这举动有着漫不经心的高雅，阅读对于男神而言，好像不是某种姿态，而是随手可及的精神供给。就像那些被知识分子垫在桌腿下、糊在玻璃上的萨特、福柯、海德格尔，字里行间还留着批注的痕迹。最高级的晒书是把书融入生活本身，让它成为柴米油盐的一部分。

当碎片化阅读被段子、朋友圈谣言和心灵鸡汤填满，我们需要更纯粹的阅读，以彰显品位。晒书和晒其他东西一样，事关兴趣、性格和品位，更有其他物件不具备的功能——事关学识和思想境界。如何晒得高雅，晒得自然，晒得脱离低级趣味，实在值得探讨。

晒书成了一门学问。晒哲学书、艺术书和偏僻的历史书要比晒畅销书高雅。万物皆属哲学范畴。出身于哲学专业的作家、艺术家身上总是多一层神秘感。

在地铁上捧一本康德的《纯粹理性批判》一定比《小王子》吸引目光，贡布里希的《艺术的故事》高于《小顾聊绘画》，黄仁宇的《万历十五年》显然比《明朝那些事儿》更高端。

买对版本也很重要。出版社要选权威的，英文原版比翻译版纯粹，破旧的老版本比新版本厚重，港台版看起来更能说实话，老先生们的译本总比新晋翻译家靠谱。晒签名本是最有优越感的。国外网站和拍卖行经常转手或拍卖作者签名本，少则上百块，多则上百万，拥有一本珍贵签名本是每个阅读者和晒书者梦寐以求的事。

和签名本一样有优越感的是著名书店的图书章。从巴黎圣母院脚下的莎士比亚书店经过时，别忘了买本书，盖一个专属的莎士比亚图书章。买什么无所谓，图书章才是首选。

去掉腰封再读书，这是种美德。即便买来不读，晒书之前也务必摘掉腰封，以显示购入此书绝非听信梁文道或者陈丹青，而是你独立思考的选择。

拯救书籍的本质还是拯救阅读，埃科的悲观主义里尚存一点点奢望。他渴望留存书籍，让后来人和他一样，用书籍为自己的生命"买一份保险"，在阅读中得到"永生的一小笔预付款"。

阅读渠道变了，阅读的本质——内容仍然是最重要的。

当我们谈论读书时，我们谈论的是功利性读书，是升学、升值和升职。当我们谈论阅读时，我们谈论的是读微博、读微信头条、读新闻客户端。当我们只晒书不读书时，我们晒的是空虚，是虚弱，是擦肩而过的充实。

读书无用，但无用的事总是快乐的。就像毛姆在《书与你》中描绘的那样，读书不能帮我们获得学位，也不能谋生糊口，不会教我们驾船，也不能告诉我们如何发动汽车。但它能让生活丰富，因圆满而感到快乐。

自律，才是真正的高修养

□ 简·爱

昨晚一下班，风风火火赶到美容院，已经七点半，夜色已浓，华灯初上。

"简·爱姐姐，你又半个月没来了。角质层又厚了，皮肤很干，严重缺水哦。还有您最近是不是没休息好？黑眼圈好明显。"我的美容师娅兰姑娘关切地问道。

"唉，最近太忙了，实在抽不出时间来。"

我说完这句话，竟有点儿心虚，在心里自言自语：你有那么忙吗？一个礼拜腾不出两三个小时来保养？

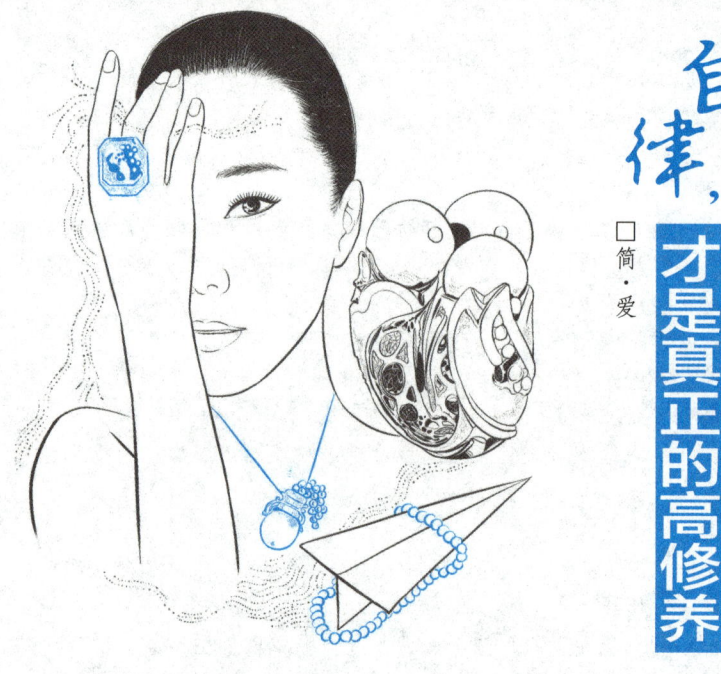

答案当然是No（没有），我常常抱着手机几个小时不放，发朋友圈、群聊，宁愿把时间浪费在这些无用的事情上。

羡慕同龄人的年轻漂亮，自己又不自律，说好一星期至少来美容院一次，却鲜有做到。

承认吧，我就是一个loser（失败者）。

做美容时，娅兰跟我说了一个故事，再次被打脸。

某天，她的一个老顾客铃铛过来做美容时，带来一位台湾的老太太。

娅兰在四楼给她们准备的房间，从一楼到四楼，高高的台阶，通常年轻人走上去都气喘吁吁，但娅兰见这位老太太健步如飞，轻轻松松，矫健得很。

于是她忍不住好奇就问："阿姨，您今年多大了？"

"八十二。"

娅兰听了，杏眼圆睁，不可置信，看老人家的模样、身段，以及精神风貌，她估摸着怎么样也不会超过六十啊。

在替老人家做保养的过程中，聊天得知，老太太一直在坚持打Snooker（斯诺克台球）。娅兰当即目瞪口呆，斯诺克，本是年轻人才热衷的体育项目，老太太一坚持就是几十年，风雨不改，从未停歇。

大部分老太太到这个年龄段，通常都是含胸驼背或是卧床不起，日暮西山，垂垂老矣。而这位台湾老太太，八十几岁了，身板依旧笔挺，精神矍铄。

娅兰给老太太做完脸部，又替她做了全身淋巴排毒，猛然发现老人家身上的皮肤并不松弛，相反还十分紧致，简直逆天了。

老太太告诉她，一直很注重保养和坚持打球。

做完项目后，老太太请她化个淡妆。打腮红，描眉，抹唇彩，搞定一切之后，老太太很满意，对着镜子里的自己微微一笑。

这一切，娅兰看在眼里，打心里佩服。

娅兰跟我讲完这个故事，仍沉浸在回忆里，接着对我说了一句醍醐灌顶的话：自律，是女人一辈子的事情。

是啊，没有高度自律精神，老人家也不会坚持下来。相较于时常找借口偷懒的我们，她的生命质量远远超过我们，让我无地自容。

前几天，我去了一个亚洲的发达国家旅行，在那边玩了一周，我有一个意外发现，哪里都没有一处塞车的现象，这个国家的首都是世界上人口密度最高的城市。其实他们每个家庭都有小车，只不过他们都主动乘地下铁、公交去上班，路途近一点儿的，他们更愿意步行着去。环保又健康。不给城市添堵。人人为我，我为人人，靠的是自律精神。

亲们，你是不是和我一样，又想要年轻漂亮，身材比例好，又不想付出汗水努力锻炼？

试图用节食来保持身材，但每每看到美食，所有的减肥意念抛到九霄云外。还大言不惭：吃饱了才有力气减肥。真是恬不知耻，活该丑。

自律是什么？

是一个人通过对自己情绪和思维的控制，来达到主动行动的能力。小处来说，是自我修养，往大了说，自律可以提升能力，"治国平天下"，做成更大的事。

懒惰、自私、少付出多得到，是人的共有天性。但是，凡是有所作为的人，往往能克制自己天性中不良的部分，依靠的，便是自律精神。

往往在有人监督的情况下，我们能表现出严于律己。但当一个人独处时，放松的念头马上就会跳出来。

儒家一直讲"慎独"，其实这才是真正的自律，不管在何种环境中，都能按照自己的标准和规范来做事。

与天性较劲，痛苦不堪。然而正因为有这个过程，有依靠自律战胜懒惰、自私的过程，我们才能做成一个又一个的不可能，破茧成蝶，焕发出生命的光彩。

做一个自律的人，从现在开始。

我矮，所以你得低头啊

□ 江 罗

读小学时，我长得不高，坐在第一排，每天吃着粉笔灰。去食堂打饭，阿姨最先看到的是饭盒而不是我。课间活动玩蹲山羊，当山羊的那个总是我。那段时间，因为矮，我常被人取笑，变得越发自卑。妈妈安慰我说："你不是矮，你只是发育晚。不管将来怎么样，你都得挺胸做人。人一旦自卑，无论你有多高，别人都会觉得你矮。"那时我年纪小，所理解的发育晚是我以后还能长高。

初一那年，我喜欢上一位女同学。她很高、很丰满，而我很矮、很瘦小。这让我越发感到自卑，我迟迟不敢向她表达爱意。有一次晚自习，我传字条问她："你喜欢什么样的男孩？"她说："喜欢体育委员那样的。"我说："为什么呢？"她说："又高又壮的，给人安全感。""女神"的这句话像一把尖刀，狠狠地插进我的心口。初三那年，她中考失败，之后去了东莞打工。我和"女神"就断了联系，我不知道她是否过得很好，但我知道自己曾喜欢过她。她留在我矮小的年纪里。我记住了她的美丽，也明白了自卑的含义。

那段时间，为了摆脱矮的尴尬，我做了许多努力：我常去操场跑步，有人问我是不是想考体校，我只是笑笑；我努力学习，常挑灯夜战，别人问我是不是想考清华北大，我也只是笑笑。

坐在后排的同学不喜欢我，常对我搞恶作剧。每次上课起立，他们总会偷偷用脚把我的凳子抽掉，害得我摔倒。我也不敢向老师告状，我的怯弱纵容了他们。那段时间，我如惊弓之鸟一般，时不时得注意凳子是否还在。

有一次，我跟妈妈诉苦说："我为何还没发育，为何还没长高？"妈妈安慰我说："你要相信，迟早有一天你会发育的，会长高的。"

我知道，我再怎么发育也长不高了。因为爸爸妈妈都很矮。正因为我矮、我的腿短，所以，在跑步时我得加快步伐，像阿甘一样拼命奔跑；正因为我矮，所以，我得把胸膛挺起，这样才不会被人小看；正因为我有缺陷，所以我得努力去改变，充实自己的内心。

仿佛一夜之间，我明白了这些道理。高二那年，我拼进全校前20名。在别人惊诧的目光中，我成功亮相。因为我的优秀，再也没人会轻易拿我的身高开玩笑了，老师们也更加关注我了，后排的同学也不再搞恶作剧了。我渐渐明白了，我的身高不够，可以用勤奋去弥补。终有一天，别人会因为我的优秀，低下他们带有偏见的头颅。

身体上的矮并不可怕，精神上的矮才是致命的。我有个大学同学，别人取笑他矮时，他总会很暴躁，有时甚至会和同学大打出手，给人的印象就是又矮又凶。我很理解他的感受，为了保护自己，所以狠击别人。可实际上，这样不是在解决问题，而是在制造麻烦。有时候，精神狭隘很可怕，它能让一个矮个子变得更渺小、更卑微。你谩骂他人，只会让人越来越看不起你。而别人越看不起你，你就越自卑，然后越沉沦。

2015年9月的一天，我无聊地坐在自习室里刷着微博，当我看见彼特·丁拉基凭《权力的游戏》荣获第67届美国艾美奖"最佳男配角"时，我的内心感到无比振奋。我看着他站在领奖台上，似乎在骄傲地说着："我是矮啊，所以，你得对我低头啊！"被问及自己的生理缺陷时，彼特表示："我在小时候就知道自己得了这种病，以后不会长高，一开始我自己很苦恼也很愤怒，但长大后我意识到，生活中要有一点儿幽默感，要乐观，我患上这种病并不是自己的过错。"

嫉妒的A面

□ 张晓晗

我9岁时，很卖力地练过一次舞，为了在校庆的时候，和几个平时玩得很好的女生一起跳这支舞参加文艺比赛。虽然不过是一些简单的动作，但我真的需要很努力才能跟得上节拍。练了一个多月，也可能是更长时间。我每天见到能反光的东西就练，洗完澡后偷偷躲在浴室里练。和我妈逛街，她试衣服，我就旁若无人地在镜子前跳。我妈当然鼓励我说："跳得真棒！"我就真的以为自己跳得很棒，于是跳得更来劲了，感觉简直像杨丽萍附身。

直到快上台的前3天，老师来把关，跳完一次舞，她什么都没说，只是让我们再来一遍，就这样跳了3遍，所有的人都大汗淋漓。她按下录音机的"暂停"键，把磁带翻面，故意让它播着音乐，这样，之后这句话就变得轻松了许多："张晓晗，你可以回去午休了，把曼妮叫过来吧。"

一瞬间，我心里的某种东西仿佛被击碎了，可能是一个奇怪的器官——这个器官一旦丧失了功能，就注定这辈子学不会跳舞了。但我故作成熟，点点头，一言不发，拿起我的小水壶和外套走出舞蹈房，蹲在地上，把鞋带系好，拉紧……这一连串的动作漫长极了，我忍住不哭。我想我得振作起来，编好谎言，说我怕耽误学习不能跳了之类的理由。虽然我知道，这个谎言也许只能持续一个午休，但是我需要这个午休，以此让我的自尊心喘一口气。这个打击不是最致命的，最致命的是，午休结束后，曼妮和其他女生有说有笑地回来，老师鼓励她们，说她们会拿第一名。全班鼓掌。唯独我趴在桌子上，假装没有睡醒。无论掌声多热烈，我都不会醒的。

我不明白，为什么她可以呢？她怎么可以花一个中午的时间，就把我苦苦练习了一个月的动作都学会，还能成为拿第一名的关键。又或许，能拿第一名的关键是——没有我。

从此以后我再也不跳舞了，并且我开始讨厌所有会跳舞的女生。她们总是昂首挺胸，眉眼清秀。不像我们被要求只能留短发，她们可以留长发，扎一个精神的马尾辫，让它耀武扬威地晃在脑袋后面。她们去参加比赛，在严冬里穿着芭蕾服，每人发一件军大衣披在身上，气宇轩昂地走上大巴，透过窗户，一排齐刷刷的白皙的脖颈，又骄傲，又温柔。男孩子在说起女朋友是舞蹈队的谁谁时，语气中都带着自豪。我开始剪很短的头发，像个假小子一样，混在男生堆里，把自行车骑得飞快，和男生比赛。中学时代我做过很多很"man（男人）"的事情，我心里很怕，也希望有人挺身而出说："她是个女孩子。"但是我不敢表现出怕，时刻带着一种少年似的生猛。殊不知，哪个女生真的想当女汉子，想和男生称兄道弟呢？她们只是一个劲儿地藏住心思，为了在他身边多待一会儿。不过有些人在做女人这方面，真的有些笨拙，自知比不过莺莺燕燕，就只能当一只平和的小麻雀。孤傲，是需要被欣赏的；不被欣赏的孤傲，只能叫作孤僻。

好在当我第一次被真正欣赏，渐渐知道了自己的长处的时候，也在摸爬滚打中学会了一些做女生的秘诀。于是，我不再讨厌会跳舞的女生了。我终于明白，我不是讨厌她们，我是嫉妒。

当然，嫉妒不仅仅局限于跳舞这一点，只是从这件事中，我第一次尝到嫉妒的滋味。在长大的过程中，我也嫉妒过很多人，现在还有嫉妒的人。没什么特别的原因，只因为她们都很好。但是我也学会一件事，并不是洒脱，而是坦诚。我再也不把嫉妒掩饰在"讨厌"的外壳之下了，我学会和它一起生存，并坦然面对我嫉妒的对象，我会真实地说出自己的想法："我欣赏你，喜欢你，也嫉妒你。"我以前写过一句话："100分的嫉妒里，总有80分的欣赏。"现在想想，剩下的那20分，大概是恨自己的求而不得。

嫉妒并不是一种十恶不赦的罪行，只要你够坦荡，莫小人。如果我从小没学会嫉妒，大概只会是一只森林里很容易被吃掉的动物。人类走到今天，只是因为我们会嫉妒、会攀比，因为我们蠢到会为了得不到而挣扎。但恰恰是因为嫉妒，我们变得强大、动人，成为万兽之王。

高贵的气质，来自不辜负自己的奋斗

在你抱怨世界无趣的时候，试着改变一下；在你羡慕那些在台上熠熠生辉的人的时候，试着改变一下；在你讨厌自己平庸没有成就的时候，试着改变一下。挖掘一个自己喜欢的爱好，发现一种自己喜欢的生活，潜心修炼，把人生打磨出一个"见得了人，拿得出手"的样子。那个时候，你再看，你已是平庸人群眼中羡慕的对象。

有一个**拿得出手**的**兴趣爱好**有多重要

□ 蜜丝赵

★ 1 ★

朋友晓娜要结婚了。说实话,在她和现在这个未婚夫交往之前,我们一直都在猜测,什么样的人能配得上她。

晓娜是一个名副其实的白富美,年纪轻轻几处房产,开着30万的车,收入也是我们同龄人中最高的。可贵的是,拥有的一切都是她自己打拼的。自己的能力加上出众的外表,真让人感慨,老天爷有时候是偏心的,把一切最好的都给了一小部分人。

也正因为自己条件非常好,对待另一半便异常挑剔。所以,她单身的那些年,我们都在猜测,究竟是什么外貌、什么收入、什么身家的人,才能降服眼光高不可攀的晓娜。

当晓娜羞涩又大方地把男友介绍给我们的时候,我们都带着八卦的心理将小伙子打听了个遍。看上去身高和外形挺阳光的,但一听职业和收入,对方只是一个HR(人力资源)经理,虽然吃技术饭比较稳定,但收入跟晓娜差了几个等级。

他,凭什么拿下晓娜?在我们以世俗的标准评判这段感情是否匹配的时候,晓娜谈起男友竟然露出少女般崇拜的表情。

"他是一个乐队的键盘手。他们乐队经常接商演,还在各种音乐节上表演。我特别佩服他的地方就是,他有一个工作之外的爱好,并且把这个爱好坚持了这么多年,现在还变成了一个副业。我觉得啊,人,确实该有个爱好,在工作之外才有寄托。"原来是个文艺青年。难怪俘获了平时也挺文艺的晓娜的芳心。

有几次看着晓娜发的朋友圈,男友在家即兴弹唱,艺术气息爆棚,的确是羡慕的:在我们下班了只能看电视打游戏的平淡生活中,人家竟然还有如此清新脱俗的休闲方式。

有个能拿得出手的兴趣爱好的确重要,不为娱人,只为娱己。

★ 2 ★

JOJO(乔乔)是我之前的一个同事。小时候学过一点儿舞蹈,上学繁忙了就没再学过了。但是从她走路挺拔的姿势,就能看出,经过形体训练的她,确实跟常人不一样。

工作一段时间后,她萌发了把舞蹈再捡起来的念头,去报了成人班,一周一次学习国标。

有一次我们出差,临时起意去酒吧玩,看着熙熙攘攘的舞池,大家很想进去,却怕自己笨拙的动作露了怯。尤其当天大老板在,谁也不敢轻举妄动暴露缺点。

JOJO看了看大家,第一个带头扎进去,开始扭动起来。这时候,就看出学过和没学过的差别了。

虽然她只是随意摆动,但周身的每个动作,都说不出的和谐。一种奇妙的韵律在她身上散发出来,有点儿微胖的她,身上的每一块脂肪和肌肉,身体的每一寸发肤,忽然都变成了律动的一部分,竟然有一种说不出的妩媚性感。

作为一个女人,我看得眼睛都要喷火了。旁边的大老板(女)也频频点头,并不时和我们的老板低声说着什么。

那之后,JOJO被大老板点名在年会上排了一个独舞,一举震惊全场。在一个员工超过5000人的大企业里,能被老板记住,是非常难得和幸运的事。

后来JOJO发展得顺风顺水,一方面是自己的能力过硬;另一方面,也是成功地引起了领导的注意。她自嘲地说,学跳舞只是为了将来老了跳广场舞能好看一点儿,从没想过会因此获得机遇。

有个能拿得出手的兴趣爱好的确很重要,也许在工作以外的场合,会给你不一样的机会。

★ 3 ★

多年前看《流星花园》,有一幕被大S震住的情节至今念念不忘。

道明寺的母亲看出杉菜并不是真

正的名媛淑女，让她当众弹奏钢琴曲想借此羞辱她。

杉菜先是乱弹一气，道明夫人的脸由绿变紫，就要大发雷霆的时候，画风一转，一段音乐熟练地从指尖流淌，杉菜一边弹，一边念了一首诗。F4的脸色也由紧张到舒展到震撼。

最后，杉菜说，会弹琴就是你眼中的名门闺秀吗？告诉你，我就只会弹这一首，可是，那又怎样？说完骄傲地离开。西门给了她一个好的手势。而道明寺眼中，全是欣赏。

如果杉菜连这唯一的曲子也不会弹，却说出什么"会弹钢琴有什么了不起"，那场面应该只能用一个大写的尴尬来形容吧。

所以，有一个拿得出手的兴趣爱好很重要，不为显摆，只为在突发时刻，维护自己和爱人的尊严。

我印象里，自己好像也是有那么一两个短暂的兴趣爱好的。

四五岁开始学习弹电子琴，好像弹到快10岁，实在跟不上了，家里无人能辅导，一旦落下，便跟不上，跟不上，后面就不想学了，无奈放弃，这一放就是十几年。但是自己的心里却从来没有放下过电子琴。自己真正喜欢的事物是不会真的放下的，也没有办法放下。

而在拥有了自己的住所后，我突发奇想，第一时间买了一架电钢琴，怕买真钢琴又坚持不了多久浪费钱，当第一个音符回响在房间的时候，我的心情，就像与初恋牵手那样激动。试着弹了一首练习曲，童子功这个东西很厉害，居然还记得，瞥见旁边的先生，笑着看我，眼睛里在发光，看我的眼神，和我们刚认识那天一样。

他说："好羡慕你，有个兴趣爱好，长这么大，我都不知道自己喜欢什么。"

在随后漫长的几年里，我学了忘，忘了学，终于学会一首拿得出手的曲子《梦中的婚礼》，当流畅的音符从我手中倾泻而出的时候，我觉得一天的疲劳烦躁，都烟消云散。

有了宝宝后，每次我练琴的时候，她都饶有兴趣地在旁边看看，摸摸，按按，弄出点儿噪声出来。

而现在，她长大一点儿了，我就给她弹儿歌，跟她一唱一和。我想，将来如果她有兴趣学弹琴，我也要跟着系统地再学一次。就算她不学弹琴，我也要渐渐地把这个技能再捡起来。

有一个拿得出手的兴趣爱好，可以让我不那么快淹没在平庸而琐碎的家庭生活中，这个小爱好提醒着我，眼前的生活里，也有诗情画意。

有人可能想问我，那我没有兴趣爱好，怎么办啊？以及，一定要拿得出手吗？自己玩玩不行吗？

第一个问题：想想小时候，我们报过的兴趣班，也许是精神活动，比如弹琴画画下棋，也许是体能活动，比如唱歌跳舞篮球足球，能勾起回忆的，都算啊。

我有一个女朋友，打篮球非常好，每次看她在球场上驰骋，用比男生还标准的姿势投篮，都觉得帅爆了！现在的生活可能又为大家提供了更多的选择，什么插花、烘焙、茶艺、网络主播等等，太多了。

我有同事因为自拍拍出水平和境界，他镜头里的每个人颜值都要提升50%，因此成为老板的御用摄影师。

以上这些，都可以去寻找和发掘啊！

那打麻将、玩牌算不算？说实话，我不会打牌和麻将，而且我个人认为这种类似的活动并不能提升自身气质修养，所以，我本人并不推崇往这个方向发展。如果你因为工作需要特意锻炼，也不是不可。

而为什么一定要练到"拿得出手"？

从心理学上讲，兴趣要变成可以持续的爱好，光凭一时的冲动是不足以支撑的。为什么说"兴趣可以培养"，其实这句话真正的点，在于第一次尝试某事带来的成就感，这种初体验会让我们对这件事充满信心，从而产生所谓的"兴趣"。

而成年人的成就感，很多时候来自于自我满足和外部肯定。只有把一件小事打磨到可以充满信心地见人，这种成就感，才能支撑我们将兴趣继续发扬下去。否则，兴趣只能变成三分钟热度，难以持续。

所以啊，在你抱怨成年人的世界平庸无趣乏味的时候，试着改变一下，挖掘一个兴趣爱好，并潜心修炼，把它打磨出一个"见得了人，拿得出手"的样子。

那个时候，你再看，曾经和你一样平庸的人，你已是他们眼中羡慕的对象。

自然领袖

□ 王鼎钧

甲、乙、丙、丁四个人下馆子。入座以后，服务生来问点什么菜，其中乙对甲说："这里你常来，我们听你的。"丙、丁俱无异议。

这个小小的场面，是人类社会的缩影，说明领袖人物是怎样产生的：其中一人本领大、智慧高，能替大家解决问题、增加福利，大家愿意依赖他。

所以人生在世要佩服那些有本领的人——学他们的长处，不要妒忌；容忍他们的短处，不要计较。

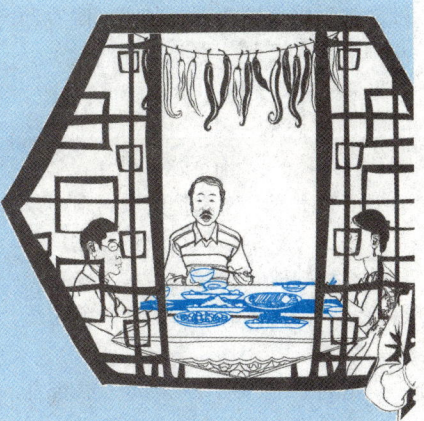

那些为颜值加分的事

□ 林特特

大部分人生来相貌普通，但有些事会让普通人显得好看，甚至好看得夺目。

首先，整洁。整洁要看细节，比如牙齿上是否有菜叶，指甲是否有黑边。整洁不只是衣着。盘发时就梳得油光水滑，披着头发时就剪掉开叉的枝丫；睡觉时翘起来的那一缕头发，出门前怎么也要让它服帖。整体的洁才能达到视觉上的和谐。

其次，适合。包括适合你的发型、打扮，适合你身份的谈吐。

我的一个朋友爱穿旗袍，但每每腰部都勒得像糖葫芦，其实，诚实点儿，承认自己胖一点儿，你的诚实会回报你应有的美丽。

还有我的一个前同事，她外号007，身材一流。有一次，她穿着全纱的泡泡袖上衣、喇叭裤，腰间系一条亮片肚皮舞腰带出现在单位。我是在食堂看到她的，当时，她是全场的焦点，但人们议论的核心是：她为什么穿成这样上班？

适合，需要不断尝试，不断自省，不断修正，适合就是美而得体。

再说时尚。你不用太时髦，但绝不能过时。

有的人，只要有腰带，就能穿出制服范儿；有大毛领，就像个女王。

找一张纸，列出本季你需要的单品，集中解决；清点衣柜，搭配好，并为衣服们拍照、做备忘；关注一些时尚类公众号或杂志……

现在，我们谈谈肉体本身。有本书叫《傲慢即偏见》，作者有个观点：如果你貌不惊人，仍想看起来有美感，那就要拥有一头好头发，以及一身好皮肤。更重要的是瘦——美而得体的瘦，瘦让你在年龄增长之后仍显得精干；瘦能弱化体形上的弱点，让人在体态上放松。

抛开肉体，我真正想谈的是那些起初相貌普通，但能瞬间变美，或本来很美，后来简直夺目的人是通过何种手段为颜值加分的。

认真的表情，专业的态度，敬业的精神，以及乐在其中。

比如去年我在鲁迅艺术学院读书，一位女教授来做讲座。她的年纪和我的母亲差不多，五官不算精致，她打开PPT（微软演示文稿文件），声音温和，你只要听她讲5分钟，就会觉得她很美丽。

因为她的投入，对现场的掌控，她渊博的知识——引经据典，信手拈来，还有她深刻的思想，我被她迷住了，当她笑时，连鱼尾纹都写着"有魅力"。

那天，很多人与她合影，女生们都不约而同地在各自的空间里写，想成为她那样的女人。后来我才知道，她在北大的课从来座无虚席。

又比如，前段时间，我有幸与国家天文台合作一个项目，认识了一位世界排名前二十位的天文学家。他绝对可以称得上是大叔级帅哥，但他真正发光，是在给我们解说星图时。

他一反之前的沉默，谈天上的星星如段誉谈大理家中的茶花。他提及他的业余爱好是去世界各地徒步旅行。他说："我不会迷路。因为白天，我会看太阳。晚上我就看北极星。"他伸出手比画如何通过时间确定当地的经度和纬度，等他说完，我提问："天文学家毕生都在猜测，若其结果不能验证，会不会感到绝望？"

他目光悠远，神情坚毅："探索未知、猜测、推测，包括绝望本身，都是做这一行的乐趣。"

那一刻，他在我眼中，像背着石子袋的大卫雕像般有力、完美。

还有那些拥有一项高质量爱好的人。这爱好区别于他们在人前的既定形象，他们提及爱好时，总让身边人眼前一亮。爱跑步的律师、爱园艺的作家、参加绘画班的全职妈妈……爱好让他们在职场和家庭之外有了另一个圈子，有更多可分享的体会而不只是谈资，为颜值加分，更为人生加分。

当然，还有幽默。高级的幽默是高智商加高情商。一个人能用他的敏捷反应、乐观精神让别人笑。无论他长什么样，在别人的笑眼中都会加分再加分。

我想做一个越来越好看，想在年老时，仍是个不丢脸、会因一件事发光、有幽默感的人。

你呢？

如何把一所普通大学读成名校

□朱 东

无论大学怎样扩招，通向名校的路，永远都是一条拥挤的独木桥。

无论时代怎样发展，争取上名校的心，永远都是一颗充满渴望的心。

无论社会如何多元化，在现实中，名校毕业生的成功率，永远高过普通学校。

这是不争的事实，但并不意味着所有上了普通高校的学生就没有机会，问题的关键在于，如何把一所普通大学读成名校。

要回答这个问题，我们首先要弄明白，名校和普通学校之间到底有什么不同。

在许多人的直观感受中，所谓的名校，都是历史悠久的，名师荟萃的，资源丰富的，甚至连校园都是美丽的。

但这些都不是造成名校与普通高校差异的本质。那么这个本质是什么呢？

两个字——氛围，由上述因素以及你的同学共同构成的氛围，其中又以同学最为重要。

因为，这些人会在你的人生观、价值观逐渐形成之际，与你朝夕相处四年，甚至更长。之所以要用"氛围"这个词，就在于这种相处，这种影响是像空气一样，无所不在的。他们的言论，他们的行为，他们的思维方式，都会包围着你，影响着你，化为同类。

这就是名校与普通大学之间的根本区别。

在名校之中，你是在和一群同龄人中的精英生活在一起，你的眼界自然就会更加宽广，你的思想自然就会更加深刻，你的志向自然就会更加高远，你的内心自然就会更加自信。

反之，如果你和一群在大学还没有毕业，就已经开始思考未来的孩子要上哪家幼儿园的人待在一起，那么在潜移默化之下，你的志向就会下滑，你的自信会动摇……

简单地说，名校的生活，能够让一个人的心变得高大，而普通学校的生活，则往往对人的心灵有矮化作用。

简而言之，就是一句话——吸收其知识，摆脱其氛围。

具体而言，应当由以下几个方面入手：

首先是绝不放弃自己，始终不降低自我定位。把周围的同学，当作自己的底线，当作一个反向的参照物，始终向上看，向前走。

其次，通常情况下，一座城市中，不会只有一所大学，而且其中必然有所谓不同层次的名校。而在大学当中，许多课程，至少是许多讲座都是开放的。因此，就给在校的学生，在事实上，可以共享名校资源的机会。

应当尽可能多地，去听各种"名师"的讲座——不在于通过一场讲座，学习多少知识。而是通过讲座，去感受"名师"对人生，对学术的态度，用个流行的词就是，去感受人家的气场。通过这种感受，来提升自己，让自己知道什么是上，什么是前，从而也就知道了如何向上看、向前走。

最后，就是给自己找事情去思考，去实践。

做一些好像超出自己能力的事情，往往是提升自己的最佳捷径——这种提升，不仅是能力上的，更是内心强大上的。

相对来说，现代的大学之所以能够遍布全球，就是因为它在经过了千年的发展之后，的确成了一种高效的传播知识与思想的模式，对于任何一个身处其中的人，至少在4年之内，它都具有取之不尽的资源。

关键在于你是不是真正去充分利用了这些资源，而不是资源本身的多少。

综合上述，任何一个人，只要能够做到这三个步骤——适度保持距离，不让自己陷于庸俗；寻师访课，让自己看到高远；勇于实践，不断自我提升。始终坚持一个原则——学知识，不学同学。

那么就能把一所普通大学读成名校。

青年励志馆 先有公主梦，再修女王心。

别做恃爱行凶的人

□ 入江之鲸

1

一个读者说她跟母亲已经到了水火不容的地步。

她说："我越来越无法跟自己的妈妈沟通了，世界观不同，价值观不同，我做的说的她永远有理由挑剔，总觉得她不像我妈，反而像是我命里的克星。每次跟她吵起来，我都会觉得特别委屈，总觉得为什么她是我妈，是怀胎十月生我的那个女人？"

我跟她有类似的经历。

十八岁时，我无数次咬牙切齿地在心里起誓：将来，我一定不要成为我妈那样的女人！

在旁人眼里，我是个温柔懂事的姑娘，从来没跟谁恶语相向过。可是，每次假期回家，一年也吵不了一次架的我，就开始跟我妈龃龉不断。比如，我妈非要我吃早餐，哪怕我十一点起床，她也坚持要我先吃完早餐后再吃午餐；比如，我习惯晚睡，可我妈非过几分钟就来我卧室催我一遍，非要催到我熄灯睡觉为止；比如，我看书看得正专注，不想被打扰，我妈却非要隔一段时间就打断我，让我休息一下……

二十几年来，我和我妈为这些小问题争吵过无数次。我反击她的方式，往往是尖锐的语言："你能不能不要总是干涉我？""别烦了好不好！""用不着你管我！"……

有一次争执，我对我妈说："我们之间有代沟，谈不到一块去！"我知道我妈伤心了，可我懒得理会。

第二天，我看到她的QQ签名改成了两个字：代沟。

我一方面觉得她幼稚好笑，一方面忍不住深深内疚起来。

不知道为什么，我在讨厌的人面前，那么善于逢场作戏，被暗算后却强颜欢笑说"没关系"，被激怒后却忍着怒意说"对不起"；但在最亲近的人面前，我又那么善于口出恶言，把话语变作锋刃，准确地刺痛他们。

2

语言的发明，本是为了促进沟通，而我们却拿它来彼此伤害。

三言两语，又能伤到谁的心呢？你讨厌的人，全副武装，根本不会因你的话而伤心难过。

只有你爱的人，对你裸露着赤诚真心，才会轻易被你话中的刺扎得痛彻心扉。

我有一个闺蜜，说话直，一跟男朋友吵架就口不择言。她男朋友一直忍让包容，直到最后一次吵架，男生忍无可忍，两个人分手。

后来，男生给她写了封很长的邮件，附件里是他们所有美好记忆的照片。邮件里，男友感激她曾经的好，也把她说过的伤人的话都写了出来。他说，这些话，让他被深深伤到。

闺蜜错愕不已，她甚至忘了自己曾说过那么多刻薄的话！没想到，它们像刺一样，一根一根扎进了对方的心中，难以忘怀。

我们以为，吵完了过段时间，和好如初了，那些锋利的言语，就烟消云散了。其实，那一根根尖锐的刺，即使拔出来了，伤痕却一直都在。下一次争吵时，新伤加上旧疾，痛上加痛。

3

吵架，会让一个人丧失理智。有时候，我们心里明明知道是自己错了，却还是拼命为自己找理由，嘴硬地和对方争论到底。

有一个姑娘告诉我，她和男友在一起三年，男友送给她整整37份礼物，从棉拖鞋暖宝宝到项链手机。但每次吵架她都会说："你没有送过玫瑰花，在一起三年也只看过一场电影，我觉得很憋屈！"连她自己都觉得，她实在是身在福中不知福。

争吵时，我们竭尽所能扎伤彼此，急于用言语"赢"对方，却不知已经输了感情。

我们对所爱之人的伤害，是七伤拳，伤人，也伤己。

一个读者跟我说，他前不久因为一些琐事，说了一些让父亲很伤心的话。

父亲抱着调侃的意思和他聊天，两个人却因为节俭的观念争执起来。他劝父亲，干吗那么节俭，该花就花。父亲开始讲道理，这些话他早已听烦，于是随口说了一句："看你节俭了一辈子，又弄出了什么？"

听到这句话，父亲又愤怒又失望，说了几句后就挂掉了电话。他这才后悔莫及。

他说："父母为了我，吃了多少苦，我都记在心里。我只是不希望他们再那么节俭，多享受一下。毕竟我已经参加工作了，也可以减轻一点儿负担。"

你看，我们明明是好意，为什么

提防别人不如提防自己，最可怕的敌人就藏在自己心中。

看得见幸福才能享有幸福

□ 毕淑敏

生活就是舞台，每个人都是自己的主人。怎样走路，选择哪个方向，采用何种方式，这完全取决于你自己。有的人目的性很强，为看得见的利益而"走"，结果弄得自己伤痕累累；有的人考虑不多，反而一直都很顺畅。这个小实验告诉我们：目标性很强，也许会增加成功的概率，但顺其自然地做事，更能水到渠成！

我到40多岁的时候才觉得幸福是那么重要。此前，我一直觉得自己不是一个幸福的人。后来才知道，是我错了，幸福不是那么惊天动地的，不是那么大张旗鼓的，不是像我们想象的需要很多的金钱，需要那种万丈光芒的时刻。我们只要努力去争取、去奋斗，就会享有自己的幸福。

明白幸福是那么重要，源于一个小的故事。

西方有个国家进行一个调查研究，题目是《谁是世界上最幸福的人》。因为在报纸上发出了征集答案的征文，成千上万的信函就飞到了报社。报社组织了一个评选委员会，想看看民众对于幸福、对于谁是最幸福的人有怎样的答案。最后，按照得票的多少，第一名是给自己的孩子洗完澡后怀抱婴儿的妈妈；第二名是给病人治好了病后目送那个病人远去的医生；第三名是，孩子在海滩上自己筑起一个沙堡，夕阳西下的时候，这个孩子看着自己筑起的沙堡时自得其乐地微笑；第四名是给自己的作品画上句号的作家。

我看到这个答案以后，心里充满了悲凉。在某种程度上，这四种幸福在我身上都已经历过了。我有孩子，给他洗过澡、抱过他；我原来是医生，有治好病人目送病人出院的时候；我可能没有在海滩上筑起过沙堡，但是在我家附近工地上的沙堆挖过坑；那时候我已经开始写作，也给自己作品画上过句号。我集这些幸福于一身，却未曾感到幸福。我想，不是世界错了，是我自己错了。我对于幸福的认识和把握，对它的追求，其实有重大的误区。

四十不惑，中国的古话很有道理。我原来觉得幸福是毫无瑕疵的，它应该没有任何阴影，应该那样纯粹和美好。其实，幸福是一种内心的稳定，我们没有办法决定外界的所有事情，但我们可以决定自己内心的状态。或者简单地说，幸福其实是灵魂的成就。

说出口时，却成了恶声恶气？恶劣的态度，尖锐的言辞，不屑的表情……我们无意间刺向所爱之人的匕首，最终却狠狠插进了我们自己的心脏。对方有多难过，我们就有多内疚。

我闺蜜和妈妈的感情亲如姐妹，我曾向她取经：你跟你妈妈是怎么做到如此合拍的？

我闺蜜说："其实，我和我妈有很多不和的地方。生活在同一屋檐下，怎么可能没有摩擦？你觉得有些人跟你三观太一致了，毫无矛盾，百分百契合，那是因为你们相处得不够久，因为你没跟他长期生活过。"

闺蜜还告诉我她的诀窍：如果是小事情，就顺着她，毕竟妈妈年纪大了，有一些小事跟甜咸豆花哪个好吃似的，不必计较。况且，你妈妈劝你早睡早起吃早餐，更是为了你的身体好。如果真是重要的事情，我就先不急着争辩，我一般会过三天以后再想这个问题。隔了三天还值得一提的问题，才是真正的分歧。那时候，彼此都心平气和了，正好可以坐下来谈谈。人无完人，妈妈有自己的局限，但她生我养我，已经给了我她认为最好的东西，我不能够再要求更多。

我太佩服她的情商：发泄情绪是本能，控制情绪才是本事。

我们习惯性地在亲近的人身上宣泄情绪，这是病，得治！

一个读者留言说，昨天妈妈过生日，她给妈妈发短信说爱她。每次一谈到感情都忍不住流泪，她平时经常和妈妈吵架，但她其实是深深爱着妈妈的。

妈妈回复她短信，说让她原谅妈妈不懂疼爱她。

看到这条短信，她的眼泪瞬间就流了下来。她说："这世上，再也没有妈妈那样，全心全意对我好的人了。"

看到她这番话，我心里好难过好难过。我和妈妈，又何尝不是这样？

为什么，我们明明彼此相爱，却总在相互伤害？

为什么，我们对所爱之人面目狰狞，却对讨厌的人装出笑脸？

我想，是因为——伤害爱我们的人，代价最小。

我们仗着对方爱我们、在意我们，会原谅我们，才敢轻易地伤透对方的心——这是恃爱行凶啊。

我们想用柔软的心对待全世界，为什么不先用温柔的话招待亲近的人呢？

别人的青春

□ 林深之

我是一个"十万个为什么宝宝",常常把教我读书识字的老妈问得发毛。有几次差点儿被揪下耳朵,被揪之后我边揉耳朵边翻白眼,委屈得说不出话。我想知道的东西那么多,身为普通家庭妇女的老妈,除了照顾全家人的起居外,还得面对我这个磨人的小女儿,实在被折腾得够呛。于是,我学会了自己找答案。

时间再拉长一些,我开始读一些简单的读物,比如童话故事,比如《少年文艺》之类的杂志,少女的心事也渐渐发芽,那时候心中没有同龄人面临课业的压力,没有对考试的焦虑,也没有情窦初开时的惆怅和绵密的心思。相反,有的是大片大片的空白和慌张,那种至深的慌张与无力,就像发现了自己是一窝鸡蛋中的鹅蛋,自己的不同是那样显而易见。

一个失去行走能力的孩子。到了青春期都无法上学,那种心情,就好像被判处了无期徒刑一样。于是,我常常想,我的人生就这样完了吗?

我在青春的路上,跟别人有了分岔口。也是从那时开始,我不再乱抱怨,也不再发脾气,我变得越来越沉默。那时我会写点儿东西,杂乱的、简单的、不规则的。我也是直到很久以后才知道,别人称赞我身上散发出的清丽气质,是我不知不觉累积起的阅读体验所带来的。而我那时大概唯一可以骄傲的,就是自己是同龄人里第一个拥有电脑的人。

那时有一个小名叫大胖姐的邻居会时不时来找我,她总是摇头晃脑地说:"璐璐,我可不可以用你的电脑查一下我们班级群里的作业安排呢?"每次当我从电脑前转过头,她无一例

我的青春,跟别人的有些不一样。

记得在6岁时,我特别爱掏蚂蚁窝。那年,春天好像来得很早,蚂蚁纷纷出窝,寻找食物和嫩叶,我用小指头掏蚂蚁窝,愤怒的小蚂蚁爬到我的手背上撕咬,我被咬得"哇哇"大哭,一怒之下把蚂蚁洞用泥塞住。后来我又爱上了爬高坡,我以为自己是爬坡小能手,事后才发现自己是摔跤大王,那一天风还是很热,结果我失足从坡上摔落,匆匆结束了自己的童年。

这场意外突如其来,又好像命中注定。少不更事的我,偏执地认为这是自己挖蚂蚁窝的报应,于是,在后来很长很长的时间里,我都没有再招惹蚂蚁。可是,我的生命也并没有因此而远离那场意外带来的后果,此后我的青春,我的人生,都得在轮椅上度过。

所以,我的16岁,也跟别人有些不一样。

关于同学之间的友谊,关于课本上的事,关于潮热的暑假和难熬的寒假,所有上学的烦恼与乐趣,16岁的我好像统统都没有。所以,听到小伙伴们议论时,我本能地觉得,那都是别人的青春,与我无关;可是又觉得青春哪会分什么你我,青春本来就是任何一个独立的人都会有的,只是其中有个别差异而已。

即使青春跟别人不一样,但我还是有些值得一说的事,比如,我从那时开始爱上阅读和写作。那个时期

外地会看见我正打开的文档。她总是惊奇我用电脑来做这么闷的事，并一再可惜地摇头叹气，好像我是没救了的木头。然后坐在我的电脑前，开始玩空间游戏。

那时，我跟这个伙伴，就像处于两个平行空间的不同生物，她向我借电脑跟同学聊天，我埋头读书；她玩游戏跟别人比等级，我敲下一段段文字。我们互不干涉，又互相陪伴。在我看来，她就是"别人的青春"该有的样子：有课业的烦恼，也有奔跑的欢乐；有迷茫和焦虑，也有可预见的未来；有讨厌的女同学，也有爱慕的男同学。这正常人生的一切，我却在某个瞬间，羡慕得要死。

我抱着书坐在门口，阳光透过屋檐洒在面前的院落里，花坛里的花儿亮丽又好看。我喝下一大碗中药，心里苦得说不出话。那时我看到一个喜欢的作家说："我一直以为人是慢慢变老的，其实不是，人是在一瞬间变老的。"

我也一直以为人是慢慢长大的，但原来不是，人是在一瞬间长大的。

大胖妞进入高三之后，就很少来我家了。那年夏天，我们坐在院子里用凤仙花染了指甲，感受着指尖传来的刺痛感。夜风凉爽，树叶轻响，蝉声悠悠，她说："你今天没写东西吗？"

我摇摇头："想不出来要写什么。"

大胖妞笑了，露出自己的两个小酒窝，说："其实有时候我挺羡慕你的，你那么聪明……啊啊，不应该说聪明，我明明知道你有多努力。我是说……你不用背负那么多期待和压力，可以自由自在地活在自己的世界里，而我还没想明白自己想要什么样子的人生，就要去读大学了，真是不甘心啊。"

我目瞪口呆，摊了摊双手，不得不老实地说："其实我也很羡慕你，拥有一个正常的人生，可以畅快地奔跑、旅行和上大学。"

我们两个无奈地笑笑，却又渐渐沉默。夏夜里的星星探头探脑，四周静得只能听见风声。那么年轻的我们，生命还没有多么丰富，就急着下定义。原来我们竟傻得以为，对方的人生才是最有意思的。

后来大胖妞进入高考冲刺阶段，整个人瘦了好几圈，也不常来跟我借电脑用了，我们便渐渐疏远了。再后来，听说她去了外地读书，选了自己不喜欢的专业，却爱上了播音，加入了播音社团。而我则熬着夜，下着狠心，让自己不荒废时光，将所有的时间都填得满满当当。我热爱阅读，也开始动手写点故事，后来我投稿又被退稿，时间一点一点地流逝，再后来我越写越顺，文章登上了自己喜欢的杂志，兑换成了稿费，家里的书柜渐渐堆满了样刊。

多年后，我出了书。奇特的是，我的书中竟有一半都是校园故事。经过时间的沉淀和磨炼，我才慢慢发现，当初那个羡慕"别人的青春"的我，其实偏执而自卑，是大胖妞的话点醒了我。于是，我开始相信，不管是青春还是整个人生，其实每个人都有自己的怅然和苦恼，这么简单的道理，我却用了很长时间才明白。而这时我喜欢的作家说："有了残缺才能称作完美。"

少时我以为自己的人生就此完蛋了，然而事实是，非但没有完蛋，反而用另一种方式过得很充实。而大胖妞觉得青春过得很不甘心，但她往后的人生也没有因此不如意。

我也不敢说自己不遗憾，但至少我已经不再纠结改变不了的事实，而这一切却又不是"认命"那么简单。因为，生命之路太多，通过自己的努力去实现，终于做着喜欢的事，其实也一样。

失去了双腿，也得用双手去走人生的每段路，我们的生命，哪能有机会把各种青春都去体验两下呢？总要去借一些现成的故事，给自己提个醒。

我们的青春无论好与坏，都是独有的，这样就好了。

毫不费力的美

□ 子沫

每个人有每个人的气质和装扮，各有各的好看，各有各的动人。如果审美标准混乱或者装扮太过一致以后，大家往一个目标上使劲，盲目跟随潮流，穿衣打扮与气质不符，底气不足，于是就有挣扎，就费劲，当然不好看。

胡兰成谈起乡下的女人，脸色红扑扑，浆洗完衣物，做好饭菜，就换件布裙，坐在门口聊天，喝一盏茶，剥个豆，没有穷酸相，没有非分之想，都好看。因为在天地间，有适宜、有敬畏、有尊卑。顺应天命，恰到好处。

寂寞是最好的增值期

□ 李尚龙

年轻时怕寂寞，年老时望独处。在朋友圈看到一个朋友写了一句话，朋友三十五岁，刚有了孩子，他说：逐渐了解了，为什么许多男人每次回到家，都要在车里坐一会儿，抽上一根烟了。因为回到家，你就变成了爸爸，变成了丈夫，你是顶梁柱，是擎天柱，是穆铁柱，就是不是自己。

看到朋友写的这句话，心里很酸。我特别能理解一个人随着自己长大的路上，对独处的渴望。随着有了事业，有了团队，有了家庭，责任感强了，独处的时间也就少了。那时，总会在夜深人静时想起当时的年少轻狂和对未来的无限向往。

寂寞是最好的增值期，不幸的是，那些独处的时间，终究会随着我们年龄增长而消失。

我记得一个朋友前些时间在准备一个英文辩论比赛，因为需要查阅大量资料，背诵大量专有名词。于是，很爱玩儿的他，竟然三个多月电话打不通。后来，我才知道，他去了个安静的地方租了个房子，每天除了查资料就是对着墙一遍遍地自己跟自己用英文对话。

搞得后面都快人格分裂了。

幸运的是，那年辩论赛，他拿了最佳辩手。

他说，只有偏执狂，才能创造卓越。而我说，因为那些寂寞时光，才创造出卓越的他。

这世界上很多很牛的事情，都是一个人在寂寞或饥饿时想出来的，团队合作很重要，但合作细节、分工明细和目标计划都是一个人在寂寞中想出来的。

寂寞，是最好的增值期。

我有一个朋友，是一个程序员，因为不喜欢自己的工作，去年辞职，一年没有找工作，我们都特别担心他的状态，吃饭的时候会关心地问：你什么时候找工作啊？

他笑着说，不着急。

我问，为什么不着急啊？

他说，我还有点儿存款，够扛一年。

我没有说话，我们也许久没了联系，一年后，我才知道他的厉害：这一年的gap year（空档年），他考了驾照，健身减肥20斤，读了100多本书，自考了注册会计师，从此成功转行。

当他走进了一家会计师事务所时，他才告诉我们，这一年为什么我们很少能看到他，因为，他在这一年的寂寞时光里，厚积薄发着，平静地努力着，终于，他成功转型，亮瞎所有人的眼睛，变成了自己喜欢的样子。

相反，我遇到大多数的人，在人生寂寞的时光中因为纠结、焦虑，最后浪费了最能让自己升值的机会。

我另一个朋友在被解雇后，成天睡觉到天亮，竟然买了台电视机，回到家第一件事情就是打开电视扫台，一年过去后，除了胖了好几斤，就连存款花得差不多了，人没有任何变化。后来，他不得不离开北京，回到父母开的公司找了个闲职。

要知道他不是特例，很多人都是因为没有用好自己的寂寞时光，最终失去了改变自己的机会。

其实当人毕业后，过上了朝九晚五的日子，才发现白天没时间学习，晚上没力气改变，渐渐地，也就习惯了平庸的生活状态。

许多人的大学时光，明明可以去图书馆，却被花到了无用的社交上；明明可以去磨炼出一技之长，却被用在了被窝里；明明可以拿来改变自己，却被废在了韩剧、游戏中，到头来，大学四年确实不再寂寞，却在毕业后怀念起了这段无忧无虑的匆匆岁月。

所以，不用羡慕那些在台上熠熠生辉的人，也不用羡慕那些在其他领域叱咤风云的人，他们不过是在没人的时候，耐住了寂寞，自然，也就能在今后享受得起繁华。

愿我们都能耐住寂寞，用好升值期，成为更好的自己。

读书才是最好的美容

□ 毕淑敏

高贵的气质，来自不辜负自己的奋斗

为什么要读书？你有没有一次认真地问过自己？

从小到大，书籍是我们生活的精神食粮。读书，可以让我们开阔视野；读书，可以让我们精神生活得到满足；读书，可以让我们浮躁的社会变得沉稳。读书不仅仅是一种生活消遣方式，更是改变一个人内心的一剂良药。

1. 书让我们从他人的智慧里，领悟到更广大的世态和更深邃的思考

古往今来那些动人心魄的字，把我们的耳朵拉长了，听到了遥远地域和年代的回声。使我们的视力像喜马拉雅鹰一般锐利清晰，笔直地俯冲穿透尘埃洞察秋毫。使我们生命线的两端像射线般伸延，触摸到今生今世我们未必能有机遇亲身体验的人类复杂的情感深处。使我们的心智丰沛和强韧，迸射出更热烈的光华。阅读就这样为精神的成长提供食粮，并持续地补充营养。

2. 读书还有一个觉察不到的好处，就是可以美容

一个人35岁之后的容貌，据说是要自己负责的。那么，谁不想让自己赏心悦目呢？

是的，除了心灵的美好，我们希望外表也美好，表里如一。为了这份美好，人们使出了万千手段。比如刀兵相见的整容，比如涂脂抹粉的化妆。为了抚平脸上的皱纹，竟然发明了用肉毒杆菌的毒素在眉眼间注射，让面部神经麻痹，换来皮肤的暂时平滑。此等辣手，让我这个曾经当过医生的人都胆战心惊。最简单的美容之法，是读书啊！

读书的时候，人是专注的。因为你在聆听一些高贵的灵魂自言自语，不由自主地谦逊和聚精会神。即使是读闲书，看到妙处，也会忍不住拍案叫绝。长久的读书可以使人养成恭敬的习惯，知道这个世上可以为师的人数不胜数。在生活中也沿袭倾听的姿态。而倾听，是让人成长的绝好方式。

读书的时候，常常会心一笑。那些智慧和精彩，那些英明与穿透，让我们在惊叹的同时拈页展颜。微笑是最好的美容和彩妆，可以传达比所有语言更丰富的善意与温暖。有人觉得微笑很困难，以为是一个如何掌控面容的技术性问题，其实不然。不会笑的人，我总疑心是因了读书的不够广博和投入。书是一座快乐的富矿，储存了大量浓缩的欢愉因子，当你静夜抚卷的时候（当然也包括网上阅读），那些因子香氛蒸腾，滋润了你的双眼，你眉飞色舞，中了蛊似的自得其乐。也有人说，我读书的时候，时有哭泣呢！哭，其实也是一种广义的情绪按摩。灵魂在这个瞬间舒展，尽情宣泄。这种享受，是多么简便和利于储存啊，物美价廉且重复使用，经久耐磨。

3. 读书让我们知道了天地间很多奥秘，而且知道还有更多的奥秘尚未揭开

我们不敢用目空一切的眼神睥睨天下，当谨言慎行。读书在很多时候是和死人打交道，图书馆里堆积的东西，基本上都是思索者的木乃伊。书店里出售的读物，很多也是亡灵的墓志铭。你在书籍里看到无休无止的时间流淌，你就不敢奢侈，不敢口出狂言。了解自我的渺小，是一切智慧的基石。

你想美好吗？就请抓紧一切时间悉心读书吧。不需要花费很多的金钱，但要花费很多的精力。坚持下去，持之以恒，正气便濡养你的身心，让你由内及外，光彩照人。好的阅读会引起一系列变化，让我们感觉神清气爽。要从挑选书开始，养成良好的阅读习惯，建立正能量的循环。

有人说无肉不欢，希望人们在解决温饱的同时，努力读书，无书不欢。对于知识分子来说，读书就和幸福感有了千丝万缕的联系。我更喜欢单纯清爽干干净净裸露着思维肌理的文字。不要那么多的色彩和图画分心，让阅读成为精神层面略带艰辛的挑战。在这个过程中，引发内心精神结构的震荡和重组，在产生轻松愉悦的同时，更接近使命感和目标感。

读书就这样略带神秘地给予我们一种有意义的快乐。快乐堆积得多了，积跬步以成千里，人们就更多地感受到了幸福。

我们终其一生，就是要摆脱别人的期待，找到真正的自己。

你的努力有一斤，还是八两

□ 夏苏末

女神的标准是什么？

对我而言，只有两点：一是美，二是简单。

我身边就有个正能量女神Canny（坎尼）。Canny是传说中的"别人家的孩子"，一路跟着精英玩。

有一天，她告诉我："曾经我最胖时有120斤，不过一年以后再也没高过92斤。"她居然告诉我，减肥的终极目的是省钱。

Canny严肃地说："身材不好的人选择衣服的余地很小，只能买连衣裙。但是，低档的连衣裙很容易走形，也容易撞衫，看起来非常城乡接合部风范。高档的连衣裙则太贵，而且损耗率太高，算来算去，最省钱的办法就是把体重减到46公斤以下，塑造出比较坚实的曲线，等到香港打折季，抱上一堆十几二十几元的贴身莫代尔连衣裙，还能提前体验一把身后都是外国人的快感。"

Canny看了看我，然后像往常一样笑歪了嘴角，向我发出邀请："跟我一起健身怎样？"

在我欣然应邀跟着Canny去健身的时候，我笑不出来了。

每天下午，她娴熟地在跑步机上热身，然后拳击，举哑铃，一步一步有条不紊。

我在打了半场拳击退下来休息时，一边喝水一边跟她闲聊："你说我身材练到360度无死角，是不是也可以当教练了？"

"你啊，当然不能。"Canny看都没看我一眼说。

"为什么？"我很诧异。

她坐到我身边，一边喝水一边说："高中的时候我是个小胖妹，高考以后我有了健身意识，周围的女生都在关注八卦，我在研究饮食健康和运动成效。她们逛街消遣的时候，我在跑步机上慢跑，我骑动感单车，后来我请了私教，跟着教练做体能测试，身体韧性，手指握力，弹跳力，平衡能力，各种数据都很差，教练带我练拳击。你羡慕我腰细臀翘手臂纤细，可是这一切是怎么得来的，你不清楚。我即使加班到很晚都不敢间断运动，我从徒手深蹲到负重30，我挑战了这么多极限。当然，大汗淋漓也让皮肤的状态好到不需要SPA。我就是这么走在健身路上，一步一步，慢慢走过来，已经7年了。"

我瞪大眼睛看着Canny，她真是个漂亮的姑娘，眉峰微抬，眸子乌黑，宝蓝色运动装，一身奶油白的肌肤仿佛随时会融化似的。原来，看似可笑的理由也是需要付出百分百努力的。

"哦。"我有点儿回不过神。

我承认，我被打败了，因为我没想到Canny竟如此鸡血励志。

她拥有开连锁餐厅的家境，从小享受着优质教育资源，独立又努力。

我想，我明白了Canny的意思。

做事要发自内心地热爱并为之努力，而不是一开始就抱着功利心态去想结果。

我突然想起自己初出校门的那一年。

我以为凭借在杂志上发表的几篇文字便拥有了专职写字的资本，事实上，贫困潦倒困扰了我很长一段时间。迷茫和烦躁如影随形，我只能努力让自己忙起来，不停地阅读，有灵感了就提笔，常常写到深夜倒头就睡，才能忽略见缝插针的挫败感和无助。

如今，我终于得偿所愿，至少能以文字换得温饱。

生活从来都不是励志剧，做任何事情都是一样，没有足够的用力，即使努力到八分，你也真的撑不下来。

世界那么大，我们和身边的人都在为工作、为美丽、为情爱、为了当下的自己，努力作为。它不顶饿，不解渴，甚至还不能获得他人的赞许，却让人甘之如饴。

得不到结果，有什么关系呢？

因为热爱，才会不计较付出全部力气。不能破茧成蝶又怎样，递交给自己的试卷是满意的就很好啊。

我不崇拜魔鬼身材，也没有男神可迷恋，可是我愿意继续努力，为了遇见更好的自己。

外物轻重

□ 张远山

《庄子·达生》用赌注的轻重阐明：人的凝神专注，常被外境外物左右。

有一个人，专注练技，九年大成，然后与人比赛。

先用瓦片做赌注，由于不计得失，所以发挥正常，屡战屡胜。

然后改用腰带钩做赌注，由于计较得失，所以发挥小有偏差，但是仍然胜多败少。

最后改用黄金做赌注，由于不敢失败，所以发挥失常，败多胜少。

由于矜顾外物，导致心智昏聩，练成的技术完全走样。

所以庄子强调乘物以游心于道，"物物而不物于物"。驾驭外物而不被外物驾驭，才能"尽其所受乎天"。

阅读能改变你一生的风格

□ 傅佩荣

我们为什么要读书？不同的人有不同的原因。有人读书是为了增长见识、开阔眼界；有人读书是为了陶冶情操、修身养性；有人读书是为了打发时间、充盈生活；有的人读书是为了跟朋友有话题可聊……阅读，是能改变我们一生风格的事，是一项终身事业。

做任何事，都需要动机，阅读自然也不例外。我在桃园县观音乡念的小学，那是个十足的乡下小学，除了教科书以外，没有什么课外书的概念。不过，既然学会了一点儿语文，又懂得怎么查字典，每到寒暑假，除了在海边、溪旁、树林里嬉戏之外，还是会东翻西找，看看家里有什么书可以念。

就这样，我看了《七侠五义》《东周列国志》《三国演义》《西游记》《水浒传》等闲书，发现中国历史悠久的好处，就是材料丰富，故事永远说不完。当时忙着看故事，并没有认真查字典，以致后来一不小心就会念白字。这种毛病直到自己上台教书之后，才觉得事态严重，只能勤加补救了。

小学毕业后，我去新庄念恒毅中学，六年住校养成我独立的性格。谈到念书考试，我一直是老师眼中的模范生，这里面牵涉了一段个人的逆境。我从小学三年级开始，就因为调皮而模仿邻居小孩的口吃，结果自己成了极其严重的口吃患者。我沦为大家嘲弄的对象。我的自卑感很深，几乎到了自闭症的程度。但是，因祸得福的是，我从此努力念书，考试总是名列前茅。若非如此，我很怀疑自己能否正常成长。

既然说话有障碍，念书就成了我的救援。我在初中三年里，大量阅读西方小说精华本，这才知道世界之大无奇不有。我最喜欢的课程一直是语文与英语，语文娴熟之后，思想也变得灵活开通。有一件事我铭记于心，不敢忘记。那是高一的时候，语文老师送我一本林语堂所著的《生活的艺术》，他还在扉页题了几个字，内容是："赠给佩荣学弟存阅。李德民，1965年1月3日。"他还盖上了私章以示慎重。我现在手边正摆着这本将近四十年前获赠的书。李老师也许没有想到，他当时送书给一名年仅十五岁的中学生，居然对这名学生造成可观的影响。

我获赠此书，心里难免虚荣起来，想在寒假时就阅读。然而，程度相差实在太远，我看了不到十页就放弃了。但是心里起了一个念头，就是将来一定要把这种哲理散文念懂。书中谈到有关儒家与道家的地方，更让我感觉神奇难测。我记得班上的读书风气开始活跃起来，像纪伯伦的《先知》，泰戈尔的《飞鸟集》，经常是同学生日时互赠的礼物。

考大学时，我以第一志愿考上辅大哲学系，然后开始加强自己阅读英文的能力。我的办法很笨但也很实在，就是利用大三暑假把一本英文版的《宗教哲学选集》翻译为中文。

后来我陆续又译了至少三十万字才出国念书。没有下这种笨功夫，我在耶鲁大学是不可能四年念完获得学位的。我在毕业前夕，特地请教余英时老师何以如此博学，他的回答是："我从年轻时就养成一种习惯，每晚临睡前都会自问：今天又过去了，我今天有没有学到新的东西？如果没有，就一定要找一本书翻一翻，然后才安心睡下。"

阅读需要兴趣，由兴趣形成的习惯，将改变自己一生的风格。阅读是一种习惯，需要日复一日，年复一年的坚持。阅读更是一种享受，午后闲暇时光，找一两本好书，沏上一壶热茶，人生这样未尝不可。

现在大家都知道教养的重要，那么就从培养阅读的兴趣开始吧！

青年励志馆 先有公主梦，再修女王心。

牛津大学：录取学生主要看气质

□ 聂雨辰

全球数亿书迷入迷《哈利·波特》十几年，哈恩党看的是哈利和罗恩的友情，反转党看的是斯内普教授的虐心暗恋，而吃货看的则是那个丰盛的魔法食堂——雄伟恢宏的大礼堂里长长的餐桌，只要用魔杖敲敲就能出来一大堆好吃的，简直是吃货的终极梦想！其实在现实中，真的有一所大学拥有那座魔法食堂，那就是牛津大学。《哈利·波特》电影的取景地，就是牛津大学的38个学院之一——基督教会学院的食堂。虽然没有电影里那样布满星星的穹顶，但它古典庄重的调调，绝对和电影一模一样！更神奇的是，牛津大学也和霍格沃茨一样，也有和电影如出一辙的学院制度。虽然没有"分院帽"，但牛津大学的学院可比霍格沃茨的4个学院多得多，也有趣得多哦。

英式晚餐这样吃

虽然在电影里看起来，霍格沃茨的食堂规模惊人，餐桌上可以赛跑，大厅里可以开派对，但其实那是花了大量五块钱特效做出来的。真实的基督学院食堂并没有电影里那么夸张，毕竟这是建于1525年的老建筑。不过和电影里如出一辙的橘色灯光、挂满墙壁的肖像油画（虽然里面的人不能动），还有那些比学生年纪还大的长条桌子，都让人仿佛置身于那个古老神奇的魔法世界。如今的基督教会学院食堂仍然是学生食堂，不过教授们有时也会来与学生一起用餐。

食堂里还有很多传统。在这里，座位是按照身份等级划分的。教授、资深研究员，或者被前者邀请的优秀学生，可以坐上"高桌"；而其他的学生，就只能在"高桌"下的普通座位上，边仰望他们边吃饭了。这个传统可以一直追溯到基督教会学院的建造初期。由于学院的创始人渥西枢机是一位主教，并且由他创立的学院也曾一度叫作主教学院，所以在礼仪方面都严格遵照了教会制度，保持了宗教上的等级划分。虽然用现在的眼光来看有些过时，不过也算是激励了学生们早登高位——难道你就不想知道"高桌"上的伙食有什么不一样吗？

其实还真没什么不一样。虽然大学从校外请来大厨，有时还从外国请，比如法国，但实际上菜品还是以英国式的套餐为主。也没有点菜一说，因为每天的食谱会预先公布。典型的搭配是：一个餐包，前菜罗宋汤，主菜羊排加土豆、胡萝卜，最后是苹果派。每天供应4顿饭（早餐、中餐、非正式晚餐和正式晚餐）的食堂，对于晚上8点半开始的正式晚餐还有着装要求，来用餐的人必须穿着长袍。这范儿，倒是一点儿也不输给电影。

除了哈利·波特，在基督教会学院用过晚餐的还有很多名人。比如大哲学家洛克、爱吐舌头卖萌的爱因斯坦，以及英国多位首相和众多议员。还有一位曾在这里执教的卡洛尔，因为脑洞大开写出了《爱丽丝漫游仙境》，直到现在，基督教会学院食堂的彩色玻璃窗上还记载着《爱丽丝漫游仙境》的场景。哈利·波特在这里斗大魔王，爱丽丝在这里掉进了兔子洞，看来这个基督教会学院果然是个有魔力的地方。

牛津的"格兰芬多学院"

为了纪念《哈利·波特》系列电影将牛津大学的莫德琳学院选作魔法学校的外景地，2012年莫德琳学院的学生们将学院的会客室更名为"格兰芬多"，真是从戏里到戏外都不忘跟哈利·波特"秀恩爱"啊。不过除了都叫"格兰芬多"之外，莫德琳学院还有一点也和魔法学校很像，那就是堪比魔幻世界的景色。

可以说，莫德琳是牛津大学最美的学院，没有之一。这里有都铎式建筑风格的群墙，哥特式的回廊四方庭、礼拜堂和塔楼，还有物种丰富景致迷人的植物园，以及全世界大学中仅此一家的"鹿苑"——这里养殖着许多又萌又不怕人的赤鹿。要说为什么莫德琳学院能拥有这些美景，原因其实只有两个字——土豪。在牛津，若你问起莫德琳学院，大家的回复差不多都是："那可是整个牛津最有钱的学院了。"如果刚好身处学院中的乔治大街，大概热心人会举个例子："这里所有的地皮，都被莫德琳承包了。"

莫德琳学院的雄厚财力不是一朝一夕就能有的，纵观其长达500年的历史就能知道，学院的财富其实大半来自创办初期的皇家背景。1458年，温彻斯特主教、亨利六世的大法官威廉·韦恩弗里特一手创建莫德琳学院，当他离世，也为学院留下了一笔巨额遗产。而后来，学院接连迎来了英王亨利七世和亨利七世的儿子威尔士亲王等权贵入学，威尔士亲王甚至后来亲自担任莫德琳的第二任院长。

正因为与皇室不得不说的关系，历史书上的莫德琳学院也一直坚持不懈地刷着存在感。"莫德琳的历史就是英国历史的一部分。"莫德琳院长大卫·克拉莱教授曾这样说。悠久的历史以传统仪式的方式传承下来。现在的莫德琳学院每到"五朔节"（5月的第一天），唱诗班会的学生便会登上学院塔楼的顶层，从清晨6点开始唱诗，宣告又一年春天的到来。而到

我们曾如此期盼外界的认可，到最后才知道，世界是自己的，与他人毫无关系。

了秋季，落木萧萧时，名贯牛津的划船队又会在晨光中，伴着流水潺潺而来。在这么古典优雅的学院毕业，没有人不用一生来怀念这里的美好。

选学生，主要看气质

熟读《哈利·波特》的读者一定会对书里4个气质各异的学院如数家珍。就像哈利·波特就读的格兰芬多学院不是霍格沃茨的全部一样，基督教会学院也只是牛津众学院的冰山一角。实行学院联邦制的牛津大学实际上是38个独立学院的共同体，学校虽然对学院有一定的管控力，但实际上，在课程安排、学生录取等事务上享有高度自治和自由的，其实是学院。就连学生最后拿到的学位，也是由学院和学校共同颁发。各学院间有合作也有竞争，类似《哈利·波特》里的魁地奇比赛，牛津大学各学院间也有竞技活动，而学生训练的场所、住宿和膳食也基本上由学院自己募集经费。

既然学生的录取不由学校而由学院决定，那么除了分数，学院在选择生源时还看什么呢？答案是，看气质。正如在霍格沃茨魔法学校里，格兰芬多的勇敢、斯莱特林的野心、赫奇帕奇的忠诚、拉文克劳的智慧，牛津大学的每个学院也有不同气质，有的强调学术，有的看重实践，有的社交活跃，有的宅腐双全。每个学院的制度也不一样，比如对于放假时是否接待校外参观者这件事，有的学院欣然放行，有的学院却不赞同这件事。

学院里的学生不一定都是相同专业，甚至不是相同学科，但他们都共同在学院社区里生活。就像哈利·波特三人行常常在格兰芬多的公共休息室冥思苦想打败大魔王的计划一样，牛津大学各学院的学生也会在他们的学院社区里住宿、用餐、社交。在这个兼容并包的多元社区，学生们不但玩在一起，也学在一起。正因为这种多元社交模式，各学院内部都形成了强烈的认同感和归属感，很多牛津大学的学生在做自我介绍的时候，会把学院名放在校名之前，足见对自己所属学院的自豪。

高贵的气质，来自不辜负自己的奋斗

生命在阅读中
高贵与优雅

□ 池 莉

人都想要高贵与优雅。许多人有钱了就去买奢侈品，拼命往自己身上堆积昂贵的东西。那么，高贵与优雅到底是什么？是一个人在巨大的压力之下，仍然保持勇气和淡定。

美国著名作家海明威说："勇气是在压力下仍然能够表现出优雅。"因此，高贵优雅不是外在的东西，而是你面对他人乃至这个世界，能够表现出自己的善良与宽容、坚强与淡定、宠辱不惊的定力，这一切都是精神力量。坚持阅读，就是获得这种力量的最有效方式。

阅读的目的不为别的，其实就是开启心智，成熟情商，解除困惑，享受生命。

我以为，阅读是越早越好。3岁就可以阅读了，因为我对方块字特别敏感。人们一定要让自己的子女尽早开始阅读，活在当代社会，不学会阅读，即使物质生活再丰富，人也是没有光彩的。

阅读要主动积极，我们的注意力一定不要被俗世杂务，不要被手机、电脑以及一些转瞬即逝的泡沫信息所剥夺。如果你能够坚持阅读，并养成终身习惯，那么阅读就会成为你的护身符。当你非常苦恼、非常沮丧的时候，请打开一本你喜欢的书，这比任何东西都能让你安静平和。

俄国思想家赫尔岑说："生活的终极目的就是生命本身。"我是读了他的书以后，才发现自己的许多错误。我年轻的时候一心想成名家，没日没夜地写，永远都不休息，后来我发现我错了。当然，人年轻身体有本钱的时候是可以去拼搏的，但是不能以名利为终极目的，一定要在人生不同的阶段有转换，有思想的进步，有对生命更清晰与客观的理解，要有由浅入深的人生转换。

我建议到一定时候，要读一点儿哲学。很多人以为哲学很深奥、很艰涩，其实不然，哲学也有好读的。"哲学的主要目的之一就是自我理解"，这是英国当代哲学家以赛亚·柏林说的。他的哲学书就非常引人入胜，读了之后无不受鼓舞。当下、现实，每日每时，都是生活的要义。一个人要学会过好每一刻，是柏林哲学思想之一。

读书就是要懂得享受这美好一刻，而不是指望另外一天，另外一个时刻。我们很多人不顾现实沉于遥远的梦想，这是一种很致命的幻觉。还有许多现实中的是非判断，比如伤害他人是绝对的罪过，这个问题也并不是人人都懂。

因此，需要通过阅读，学会善思明辨，懂得阅读是为了让自己活得明白。

今天不需要记得太多，记住这一句话就很好。

人生不是只坐着等待，好运就会从天而降。就算命中注定，也要自己去把它找出来。

青年励志馆 先有公主梦，再修女王心。

善用被监禁的时间

□ 吴淡如

什么样的时间最令人焦虑？就是你急着做某件事，却又感觉到被监禁的时候。

飞日本时，有一阵子，我最怕从关西机场进去。

日本在"三·一一"大地震的前后，经历了很长的一段萧条期，由于日元居高不下，好些年，到日本的观光客非常少。

首相安倍上台，抱着非成功不可的决心射出了三支箭之后，日元贬值超过百分之三十，只要货币便宜，日本就是观光天堂，全世界各国的观光客又都进来了。

日本人以一板一眼著名。在刚开始面临这种状况的时候，海关关员难免应对不良。某一次我从关西机场入关，在查验护照处足足被卡了一个半钟头。眼看着人山人海，关员们还是非常认真地一一询问，也不管旅客是否心急如焚。

我运气不是很好，又被发配排在一个特别慢的家伙的行列中。前头本来只有十个人，但是快要四十分钟了，他才问完那九个，连同未发配前的漫长等待，就是一个半钟头了。

我非常讨厌这种无谓的等待，不过，就算对他们生气，也于事无补。还好，我的包包里总是有一本为了要应付这"不得不被监禁的时间"所准备的书。我那天带的是一本某法国记者访问杜拉斯的书。杜拉斯是法国的小说家，我很喜欢她那种特殊的带着某种冰冷感觉的敏感笔调，也喜欢她向来直言不讳的各种评论，不过，凡读过的人都知道，杜拉斯的语法很迷人，而书并不好读。

那本书本来放在我的床头，虽然不厚，但已经放了一个月，都处于很想看但没看的状态。

在这被监禁的一个半小时内，我终于读完了最后一页，而且，为了扫除排队的不满与焦虑，我读得很认真。一个人排队，没有人会打断我，我把它读完了，还一边画重点。

它也安抚了我的焦虑和不耐烦。

有趣的是，轮到我时，一分钟内，那位动作很慢的关员，就让我过去了。他似乎有一点儿不好意思，可能刚刚他也发现，我在队伍里读了很久的书。会看书的，应该没有什么不良的入境企图吧。

写这本书时，我一个人在法国旅行。一个人旅行时，也常常带着笔记本电脑。欧洲旅行，有时候要坐很久的车，在法国旅行，更是要忍耐火车要来而不来的情况。某一天，我到世界遗产小镇玫瑰之城旅行时，一列要返回巴黎的火车，不知何故，迟到加上靠站很久，把原来只走一个小时的车程变成了三个半小时。那三个半小时内，真感谢还好有笔记本电脑（当然，某些旅客也在感谢他们的手机可以当电脑玩），我还写了几篇短稿，也很愉快地把手上的一本乡村风格的法式装潢杂志看完了。

这一段被监禁的时光，并没有让我觉得生气。

说真的，我是个很容易上火的人，尤其是在被迫等待的时候。然而，人在江湖，总会身不由己，被监禁的时光时而有之，所以，总要有些东西可以玩。我也玩过电玩，热衷于破关，不过，后来我还是选择一些比较有成长性的事情，因为电玩再怎么破关，赢得的还是不能够在现实世界花的钱和点数，虽然确能耽溺其中，但反省下还是蛮浪费时间的。在别人谩骂时前进，善用被监禁时光，就不觉得那么无奈，时日那般漫长。我们的心里都有个定则：自己浪费时间不要紧，别人浪费我的时间，就会愤怒且抓狂。与其被负面情绪煮沸，不如以防万一，带个自己有兴趣的东西，例如一本书，善用这些时间。

有时想想，司马迁如果不是被关在牢里，我们也没有伟大的《史记》可以读吧。

老一辈的人，搭车会打毛线，也是同样道理——在失去自由时，做点儿事吧。我录像一向准时，但有时还是会为了某些打灯或来宾迟到的情况而拖延时间。这一年来，我会利用这个时间看日剧，不知不觉间，日文的一般会话，也有越听越懂的架势了。

你如何运用"不得不"的时光，决定了你会成为什么样的人！

教你一个让自己变优秀的办法

□ 赵晓晴

我收到了一份微信好友申请，对方是大名鼎鼎的当红作家L姐。当时我和她同在一个文学沙龙里，但彼此交集很少，她给我的感觉像是公主一般，永远那么光彩照人。

我诚惶诚恐，不知道这位L姐为何主动添加一个毫无名气的我。通过验证之后，对方开门见山说明了来意，原来她想在她的公众号发我的文章，我丝毫不掩饰对她的崇拜之情，欣然同意。

从此我就躺在了她的朋友圈里。

你懂的，当我的朋友圈里突然出现这么一位女神级人物，我做的第一件事情，就是迫不及待地阅读她的朋友圈；我花了好几个晚上的时间一字不落地将她的朋友圈拜读完之后，总结出了一个人想要变得优秀，大致需要具备以下几个特质。

首先是正向思维。

印象最深的一件事，就是当时她的第一本书受到了很大争议，包括有些著名的学者甚至指出她的文章是鸡汤文，于是她把这篇学者的文章转发到了朋友圈并配了一段文字，大意是自己何德何能，居然请动这么一个厉害的学者给自己的书写软文？然后她仿佛特别能看得开一样，有的时候就会自嘲为"鸡汤文作者"。

我当时被她的这种思维方式所折服，不论遇到对自己多么不利的局面和危机，她总能看到积极的一面，然后继续前进。

其次是不断地突破与尝试。

她的公众号从一开始的内容创业，到后来吸引到了投资，又开通了广播版，增加了很多原创栏目，同时还和一些商业品牌合作，在自媒体领域，显然她不满足于已有的成绩，一直进行大量积极全新的尝试。

最后是她对时间的高效利用。

有次看她的一段分享，说的就是她自己如何利用闲散时间阅读微信文以及如何找到一些质量不错的订阅号的，让我豁然开朗。

同时我也发现原来优秀的人之所以能够优秀，是因为他们掌握了有效的方法，并且持之以恒付诸艰苦卓绝的努力；这些人往往没有我们想象的那般高冷，反而更友善更有涵养。

于是渐渐地，我开始突破曾经的心理障碍，主动寻找一些机会认识优秀的人。

我的经验就是，作为个体而言，如果你想在一个领域获得比较迅速的成长，最好的办法就是找到这个领域里的成功人士，一旦找到就想办法去接近对方。要知道如果能得到高人指点，能省去自己大量的摸索时间，更能学到很多让我们受益终身的方法，得到的进步又何止一点点呢？

学习是永无止境的，但同时学习也是需要有一定的方法的，闭门造车最后只有死路一条。而最有效的方法，莫过于跟着有成果的人请教现成的经验，就算付出一定的代价也绝对物超所值。

听人说起有一种APP（应用程序），比如你可以花上1000元邀请到某个领域最专业的人士给你进行一个小时的在线辅导交流，你放心，当你花下这1000元买人家一个小时时间的时候，对方能够给予你的，一定是远远超出这1000元价值的经验与方法。

网络时代无疑给我们每个人提供了一个前所未有的便利环境，只要你想学，你完全可以通过自己的努力寻找途径找到优秀的人，你放心，在你寻找优秀之人的过程中，你一定会比以前勤奋得多，你自己一定会在不知不觉中变得优秀起来。

有人说，你不优秀，认识谁都没有用。

可我却说，正是因为不优秀，所以才需要打开自我，去认识优秀的人，让自己变得优秀。

青年励志馆 先有公主梦，再修女王心

精致就是把钱花在小事上

□ 艾小羊

1

作为一名精致生活倡导者，我经常遇到质疑，觉得精致就是有钱人的事。

我最近买了一个日和手帖的围裙，将近300块钱，前面有两个设计精巧的隐形大口袋，两根长长的带子从后面绕过来，系在腰间，使它成了一个显腰线的围裙。最重要的是它的材质，偏粗糙厚实的棉布，这种布，越洗越软，越洗越柔，就像一个经得起岁月磨砺的女人。

朋友对这只围裙爱不释手，得知价格后，却半开玩笑半认真地说，你这个有钱女人。

我指出她刚花一万多块钱买了一个包。

她立刻跟我解释，一万多块钱的包，可以带来多少利益。你拎着它，感觉自己就是个成功女人，心气儿不一样了；碰到高帅富的时候，你不怯场，说不定他会爱上你；你拎着这只包出去谈业务，可信度高，包就是你的身份，能买得起这种包的年轻女孩，要么是富二代，要么自己很努力。

而花两百多块钱买一只围裙算什么？能穿出去吗？能谈业务吗？能显示身份吗？对她来说，它的价值跟买金龙鱼玉米油送的那只塑料围裙是一样的。

"所以，能花一万多块钱买包的，不一定是富人；肯花三百块钱买围裙的，就是有钱人。"这是她的结论。

2

武汉有条著名的汉正街，早年在这条街上做批发的人，随便一块砖头砸下来，就能砸中一个资产千万的。

我曾经去汉正街的一个大款朋友家吃饭，他们家用的盘子都是不锈钢的，理由是耐用，不怕摔，不沾油，好洗，当然，价格也相对便宜。然而，无论是绿的丝瓜还是红的虾球，装进这样的盘子，都是食堂菜的模样。

朋友知道我对器皿挑剔，悄悄说："我家算好的，我们对门那家，用的碗盘没一个是圆的，都是在瓷器批发市场买的残次品，他家比我家还有钱呢。我们是有钱，但你有时间，这就是区别。"

追求精致生活的人，总会给自己找到很多理由；同样，生活得不够精致的人，也会给自己找理由。有人说我钱不够，有人说我时间不够，然而在我看来，他们什么都有，只是对于美，疏离得太久，对于生活，关注得太少，他们的梦想已经超过了能力，精致却远远配不上收入。

对于美，对于生活，如果你认真对待，好好追求，是会上瘾的。

3

办公室的女孩都是每天中午自带便当。

一个90后的姑娘，买了一个德国产的便当盒，其他小伙伴，都是随便去超市买的十几二十块钱的饭盒。饭菜用微波炉热过，放在桌上，她的显得特别好吃。洗饭盒的时候，其他人随便洗一下，湿淋淋地扔在一边，而她总是认真把餐盒的每个角落洗净抹干，竖在桌子上，通风两个小时以后，再收起来。

这个几百块钱的饭盒，无意中提高了她的生活品质，让她看上去是一个精致、从容的姑娘。

当然有人觉得把钱花在便当盒上是奢侈，但说来说去，也不过就一件衣服钱。如今谁的衣橱里少件衣服？但还是有更多的姑娘，宁愿把钱花在多买两件也许很快就会过时的衣服上，也不愿意买一个自己每天要抚摸、接触、把美味菜肴装进去、上班下班带着它的饭盒。

给别人看的一定要好，自己用的可以随便，所谓把钱花在刀刃上，其实就是一种穷人思维。

精致生活的确是一种奢侈，却又与买游轮、豪车、爱马仕包的奢侈不同，在当下的生活水准下，它是大多数人可以消费得起的奢侈。

4

既然朋友说了那么多名包带给她的好处，我也不能不说说围裙，以及我家那些在她看来"贵得要命"的笔、本子、台灯、天然海棉浴球、印花餐巾纸的作用。

什么叫生活品质的提高？最初级的阶段是吃菜的人终于能吃肉了，这个阶段过后，生活品质无非体现在生活细节上，是生活细节的审美与精致，让我们觉得活着有价值、有尊严，自己值得被好好对待。

而日常用品，是设计感让它们超越自己本身的价值，提供给使用它的人更多愉悦。

其次，越是别人看不到的东西，越是我们自己的，是将我们与他人区分开来的标志。

我曾经在北京无用生活空间买了一条古法织造的棉布围巾，用的是可以买一条欧美大牌围巾的价格。因为是纯棉织造，没有任何化学加工，很容易显旧。因此很快被朋友们嘲笑，不如去买条GUCCI（古驰），你这谁知道啊，连logo（商标）都没有，还以为是地摊货呢。

可是，我需要谁来知道呢？当棉纱带着秋日田野里棉花的气息环绕着我的脖颈，围巾边缘刺绣的那个黄豆大小的"隐"字，伸出小爪挠我的下巴时，我觉得它满足了我对一条围巾的所有梦想。

两年前，我买了它，两年后，经过水洗日晒，它变得更白更软，我想要的围巾是可以泡在清水里，挂在阳光下的，而不是送去干洗店，套在塑料袋里。

松浦弥太郎在《100个基本》里强调，为体验花钱，就是为自己投资。

而体验是极其私人化的。如果说一个价值几万元的包，是为了加深公众对你的印象，一本几百块钱的手账，则是为了加深你对生活的认识。

当你的家，手到之处的物件，精细、精致，带有设计师的灵魂，以及他们对生活细节最深刻的理解，你就很难随随便便吃个饭，邋邋遢遢地斜躺在沙发上玩手机，你甚至觉得生气、厌世都让人难为情，只有好好活着，才可以看到那么多美好的设计，只有乐观、积极、上进、健康的你，才配得上你所拥有的生活。

如果你躺在那里，是不会有人把世界给你的

□ 王逅逅

2018年这一年，我一直在思考一个问题，却很难用语言组织出来描述它。今天早上醒来的时候，这个想法总算慢慢成形：人生中别人能告诉你最大的谎言，就是认为有捷径可走。

前几日在巴黎见了一个大学同学，一个出生在巴黎富人区的女孩，现在在纽约工作。她是我在大学里的心动女孩，长得漂亮，谈吐文雅，是哪里都挑不出毛病的那种女孩子。

女孩住在布鲁克林一间非常普通的公寓里，除了做一份与艺术相关的工作，还做西语、法语、英语的翻译挣外快。她轻快而明媚地描述自己繁忙的生活："啊，你知道的，如果能多赚一点钱，我都会愿意去做的——何况我还很乐意！"

我们谈到大学时的另一个富家女同学，这个女生最近订婚了。从聊天中我得知，他们打算等两年再结婚，因为他们想要一场盛大的婚礼，并且全部自己出钱。

我们的另一个欧洲同学，也是相似的情况，从小家境优渥，家教严格。她的男朋友最近提出，想去迪拜一同度假，住最好的酒店，他出钱。

女生当场就拒绝了。她跟男朋友说："我们可以一同度假，但是我希望你选择我现在工作可以付得起一半钱的经济型酒店，去我们可以共同消费的餐馆，因为只有这样，我们才在建立共同的体验。"

这些概念会让同时代的中国中产匪夷所思——放着父母的钱不用，为什么一定要过得这么"辛苦"，过得"辛苦"，还这么情愿？

就像是没有社会经历的人来到大城市，特别容易被骗钱。每日在家的老人，也容易上当买乱七八糟的理财与保险。然而明眼人看到"今天投资一万，明日回报一百万"的宣传语，不仅不会被吸引，还会立即走开。

对于我的这些大学同学而言，正是因为她们受到了最好的教育，才知道人生没有捷径，也能够拒绝捷径，并且乐观地面对本应坎坷的人生。明白了这个前提，便可以正视自己的美貌、地位和父母的财富，可以懂得别人的永远是别人的，去学习，去内化，去主动获得的才是自己的。

而她们的父母，也不会去用捷径毁了孩子的人生。典型的"捷径谎言"每天都在这个社会上游走："嫁了人就可以拥有老公的财产""当了公务员可以一辈子不换工作""结了婚就保证稳定可以不用经营感情"。

"拿到投资成功已经达到一半"……人往往得到的，大概只是你尝试过的东西的1/5。你最多只能拿到自己努力过的那一份（不只是钱，还有满足感和充实感）。而高等教育的一大意义是告诉人，捷径本身就是一个骗局。

这就像社会告诉女性：你应该等待白马王子来发现你，找到你，爱护你，拯救你。这样的谎言就像是一个稳定而毫无意义的工作，它让人陷入一种"捷径思维"，等待着万分之一的概率，最后等来的是崩盘的一天。

如果你躺在那里，是不会有人把世界给你的。

青年励志馆 先有公主梦，再修女王心

所有的惊艳，都来自有所准备

□ 吃饱了睡

1

同学小林，打电话邀请我去他的新家。

小林和我一样，都是农村出来的孩子，我惊讶他怎么这么快就在城里买了房子。

小林家，装修虽然不算奢华，但是可以看出，装修得很用心，房子很漂亮，让我惊艳。

房子是按揭的，首付40万，加上装修10多万，差不多一共有50万。没有问家里要钱，也没有借同事和同学的钱。他和媳妇仅仅上班了2年就存了这么多钱，让我惊讶。

"你知道吗，买了这套房子之后，我才感觉自己终于在这个城市扎根下来了，没有漂泊感了。"小林说。

"我当然明白，我们俩都是农村来的孩子，要在城里扎根下来，很不容易，你们两个这么快就赚够了首付，很厉害。"我说。

"这两年，我和小烨（小林老婆）两个人，几乎没有出去玩过，小烨周末当家教赚钱，我接了文案的活，我们两个人周末兼职的钱，算起来能顶上一个人的工资了，所以我们这两年，相当于三个人在赚钱，终于凑够了房钱，我们的宝宝也快出生了，不用担心了。"小林满脸幸福。

所有的努力都不会被辜负，那些努力过的苦逼日子，都是为惊艳登场所做的最好准备。小林和他媳妇两个人拼尽全力，用两年的时间做准备，建好了一个温暖的家迎接小生命的降临。

2

去成老师家里学书法，已经成了我下班后的必修课。从毕业后，很少有这么认真和用心去做一件事情，由于是上班族，只能下班后去学。白天有空的时候，我也会在网上看看书法教学视频。

同一个字落在不同人的手中，命运是不同的。当我觉得自己写得挺好的字，可是一看旁边成老师写的同一个字，我立刻就想跪拜。

成老师写的字，刚劲挺拔，起笔收笔干净利落，每一笔都充满了力道，像一个铁骨铮铮的汉子。而我写的字，本来还自我感觉良好，可是和成老的字一对比，我的字就像是一个挺着啤酒肚的不修边幅的抠脚大叔。

除了在成老师家里每天练习两个小时外，我白天也用水写布（一种蘸水就能写出黑字的书法练习用具）练习，我感觉自己这么努力，这么刻苦，怎么可能会和成老师的字差距这么大。

我决定再细心观摩一遍，看看成老师写字有什么诀窍。成老师提笔蘸墨、藏锋起笔、中锋运笔、结尾收笔，整个过程没有什么奇特的，成老师都教过我了，我也是这样操作的，可是最后写出来的字，差距简直不能同年而语。

成老师行云流水地就写了一行字，每一个字都是那么好看，我被惊艳到了，心里只能连连赞叹，中国传统的书法简直太美了。

成老师说："你才学了这么短的时间，能写到这个程度已经不错了，你不能和我比，我练了20年，你要和自己比较，看有没有进步。"

只有20年的刻苦练习，才能随随便便就能写出一幅高水准的书法作品。只有拼尽全力，才能看起来毫不费力。

3

上中学的时候，也曾学过怎么做一个合格的学霸。

在中学，天天刻苦努力读书取得好成绩的人一般不能称作是学霸，所谓的学霸，就是看起来不怎么努力，最后考试成绩却能力压众人的人，才能担当起学霸的称号。

初三，喜欢上了化学，为了让自己的化学成绩，每次都能保持在班级前三，我模仿过我的同桌学霸。我的同桌，是一个地地道道别人眼里的学霸，但是自从我揭开她伪学霸的面纱之后，我虽然也感觉她挺牛的，但是没有那么牛了。

我的同桌，放学后，晚上能学到凌晨，成绩一直保持在全年级前三，但是平时在学校看起来并不是那种特别努力的人。

为了学好化学，我额外买了两本辅导书，每天晚上都会额外做题，把老师讲的东西，都会背一遍，整本化学书，随便翻一页，我基本都能背诵出里面的内容。

我的化学成绩自然是每次考试都能独占鳌头，但是背后的努力和付出，只有我自己和我同桌明白，因为是她教会了我怎么在背后默默努力。

成熟意味着看到差异，但又意识到差异并不重要。

阅读的最大理由是想摆脱平庸

□ 余秋雨

我出生在一个偏僻的山村，这儿的人都不识字，妈妈从外面来了，她是这儿第一个识字的人，此后办起了识字班、学校。学校有个图书室，书不多，老师定下一个苛刻的制度，要写100个毛笔小楷才可借得一本书。读书使人认识了外面的世界，现在我们家乡的人已经都很富裕。

有人认为一个人的成功是靠社会关系、机遇、方向的正确选择等，我认为这都是次要的。我觉得，很多时候是一个人偶然看到的几本书，从这些书里面的某些地方获得了力量，从而把他拉出了平庸。只要跨过山坡，人生就不一样了。

读书的横向并不重要，纵向才是最重要的。所谓横向就是指各个专业，理工农医等；所谓纵向就是指梯度，所谓的一、二、三流。各学科的最高等级都是合在一起的。

像爱因斯坦去世前，有人问他感到最遗憾的是什么。他说的不是再也不能研究相对论了，而是说再也不能欣赏莫扎特了。

从事什么专业并不重要，关键是要找最高等级，要寻找"山顶"，"山顶"也许永远不会到达，但光辉会一直照耀着你！

有人认为自己出生的地界、国家等，会决定自己的喜好。其实这种想法是错误的，出身并不决定你和什么有缘分，也就是和谁有同构关系。文学无国界，文学是不等同

于社会学的天域。比如，安徒生是丹麦人，丹麦语也是一个小语种，但世界上很多人都喜欢他的作品。所以，你可能喜欢欧美的、日本的作家，也可能喜欢非洲的。在阅读中寻找和自己有同构关系的书，其实，也是在寻找自我。

阅读的最大理由是想摆脱平庸。一个人如果在青年时期就开始平庸，那么今后要摆脱平庸就十分困难。

何谓平庸？平庸是一种被动而又功利的谋生态度。平庸者什么也不缺，只是无感于外部世界的精彩、人类历史的厚重、终极道义的神圣、生命含义的丰富。而他们失去的这一切，光凭一个人有限的人生经历是无法获得的，因此平庸者的队伍总是相当庞大。黄山谷说过："人胸中久不用古今浇灌，则尘俗生其间。照镜觉面目可憎，对人亦语言无味。"这就是平庸的写照。黄山谷认为要摆脱平庸，就要"用古今浇灌"。

只有书籍，能把辽阔的空间和漫长的时间浇灌给你，能把一切高贵生命早已飘散的信号传递给你，能把无数的智慧和美好对比着愚昧和丑陋一起呈现给你。区区五尺之躯，短短几十年光阴，居然能驰骋古今，经天纬地，这种奇迹的产生，至少有一半要归功于阅读。

如此好事，如果等到成年后再来匆匆弥补就有点可惜了，最好在青年时就进入。早一天，就多一分人生的精彩；迟一天，就多一天平庸的困扰。青年人稚嫩的目光常常产生偏差，误以为是出身、财富、文凭、机运使有的人超乎一般，其实历尽沧桑的成年人都知道，最重要的是自身生命的质量，生命的质量需要锻铸，阅读是锻铸的重要一环。

很多时候不能被我们理解的成功，都习惯归结为天赋或者运气，其实，哪有那么多有天赋的人，哪有那么多运气，不过是别人努力和用功的时候，我们没有看到罢了。

每天，我们的身边都能听到，某某买了一辆豪车，谁谁又升迁了，还有那个谁得了大奖。然后身边肯定会有人说，某某有背景，谁谁的亲戚是领导，还有那个谁给评委送礼了。

我们一直坚守的三观开始动摇了，我们开始越来越相信，这个社会上，需要的是背景和关系，我们似乎也渐渐地变得所谓的成熟起来了。

然而，我却一直相信，成功的背后，不是汗水就是龌龊。

那些看起来毫不费力就取得成功的人，可能有一些人是通过一些龌龊的手段得到的，但是大多数成功的背后是拼尽全力的付出。

随着年龄的增长，我越来越相信努力的意义。

要想得到想要的东西，就必须有付出，更多的时候需要的是持续的付出和努力，这个时候就需要坚持，坚持的意义就是要等到成功来给我们流过的汗水买单。

你若盛开，蝴蝶自来。要想盛开，得先努力地汲取水分、养料，然后拼命地拔节，长高，向着太阳的方向。

没有随随便便的成功，所有的惊艳，都来自有所准备。

慢慢来才是人生那条可走的"捷径"

□ 夏苏末

近两年，身边很多朋友都跟我说过同样的话，他们说，真羡慕你能过上自己想要的生活。

每次遇到这么说的人，我只能以微笑回应，我们都一样，眼光总盯着别人的光鲜，却从不在意这光鲜背后的努力。当然，听到这样的羡慕，我都会肯定地告诉对方，以自己喜欢的方式生活，你也可以。

然而，他们却没有这样的自信，要么怨天尤人，要么苦笑认命。当然也有"众人皆醉我独醒"的积极分子，他们有很多想法，也在努力为自己做规划，打着鸡血去行动，可惜事与愿违，收获甚微，反而感到更疲惫。

对此，我想说，做更好的自己，选择和努力固然重要，但学会对自己有耐心比选择和努力更重要。每个人在成长的过程中，都会经历迷茫和痛苦，也会有危机感，因为这种危机感而焦虑着急，一刻都不敢让自己停下来，反而因此走了弯路。其实真的大可不必，当你慢下来，耐心对待自己的时候，你会发现其实很多时候，不是生活辜负了我们，而是我们误解了自己。

那么，我们到底该怎么做才能一步一步成为更好的自己，过上自己想要的生活呢？

今天就跟大家分享下自己的三个经验：接受生活中的不完美，找到自己的兴趣点，学会对自己有耐心。

接受生活中的不完美

我是一名写作者，从大三在杂志上发表文章到现在出版两部个人作品，应该算取得了一些成绩。因此有人猜测我应该是中文或新闻系毕业，并不是的，我的专业与写作完全没关系，我大学读的专业是会计学。

活泼好动爱写字的我在毕业后做着枯燥严谨的财务工作，算是生活中的不完美吧？可是，在我的生活里，有太多的不完美要比这件事严重多了。

我出生的时候差点儿被弃养，为什么呢？因为我不是男孩，让父母的期待落空，所以我被辗转送人，在别人家流浪了几天，又被爸妈接回来寄养到我外婆家，直到初中毕业。

五岁那年，外婆去市里帮舅舅带孩子，外公忙于生计常常忘记家里还有个我。六岁，我随外婆去了舅舅家，读了小学。舅舅和舅妈很疼爱我，这是我童年里最幸福的一段时间，每天放学后，我总是吃着点心，趴在阳台上看部队新兵操练。但幸福感并未持续很久，在我读小学三年级的时候，大人们再次开始商量领养，在舅舅试图商量让我改口的时候，我因这样巨大的转折吓得大哭，最后这件事在我的强烈排斥下不了了之。但是，这件事却让我们彼此产生了距离和隔阂，也让小小的我意识到，原来我是个不被这个世界欢迎的孩子。

初三那年，外婆以玩笑的方式跟我详细描述了我出生时发生的一切，我无法形容心底的震惊，忧伤无法排解，成绩迅速下滑。母亲每次来外婆家，我都躲在房间里沉默，当她试图让我听从老师的建议选择复读的时候，我找到了宣泄口，态度坚决地不肯复读，而是去了外地的一所中专。

在外地，一个人的生活特别自由，我终于离开了彼此嫌弃的那个家。我在学校的日子很忙，忙着读书培训，忙着参加各种比赛，演讲，写作，写小品，办校刊，这种被关注、被在意的存在感，极大程度地满足了我的虚荣心。现在看来，实际上我做的这些事，只是一种变相的逃避，我想以这样的方式证明自己是独立的优秀的，想让父母承认忽视我是错误的抉择。

中专临近毕业，班里的同学在学校的安排下先后去了外地的车间实习。轮到我的时候，我才开始发慌，感觉到现实的残酷——一想到十八岁的年纪就要从此沦为流水线的工人，我真的没办法接受。所以，生平第一次，我主动拨通了家里的电话，我跟父母说，我不要去实习，我想继续读书。

两周后，我请假回家，与父母谈话，并再三确认想法写下保证。

就这样，在班里同学都去实习的时候，我去了高中借读，选择重新开始。

纵然父母在这件事上费尽心力，但这并不代表我们之间已经和解，曾被放弃，被抛弃的真相令我心生倒刺如鲠在喉。

我也不喜欢会计学，一想到毕业后要与数字和钱打交道就浑身不自在，现实与理想的差距让我痛苦而暴躁。有一天我在室友的哀求下陪她去操场跑步，围着操场跑得大汗淋漓，心情却是难得的轻松。从此以后，我学会了用运动的方式去纾解心底的负面情绪，每天除了上课，剩下的所有时间都用来读书。而阅读让我解开了心里的很多疑虑和困惑。

书读得多了，想法也越多，我试着把一些感悟写成文字并试着投稿，然后收到了无数封退稿信，一直到大三暑假在杂志上发表了人生中的第一篇文章。

说了自己的成长故事，我想表达的是，在此之前，我从来没有想过，我的幸福感是来自认命。认命，不是被动承担，而是主动接受你成长经历中所有伤痛的、不愉快的事儿。在心底真正接受了这些不完美的存在，你会变得坦然，也会理性去面对它带给你的伤害并与之和解。

找到自己的兴趣点

接受生活里的不完美，不是为了取悦别人，而是为了取悦自己。

那么问题来了，我们该如何取悦自己，去寻找自己的兴趣点吗？但是，很多朋友会说，我根本不知道自己想要什么。

我的答案是，去寻找，去尝试。

很多时候，我们之所以找不到乐趣，并不是迷茫，是因为太懒。利用好自己的好奇心，你会发现这真是一件低成本高收益的事。具体来说好奇心，其实有很多：外向化的，你可以利用空闲的时间去参加一些免费的讲座，读书会活动，或者逛逛画展，看看舞台剧，听听音乐会；内向化的，你可以去旅行，学做手工，品尝美食，或者参加公益组织……通过这些方式，你会发现生活中有很多美好的事，会发现世界并不同于想象，与外界交流越多，你的格局和眼界也会被拓宽，汲取了外部力量的你会感觉到充实和愉悦。

更重要的是，通过这些参与，你会筛选出自己的兴趣点，愉悦自己，或者发展成为志向，还能把自己发展成一名有资本、有实力的斜杠青年，给自己多一些生活上的选择。

每一条通向未来的路都是自己走出来的，而不是从最开始就看到终点，有了方向感，再勇敢地迈出第一步，坚定地往前移动，就是对生活最好的投资。你付出的汗水不会白白流失，你做出的努力不会白费，时间会是最好的证明。

学会对自己有耐心

接受生活瑕疵，找到了兴趣所在。接下来，我们聊聊在设定目标后的态度问题。

我们身处的是个讲究效率的时代，想要寻找和追求的东西，都能以便利的方式迅速获得。找工作有专业的招聘网站，想旅游分分钟就能搜到资深的攻略分享，甚至想恋爱发个征友帖就能收获回应无数。满世界都在以效率说话，每个人被这样的节奏裹挟着，着急着买房买车嫁人生子，像高铁一样不断提速再提速。

所以，我们渴望有所成就，为了这份渴望甚至超负荷加班。

我跟你一样是认同如今的社会观的，只是我不赞同以高效率作为成败的标准。

曾经的我特别焦虑，才华撑不起梦想，什么都想要，什么都要抓，结果过得狼狈又疲惫。后来在一位广告总监身上学会了分解目标，一直到现在都受益匪浅。这个方法很简单，就是给自己要做成的事设定一个具体时间，然后做个简单的分析。

现在的我与要做的这件事之间的距离，具备什么，缺少什么，然后将缺失的部分具体分解到每月每天中去。最初我不以为然，真正去做的时候，才明白这种看似缓慢的方法才是真正的捷径。

这个方法其实是运用了心理学的"低球技巧"理论，说的是通常情况下，人们一旦做出决定，即使条件改变，也很难半途而废。许多业务员特别擅长运用这个技巧，他们在跟客户推销的时候，常常会先介绍价格较低、在客户预算之内的东西，等到客户深受吸引，不会随着价格的变动而动摇购买决心时，再顺势推出价格更好的商品。简单说，就是"由低至高"循序渐进，尽量避免第一时间让客户自觉负担不起而萌生退意。

这个概念放在生活里何尝不是一样的道理，无论是人生大事还是生活小节，从身材管理到内在提升，从职场打拼到情场博弈。如果我们缓一点儿，慢一点儿，追求速度也该给自己留出足够缓冲和弹跳的空间，以更稳妥的方式避开可能存在的风险，收获的幸福反而更丰盈饱满。

每天一点点的进步看似缓慢，日积月累的结果却不容小觑。

人生那么长，我们都该为自己的选择负责，知道自己想要什么，慢下来做事，关注内心的快乐，才能享受这美好时光。我们要做的任何一件事都没有捷径，有时候，慢慢来反而比较快。

你可以不平凡

□ 周杰伦

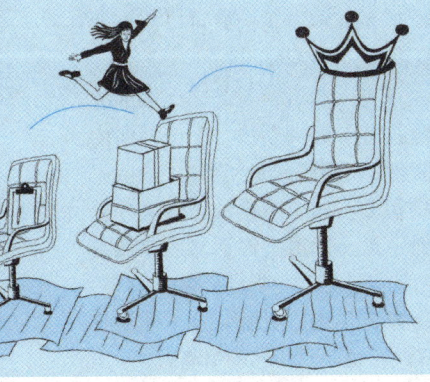

人都要有梦想。其实我跟大家一样，我觉得自己非常平凡，只是学了点音乐而已。学了这些音乐，最后能够站在舞台上表演，也不容易啊。方文山也才读过小学而已，不过他写的东西却能够被编进教材里面。所以我觉得厉害的人、不平凡的人，并不是书要念得多好，而是要有一技之长。

小时候妈妈很希望我考上音乐系，然后读大学。我大概考了两次吧。可能我不是读书的料，而且我又很爱打球。我现在讲的这些，都是我成功的一些关键。你想一想，年轻时候，如果我没有去打球，我现在怎么拍《大灌篮》？那时候如果没有学琴，我现在怎么拍《不能说的秘密》？那时候如果不喜欢看这些武术的电影，我怎么拍《青蜂侠》？

除此之外，我觉得人要有想象力，很多人觉得我是在天马行空地乱想，其实做出来后大家都会被吓一跳的。我拍了《不能说的秘密》。我一直在想：怎样的爱情可以变得不一样？穿越时空的情节我觉得非常特别，我把钢琴的速度想象成时光机。

我想鼓励大家的就是，找寻自己跟别人不一样的那一点，去把它放大。

真正的情商高手，用聆听征服世界

□ 剑圣喵大师

1

"老师，当有人向你抱怨时，我到底该怎么说才可以消除别人的愤怒，从而解决问题呢？"有一天，玲姑娘问我。

"傻姑娘，消除矛盾最好的方法不是用嘴巴，而是用耳朵。"

玲姑娘是一个刚毕业的名校大学生，在一家大企业的售后部门任职，由于她处理不好顾客的投诉，很多顾客把脾气发在她的身上。经理对她很不满意，多次暗示要让她卷铺盖走人。

"老师，我不懂。我用耳朵认真听了啊，我甚至记下了顾客所有要说的要点。"玲姑娘打开本子，记了满满一页，看得出她并不是那种推卸责任又霸道的业务员。

"姑娘，你那叫听见不叫聆听。这二者一个更多记住内容，一个更多记住情感！"我接着回答她。

我理解玲姑娘在大公司实习，夜以继日工作换来的饭碗就快砸了的痛苦，决定破例和她去一趟公司亲自帮助她解决问题。

2

公司里一个投诉电话打了进来，玲接了起来。

"你们公司真是一个垃圾公司，我才买的手机一个月就报废了，如果不立马给我退款，老子让你们吃不了兜着走。"投诉者态度很恶劣。

玲很拼命地解释，看得出她对公司产品很了解，嘴巴也不停道歉，态度很卑微。但对方不领情，火气反倒越来越旺。最后对方说了一大通骂人的脏话和诅咒后，挂断了电话。

看着泪眼汪汪的玲，我告诉她。

人生下来有两只耳朵，却只有一张嘴，目的就在于，我们要先听再说。不少失之交臂的朋友，甚至各奔东西的恋人，都因我们不曾学会聆听。

所以面对顾客的指责，玲应该先这么说。

"看起来你非常生气，因为你在我们公司才买的手机，不到一个月就出问题了。这给你带来了很大的困扰，因此你对我们公司有很大意见，需要我们退款，是吗？"

上述回答很好地使用了聆听技巧中的释义。所谓释义就是把对方的内容，先用我们自己的话概述一遍，让别人觉得自己被理解，这个过程中就极大地消除了对方的愤怒。

释义还有一个好处就是削弱对方话语中过激的部分，从而帮助你和他达成共识。

3

玲姑娘的错误就在于，只记住了对方的内容，却忽略了对方的情感，因此她总是急于去解释。这种解释，无异于火上浇油，增加对方的防卫。

这个世界上我们似乎有太多的话要说，却无人倾听。越是不思考的人，就不愿倾听别人说话。

正因为我们总感觉不被人理解，所以我们拼命地想说服别人。

很多人总把自己人际交往失败的原因归结于"嘴笨"，似乎伶牙俐齿就能在人群中脱颖而出。

但实际上，假如你不会聆听的话，你一定是不会说的。在"倾听"这门功课上，太多人没有及格。倚楼聆听细雨滴，莫待花落才知惜。

4

几乎所有的人际交往技巧都和聆听能力息息相关，甚至某种程度上讲，决定一个心理咨询师是否成熟，就取决于他是否会听。

是否会聆听，是一个人最高魅力的体现。

为何你那么想帮助别人，却换不来珍贵的友情？你对别人倾囊相授，别人却嗤之以鼻？

因为你的建议就像一个吻，封住了别人的嘴，自然也就封住了别人的心。

周国平说："我唯愿保持住一份生命的本色，一份能够安静聆听别的生命也使别的生命愿意安静聆听的纯真，此中的快乐远非浮华功名可比。"

别把朋友们想得太白痴，有时你的实际建议不一定能帮助他，但你的心理支持却肯定能。还是那句话，我们帮助别人让别人更好地帮助他自己。

如果有人聆听你，不对你评头论足，不替你担惊受怕，也不想改变你，这多美好啊……每当我们得到人们的聆听和理解，我们就可以用新的眼光看世界，并继续前进。

一旦有人聆听，看起来无法解决的问题就有了解决办法，千头万绪的思路也会变得清晰起来。

别担心在这个冷漠的城市里呼喊听不到一点儿回声。你不知道，孤独本身，其实也是在聆听自己啊。

所以，你说，我听。这是你给我的咏叹调，也是我给你的镇魂曲。

法式人生观

□ 樊博

说起法国人，一般印象可能是浪漫与傲慢。在巴黎街头随处可见打扮入时、鼻孔望天的漂亮女人和西装革履男。我问土生土长的巴黎朋友，如果用一个词形容你们，你们会选哪个词，他们几乎不假思索地说"negatif"——消极，"我们总是不高兴，没有为什么，就是不高兴。"

看多了老美"你是最棒的"那套，老法的确让人不太舒服。很多时候我们需要的是对生活的一点儿积极态度，但这一点点对老法而言就是那么难。所以，没多少人能耐着性子看完一部唧唧歪歪的法语片，大家喜欢看欢天喜地的美国大片。我曾经以为老法是沉溺在曾经的辉煌里难以自拔才如此目中无人，其实他们也很了解生活的无奈，人人皆知的名言是"C'est la vie"——人生就是这样！很多人拿美国文化和法国文化做比较，美国人一辈子都想改变世界，法国人一辈子都在接受世界的变化。

法国人有点儿冷漠。他们会说，我可以一辈子对你好，但你得是那个对的人。友情是如此，爱情更是。我们可能觉得法国人放浪形骸，其实他们和我们一样重视忠诚，只是我们强调的是忠于对方，他们更强调忠于自己。"我想要什么""得到的是不是我想要的""追求的是不是我想要的"，他们带着这些问题面对、感受着人生。

法国人爱嘲讽。法国滑稽剧很有名，嘲讽对象可以是公众人物也可以是隔壁大婶，外国人若没有自嘲和嘲弄的细胞，就无法理解法式幽默。但是法国人也有适时的宽容。孟德斯鸠说过："我不同意你说的每一个字，但是我誓死捍卫你说话的权利。"法国人的包容更多体现在争取权利上，而且不一定是自己的权利，也不一定是涉及广大人群的道德判断的权利。

尊重个体是法国文化特色。我有不少为人父母的朋友，孩子不喜欢吃什么，他们不勉强，不愿意去幼儿园就不去，但是对孩子的尊重绝不会演变为溺爱——你想做什么可以，但很多事情你绝对不能做；非要试试？那就试吧，自己承担后果；还有一些事情你应该做，实在不想做将来不要后悔。法国孩子很小就明白独立的意义，不只是打工挣点小钱，而是在所有方面对自己负责。有一天，我和朋友带着她3岁的儿子去散步，她对孩子说，一定不要把自己的快乐和悲伤建立在别人身上，一定不要让自己被别人影响，要控制自己的情绪。原来小家伙的好朋友转去另一家幼儿园，他很难过。还有一次，我在大卖场听见一位妈妈对女儿说，我晚上要参加一个派对，你照着包装上的说明做个派给妹妹吃。女儿说，我想吃牛排，你不要去参加派对。妈妈很严肃地对小女孩说："你有你的生活，我也有我的。我的任务是把你生下来，教你怎样照顾自己，可不是给你一辈子当保姆……"法国人的自我有时候表现得很傲慢，但也让人感到他们很强大。

坐在香街上的咖啡厅里，在4月和煦的阳光里看着来来往往的老法们。这些不好接近的人，这些独立的人，这些骄傲的人，这些自嘲的人，在变迁的时代努力活出自己的痕迹，哪怕爱人变了，孩子离开了，工作丢掉了，他们耸耸肩，说一句"C'est la vie"，继续自己的人生，好像生活的玩笑在别处。法国人教会我两件事：内心强大和尊重他人。成熟的人都应该懂得这两件事，但是法国人对这两件事是如此重视，觉得比成功、金钱、分数都重要，让曾经把成功、金钱、分数看得特别重的我，对这种生活态度深有感触。

四大名著，中国人的四种修行

□儒风大家

读红楼，过情关

《红楼梦》的开始，曹公便借空空道人之口，说出了此书的主旨：大旨谈情。情之一字，最是迷乱人，有人读罢全书也未必晓得，有人过完一生也未必明白。

人之为人，本是有情。人与人之间莫不如此。情字的内涵太过丰蕴，它是爱情亲情友情，是纵情痴情，还是人情世情。而这些，正是红楼一梦中的情天恨海。

红楼一书最为动人的，毫无疑问是爱情。宝黛的爱情无疑是最为拨人心弦的，其中有美好，也有烦恼；有希望，也有失望；有生死不离的心，却避不开生离死别的命。千般滋味，万种纠结，恰如人生。一别之后，繁华落尽，了无痕迹，又恰如一梦。

况且还有宝黛有缘无分之外，宝钗与宝玉的有分无缘，宝玉与妙玉、袭人等女子的无缘无分，以及红楼一梦中其他人的爱恨纠葛。红楼是一场梦，我们每个人的人生，又何尝不是如此呢？

由情入手，以情为重，曹公写尽了大家族的荣辱兴衰，最后终归是"好一似食尽鸟投林，落了个白茫茫大地真干净"，回头看怎会不是"满纸荒唐言，一把辛酸泪"。曹公经历了这一切，领悟到最深处，那么我们呢？

因为是一梦，所以须看破、放下，这或许才是红楼的真正主题。如今这个时代人心恰恰不够暖，情意恰恰不够浓。这样，至少人生还能多一些美好和回味，少一些平庸与乏味。

这就像竹林七贤中的王戎所说的：太上忘情，太下不及情；情之所钟，正在我辈。

读三国，过争关

歌曲《曹操》的歌词说："不是英雄，不读三国。若是英雄，怎么能不懂寂寞。……尔虞我诈是三国，说不清对与错。纷纷扰扰千百年以后，一切又从头。"

写得真是好。写得更好也更为人知的，是明代大学问家杨慎的那首《临江仙》词："滚滚长江东逝水，浪花淘尽英雄。是非成败转头空……古今多少事，都付笑谈中。"这首词被用于《三国演义》的主题曲，最是恰当。

这一首歌一阕词，归结为一个字，就是"争"。曹操一世枭雄，一世功业在身后也终被老谋深算、隐忍等待的司马懿家族窃取。刘备从草莽之中崛起，争得三足鼎立中一方诸侯，最终也不得不在白帝城托孤中，抱着巨大的遗憾悲怆离世。诸葛孔明神机妙算、运筹帷幄，一力孤擎蜀汉，七次北上伐魏，终究也不过一场秋风五丈原的凄凉。关羽张飞豪气干云、义薄云天，最终也都落得兵败身死、身首两处的下场……是啊，人到底争个什么？

如果人人觉悟，天下也就没有争这回事了；如果人人不争，也就天下太平了。这可能就是三国最深邃的命题。只可惜，每个人不争一争，不看够了、历遍了世间争斗及背后的成亡祸福，是不会觉悟的。人生就是这样，很多道理早就知道，却非要在经历后才能明白。

读水浒，过利关

水浒中有一个东西，是永远不会褪色的，那也是最重要的一处，便是仗义。有些人不屑地以为，水浒一百零八人只是杀人放火的流氓无赖，却不去看有一件事才是真正可惜、可悲，便是仗义这东西，已经越来越稀缺了。品德没了是可以培养的，品格没了，就只能是一种退化。

什么是仗义？仗义就是鲁智深看不得萍水相逢的父女被人欺负，怒而拳打镇关西；看到朋友林冲被冤枉落难，便义无反顾地大闹野猪林。仗义就是武松在朋友被欺凌后，快活林里醉打蒋门神；即使早有退隐之心，也要为了兄弟情义而坚持到征方腊的最后，哪怕因此断掉一臂。仗义就是黑旋风李逵为救宋江，只身江州劫法场；以为是宋江抢了酒家的女儿，即使那是大哥也要大闹梁山忠义堂……他们看不得不平，肠子直得厉害，热得烫人。

他们做得到如此，是因为他们的心因为纯粹而坦荡，因为坦荡而磊落，因为磊落而光明，因为光明而疾恶如仇，于是才有了发之于外的那一场场"路见不平，拔刀相助"。所有这些，背后其实只是两个字——情义。而反面也同样是两个字——利益。

当下社会与水浒梁山、我们与梁山好汉们的距离，也许正是"情义"和"利益"之间的距离。"利益"二字，底下还藏着两个字——自私，上面还顶着两个字——现实，合起来又是两个字——冷漠。而这些，或许就是我们这个时代的病。说白了，缺了人情味儿。

佛家有言：《楞严》不灭，佛法不灭。我们也只能期待，只要水浒还在，仗义的种子就可以一代代播种、生根、发芽。

读西游，过欲关

清代张潮的《幽梦影》里说：《西游记》是一部"悟书"。是的，这本是一个佛家的故事，出自一个取经的典故。它的主角，名字就叫"悟空"。这一悟，就过去了九九八十一难。这只猴子，谱写的却是人之生。西游里是一条取经之路，我们的人生，则是一场觉悟之旅。

很少人会去想，人生从何处开始，又要到哪里去？西游却已经说了。孙悟空是斜月三星洞菩提祖师的弟子，而"斜月三星洞"五个字合起来，恰是一个"心"字。心，正是人生开始的地方。

佛家讲人有"五毒"心：贪、嗔、痴、慢、疑。取经的师徒五人，恰如人的这五种心魔。总是误会孙悟空的唐三藏，自然就是"疑"；骄傲不羁的孙猴子，当然就是傲慢的"慢"；好吃懒做、贪恋女色的猪八戒，毫无疑问就是"贪"；曾在流沙河吃人、脖子上挂骷髅项链的沙和尚，难保心底没有一份"嗔"；默默无闻、执着向前的白龙马，多么像是"痴"。而破除与圆满之路，就在八十一难的历练里，人生正是如此。

西游中的人生滋味，又何止这些。孙悟空一个筋斗十万八千里，却逃不出如来佛的手掌心，这是人外有人天外有天的现实，也是人生中那些逃不开的宿命。七十二变是一种本事，而人活世间也不得不有各种身份和面孔。老君炼丹炉里烧了七七四十九天烧出了火眼金睛，人的世事洞明，也从来离不开时间里的锻造锤炼。真假美猴王最耐人寻味——人最难战胜的就是自己，最该用心的也是自己……懂了这些，心中的不甘就可以少一些，心底的清明就可以多一些。

孙猴子脑袋上有一只金箍，那是他虚妄之心的隐喻，正是因为不能自我收敛，才惹得这外来的约束。我们每个人其实也都有，同样是心中的执念和涌动的欲望。正是这些劳什子困住了我们，只有除去了才能得自在。欲望因执念而生，执念因欲望而固。有人看到了，所以求觉醒；有人看不到，于是执迷不悟。

当今时代，前者太少，后者太多。而到灵山的距离，恰好是十万八千里，本是孙悟空一个筋斗就能到的，正如迷与悟，就在一念之间。

四种修行，道尽人生

它告诉我们，过得去情天恨海，参得透世间争斗，斩得断利欲熏心，越得过欲望执念，才抵达得了人生光明通达、自在宁静的终处。这个地方，佛家称之为彼岸。

拼才华的古代花美男

□夫 子

爱美之心，从古至今都是如此。往往有些花一样的美男子，明明可以靠脸，却偏偏弃之不用，靠才华在生活中摸爬滚打。

第一名潘岳：容貌精致，写得一手锦绣文章

谈到古代美男，就不能不提西晋的潘岳，我们常常用"貌似潘安"来形容男子美貌，其中的"潘安"就是这位仁兄的艺名。据说潘岳每次乘车出游，都会引来大批女子围观和赞叹。潘岳不仅长了张锦绣皮囊，还写得一手锦绣文章，很小就显露出文学天赋，被乡里称为"奇童"。

第二名嵇康：精通琴艺，作名曲《广陵散》

中国历史上曾有一段肆意任性的年代，这个年代中有一群放荡不羁的人。这个年代就是魏晋，这群人叫"竹林七贤"，而这个领军人物则是嵇康。嵇康之美，是超凡脱俗、旷古绝伦的。他曾经进山采药，樵夫看见他，误以为是撞见了神仙。嵇康精通琴艺，所作《广陵散》流传千古。

第三名宋玉：文采出众，可与屈原比肩

能与潘岳之美相比肩而在青史上留名的，宋玉恐怕要排第一个，从"美比宋玉"往往和"貌似潘安"连称就能看出，二人可谓美男界的绝代双雄。宋玉这样的美男绝不仅仅是个花瓶，他的文才和他的美貌一样被千古颂扬。宋玉师出名门，师承楚国大诗人、楚辞开创者屈原，却又不拘于师法，文风独具一格，因此后人常常将其与屈原并称。

当我们大学忙着恋爱时，德国学生在干吗

□佚 名

说到德国，大家往往第一反应是德国人严谨的态度以及务实的作风。在中国，大学可能重于理论教学，注重学科知识和学生理论方面的积累。但德国的大学教育更偏向于实践和理论的结合，而且实践往往会占有较大的比重，所谓学以致用吧。大家在学习的过程中不只是听课、考试，而是会花去大量的时间做实验、做项目、写论文，教你如何学习新的知识，如何将知识运用到实践工作中。下面我对实践学习培养学生的各方面详细和大家分享。

没有统一课表，自我规划与管理很重要

我是在德国读的大学，所以先重点介绍一下德国大学的情况。德国有两类大学，一种是传统大学，这些大学类似于中国的清华、北大、交大等，这些大学里面比较著名的有亚琛工大、慕尼黑工大、海德堡大学。

但是德国在近几年也有一些教学方面的改革，出现了第二类学校，也就是应用科技大学。应用科技大学非常讲究实践，注重同学的实际操作能力，而且应用科技大学基本在德国每个城市都有，大多以城市命名，比如慕尼黑应用科技大学。

不同于中国传统的统一管理模式，在德国，学校要求学生有非常强的独立生活能力，学校往往只提供教学，不会负责学生课外的生活，你需要自己去找房子，自己解决吃饭问题。

同时，学校没有具体的班级、具体的年级，学生要自己选择课程，选择自己的专业方向，建立自己的知识体系。每个课程进展的模式也不一样，可能有的课程只进展两个小时，有的课程一上就是四个小时，有的课程可能会冲突，那如何去安排呢？那就需要建立一个个人的课程表，自己规划自己的课程，创造自己独立的知识体系和专业方向。

这个过程是辛苦的，但是如果想更好地适应社会，必须学会自我管理，成为一个独一无二的自己。

不到企业实习三到六个月不能毕业

德国大学对于实践是非常注重的，分为学校实践和社会实践。在申请德国工业大学时，往往要求进行两个月的工厂实习。这也看出了德国大学对于实践经历的重视。

在学校，学生的实验也并非一成不变的，而是随着时代不停发展，和潮流紧密结合了起来。根据不同的专业，学校要求做有意义的论文研究，和各大企业的合作也相应地提供给了学生各式各样的论文课题，同时，德国大学也提供各种实验平台，保证论文的理论和实践能够相互结合。

社会实践方面，在企业实习3~6个月是应用科技大学的一个硬性要求，要求学生在企业全天工作，类似全职实习，这不仅让学生有了一定的经济收入，更让他们学会了在实际工作中如何运用自己的知识。

还有一个方面就是学生团队的参与。比如我就是在赛车团队里的，我们有自己的项目，整个赛车的建造，需要从设计、计算方面进行电脑的模拟、软件的研发，进而进行实体建造，如何选择材料，选择怎样的材料，如何和供应商进行合作，以及怎样获得资金赞助……大家要合作完成整个项目。

学生团队有很多，不仅是我们的赛车团队，还有节能车团队、机器人研发项目等，都可以自由参与，这也有效地锻炼了大家的团队合作能力。

家长也好，老师也罢，允许学生犯错

有家长朋友在公开课前提问，怎样的中小学学习才能提前适应德国的大学教育？我想第一项要做到的就是独立能力的培养，在大学除了学习，往往还要处理生活中的琐事，很烦琐，学生必须要有自控能力，不能因为时间多了就经常去玩，以致忘了学业，最终在激烈的学业竞争中落败。

学会如何去安排自己的时间，一个很重要的特点就是让孩子自己去犯错，一旦他发现自己安排的时间导致他最后做事情出了差错以后，他会去调整自己的时间安排。

这个能力在德国也是在中小学的时候教学生去获得的，因为在德国的中小学可能大家觉得很轻松，上午七点钟上学，下午两点钟就放学了，两点钟之后学生就要自己安排，有的同学会选择参加自己的兴趣课程，这些兴趣课程都不是家长安排的，而是学生自己安排。他们从小就开始培养学生自己管理自己这方面生活的能力，以期更好地适应这边的生活模式跟今后的学习模式。

总的来说，德国大学就是一个小型的集成化的社会，在这里每个学生都是不一样的个体。都是自己创建自己的行程、自己的生活、自己的工作、自己的学习，所有都是靠自己。

一言以蔽之，德国学生和中国学生最大的不同，是他们热衷创新实践项目，从小知道自己真正的兴趣，大学的时候又真刀真枪地比拼硬技能，难怪德国人拿走了世界一半以上的诺贝尔奖呢。

读书与美丽

□严歌苓

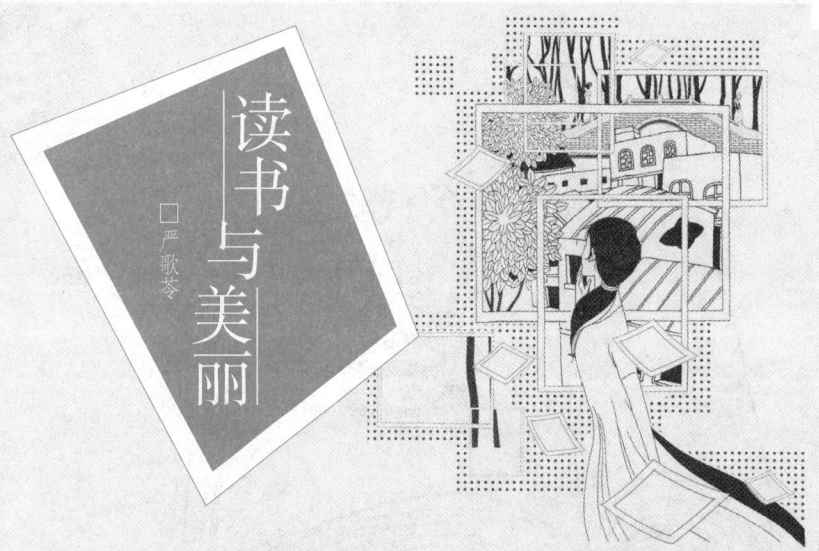

我有一位朋友叫庄信正,是位著名的翻译家、学者。他说过这样一段话:"俗话说,上有天堂,下有苏杭。但对我来说,我宁愿把这句话改为'上有天堂,下有书房'。"他说在年少时他就想到:反正谁也不知道天堂是什么样子,不如就把它想象成一间书房。

我读到这些话时,为他的纯真,以及与我不谋而合的价值观会心地笑了。我心里对这位忘年友人涌出一股深深的感激。因为在这个价值观更加多元的年代,我的生活仍是独自写作与读书。有时面对周围忙得昏天黑地、不读书却也十分充实的人,我也不免发出落伍的叹息。而庄先生这一席话,使我认识到,我还是有伴儿的,并没有落伍得那样彻底。

在易卜生的《培尔·金特》中,有个叫索尔薇格的少女,培尔·金特在想念她时,总是想到她手持一本用手绢包着的《圣经》的形象。在米兰·昆德拉的《不能承受的生命之轻》中,特蕾莎留给托马斯的印象,是她手里拿着一本《安娜·卡列尼娜》。这两位女性之所以在男主人公培尔·金特和托马斯心里获得了特殊的位置,是因为她们的书所赋予她们的一层象征意义。我的理解便是读书使她们产生了一种情调,这情调是独立于她们物质形象之外而存在的美丽。作家们都没有用笔墨来描写这两位女性的容貌,但从他们赋予她们的特定动作——持书,我们能清楚地看到她们美丽的气韵,那是抽象的、象征化了的,因而是超越了具体形态的美丽。这种美丽不会被衣着和化妆强化或弱化,不会被衰老所剥夺。这并不是说,任何一个女性,只要手里揣本书,就会变成索尔薇格或特蕾莎。书在不爱读书的人手里,只是个道具。重要的是,读书这项精神功课,对人潜移默化的感染,使人从世俗的渴望(金钱、物质、外在的美丽等)中解脱出来,之后便产生了一种美丽的存在。

我感到自己的幸运——能在阳光明媚的下午,躺在乳白色的皮沙发上读书,能在读到绝妙的句子时,一蹦而起,在橡木地板上踱步。好的文章如同好的餐食,是难以消化的,所以得回味、反刍,才能汲取其中的营养。

女人总有告别自己美丽外貌的时候。不甘告别的,如某些反复整容的明星,就变成了滑稽的角色。随着时光推移,滑稽没有了,成了"人定胜天"的当代美容技艺的实验残局,一个绝望地要超越自然局限的丑角。这个例证或许给了我们一点启示:漂亮和美丽是两回事。一双不漂亮的眼睛可以有明丽的眼神;一副不完美的身躯可以有好看的仪态。这都在于个人灵魂的丰富和坦荡。美化灵魂或许有不少途径,但我想,阅读是其中最易实现的、不昂贵也不需要求助他人的捷径。

每一刀的敬畏

□李晓燕

宋仁宗时,洛阳有位年轻人很喜欢玉雕。他练习的石头用了一堆,作品仍不够精巧。一天,他听说来了位雕刻大师,连忙上门拜访,希望大师能为他解惑。

听完年轻人的诉说,雕刻大师问:"平时你练习雕刻都用石头?""当然,只是练习,何必浪费。"大师说:"从今以后,你用玉练。"年轻人不解:"练习时,半途而废是常有的事,用玉岂不可惜。"大师摇头道:"你之所以雕不出满意作品,关键在于你的态度。用石头做练习材料,固然便宜,可正因便宜,你每下一刀,便少了一分谨慎;而用玉做雕刻材料,正因为贵,你下刀之前,都会冥思苦想。这两种练习材料,哪种会使你精进呢?"年轻人顿时大悟,最终成洛阳有名的雕刻大师。

有时我们做得不够好,并非因为不勤奋,而是因为缺了一份"这就是最终作品"的敬畏。

专注是一种生活态度

□ 梁文道

有一位日本禅师，日日修行，也没什么别的嗜好，唯独喜欢甜食。在他病重的时候，弟子们从全国各地赶来探望，当然也不忘带一些点心送给恩师，好让他在圆寂前尝一尝。到快要坐化的那一刻时，老禅师一如其他道行高深的修行者，端坐席上，神情平和。然后，他竟然拿起了一块甜饼，放进口中，有点艰难地慢慢咀嚼。吃罢，他微微启唇，好像要说点什么，于是弟子们统统紧张地凑过去，心想师父要做他人生中最后一次开示了，非得好好听清楚不可。老禅师终于说话了，他只说了两个字："好吃！"然后就断了气。

一个人走到了生命的最后一刻，心中想的竟然还是适才甜品的滋味，留下的遗言竟然还是对那块甜品的赞美，没有任何告别，更没有不舍与恐惧，他还不算最厉害的美食家吗？所谓的美食家难道不就该是这般模样吗？一心一意地对待眼前的食物，心无旁骛，甚至置生死于度外。

后来大家都说这位禅师真是高，已经达到觉悟的境界了，理由是佛学的修行最讲究一个人是否时刻"正念"。

"正念"指的就是非常专注地活在当下，走路时专心走路，睡觉时专心睡觉，不执着于过往发生的事，也不忧虑未来的烦恼。这种状态自然是快乐的，同时也是无我的，因为它完全切断了"我"的过去与未来，不把过去发生的事情当作自己的事，也不把将来的我看成是现在这个我的延续。要在平常达到这种状态已经很难，要在死的那一霎仍然保持这种状态就更难了。所以很多人都认定这位"甜品禅师"是真正的涅槃了。

其实我们天天进食，又何曾试过每一餐每一口都专心地吃呢？吃早餐的时候看报纸，吃午饭的时间变成一场工作会议，晚餐吃的是"电视汁捞饭"。我们有多久没试过好好地、一心一意地对待眼前的食物了？如果我们专心地吃，食物的味道会不会变得和平常不一样呢？我们常常为一些吃斋的人感到可惜，为一些饮食上有诸多禁忌的人扼腕。可是回头细想，我们平常囫囵吞枣地吃东西，甚至吃这一顿的同时就念着另一顿，难道这就是享受了人生、懂得饮食的乐趣了吗？

看来美食家起码可以分成两类：绝大多数都是心思敏捷，想象力丰富，吃一块肉的时候，会回味起从前远方某家菜馆的手艺是如何高明，或者惦念着明天的一顿盛宴；少数像甜品禅师这样的，则全神贯注于眼前所见、嘴中所尝。对这种人来讲，或许连一口白饭都是人间至味。

日本还有一位以烹调料理闻名的禅僧藤井宗哲，他曾经在新干线的一趟列车上遇见一位青年，这个年轻的上班族把公文包放在膝上当小桌，一边喝啤酒一边看杂志，顺便拿出便当来吃。

宗哲和尚注意到，这位青年"是以看杂志为主，顺便吃便当"。他的行为"不过是把'进食'当作机能性动作，也就是将食物放入口中，机械地咀嚼后，经过喉咙，最后储存在胃袋"。宗哲和尚好整以暇地看着这位上班族，发现"他的目光始终盯着杂志，根本感觉不到便当的存在。这类人的饮食生活，可称之为'机器人进食'"。

说来惭愧，我也是个进食机器人，常常一个人吃饭，吃的时候也是丢不开书本杂志，生怕浪费了吃饭的时间。再推想下去，平日的工作餐或饭局，岂不也是如此？为什么很多饭局明明叫了一桌子菜，走的时候剩下许多未尽的菜肴，偏偏回到家后还会觉得饿呢？那是因为在饭局里我们往往专注于说话而忘了食物。没错，食物常常不是饭局的主角。我很少听到有人说：喂，有家餐厅很不错，我们约某某一起去吃吧。绝大部分的情况是反过来，先是想好要约哪些人，然后才去找个饭馆成全大家的聚会。

无论是一个人吃饭的时候看书报电视，还是一堆人找个吃饭的地方开会谈生意，都是我们不想浪费时间的表现。真是讽刺，这是个美食发达的年代，几乎人人都是美食家，偏偏我们还会觉得吃饭是件浪费时间的事情。大概人们心中有个标准，觉得日常三餐仅是必要的营生手续，可以随便打发，任意填上其他活动；而美食，则是一种很特别、很不日常的东西，必须严阵以待。

不过，要是我们用对待美食的态度去对待再简单不过的食物，又会产生什么效果呢？

前几年，越南高僧一行禅师来香港访问。在他主持的禅修营里，他教大家用很慢很慢的速度吃饭，吃的时候不要交谈，全神贯注于眼前的菜肴，这就是所谓的"正念饮食"了。一行禅师曾以"橘子禅"说明正念饮食的方法：不要像平常那样一边剥橘子一边吃，而要专心地剥开橘子的皮，感受它刹那间射出的汁液，闻它散发于空气中的清香。然后取出一瓣橘肉，放进口中缓慢地嚼，全神贯注地体验门牙咬断它、白齿磨碎它、舌头搅动它等每一个动作，直到它几近液化，被吞咽下去为止。

如果你这么做，你会对一瓣最普通的橘子产生前所未有的全新感受。你还会发现自己用不着专程购买一枚昂贵的意大利血橘，因为你根本不曾知道什么叫作吃橘子。最美妙的是，这种修行还会引导你注意吃的过程，仿佛，你不曾吃过。

比一行禅师的橘子禅更夸张的，是美国佛学导师康菲尔德的葡萄干修行法，他教导学生们用10分钟去吃一颗葡萄干，很多人吃完之后竟然觉得太饱了！

我们不可能每一顿饭都这么吃，但至少可以每天花一点儿时间练习心无旁骛的正念饮食。你也不用觉得它是个宗教色彩很浓的仪式，你只需要把它当成认识美食的基本练习就行了。

村上春树与女收银员

□ 孙建勇

日本作家村上春树从朋友那里获赠了一张充值加油优惠卡，有一天中午12点，他来到朋友事先指定的那家加油站，准备往卡里充值5万日元。

村上春树把车停好，走进加油站柜台，发现充值柜台后坐着一个女收银员，便走过去问道："请问，现在可以给加油卡充值吗？"女收银员有些迟疑地说："充值吗？现在恐怕不行，我们11点半以后，一般不办理这个业务。"说着，她开始收拾桌上的杂物，准备离开。"哦，对不起，我不太了解你们的作息时间。拜托，麻烦你破例办理一下？"村上春树诚恳地说。

在他看来，一个人到加油站来充值，等于是绑定了一个顾客，加油站应该欣然配合才对。可是女收银员冷冷地说："我还没有吃饭呢！"此话一出，差点儿没把村上春树气晕。不过，村上春树虽然很生气，但没有发火，只是对女收银员说："姑娘，往后如果再遇到这种情况，你一定不要说'我还没有吃饭'，而应该说'先生，对不起，超过11点半，我们的电脑系统关闭，不能为您办理充值业务，请您改时再来'。记住，这后面的一句假话，远比你前面的那句真话，讨人喜欢。"说完，村上春树头也不回地离开了加油站。

五年以后，这个女收银员在日本服务业界颇为有名，她的名字叫岛袋佳奈。在一次业界举行的颁奖典礼上，岛袋佳奈发表获奖感言时说："感谢当年那个先生，是他教会我如何面对我们的顾客。"

不是任何真话都该被说出，也不是任何假话都不该被说出，关键是说话人能否懂得听话人的心，从而选择一种恰当的方式进行表达。

下班后的生活，改变了人一生

□ 李尚龙

几年前，我的同事小方就和我一样，活在这座城市里当英语老师。白天上课晚上备课，生活像上了发条，虽累，但重复着。我们都这样，重复了好几年。

可是，几年后，小方依旧在上课，每天十个小时，从早到晚，上的课一样，依旧重复着。而我成功转型成了导演、作家。

我不是炫耀，只是每次小方跟我见面时，我都会受不了她跟我有以下这段对话，她说："你运气真好啊，赶上了我们国家文化大爆发的时候，才能顺利转型。"

我说："小方，这世界上没有毫无理由的横空出世，我还是很努力的好不好。记得那段每天都在上课的日子，我每天几乎都是三点睡觉；最重要的是，直到今天，我家里都没有电视。"

每次下班，人确实很累，可是，同事打开电视，而我打开电脑；他们看节目，我码字；他们喝酒，我喝咖啡；他准备睡，我准备熬。我很感激那个时候的独处与平静的努力，很感激那时每天下班后都没有无休止地疯玩，而是用下班的自由时间磨炼出了另外的一技之长，才能在机会来了之后，牢牢把握住。否则，直到今天，我依旧只能上着循环的课，这样循环的生活不是不好，而是我不太喜欢。

我讨厌别人说你运气好。运气很重要，但机遇倾向于有准备的人，一个从来没准备的人，就算运气敲门，他也全然不知。

其实很多人都在忙碌地上班，朝九晚五地筋疲力尽，但毕竟下班后的时间是自己的，这些时间，只要学会积累合理支配，一定能够打造出一技之长，打造出专属于自己的兴趣，坚持下来就能打造出一个更好的自己。

我想起一个学生，大学期间，被迫选择了一个自己不喜欢的专业。可他却迷恋着摄影。

这样的人，在大学校园里很多。

他经常在微博里跟我留言，说自己想成为一个优秀的摄影师，可是已经晚了，自己被分配了这么一个专业。我很纳闷，问，哪里晚了，你还这么年轻。他把当摄影师这个梦想告诉身边的朋友，所有人都觉得他疯了，有些人最多也是呵呵笑一下，然后让他加油，再继续打着游戏。

这个世界总是这样，追梦的路上，总有些人不停地笑，直到你实现了梦想，这些讥笑才能变成苦笑，剩下的，就该你开怀地笑了。

后面的日子，他依旧和所有人一样，该上课上课，该考试考试，除了他时常带着单反，其余的，和别人没有异同。

几个月后的某一天，辅导员在会上宣布一件事情，我们班有人获得了国际摄影比赛一等奖，正是他。

毕业后，他通过自己的作品，考上了北京电影学院的摄影系。他同学说他是个天才，可他只是嗤之以鼻地说，他是天才，他们全家都是天才。

他说，我不过是用了别人睡觉、打游戏的空闲时间，专注于一件事情而已。

后来我才知道，每天他起得很早，去学校趁着露珠还在、晨光初现，按下第一次快门；晚上路灯下，看着灰蒙天空、皎洁月光，按下最后一次快门。

这短短的几个月，他按下了数十万次快门，记录了无数张照片。每天晚上在自习室，他打开修图软件修着图，图书馆里，除了他，只有那些考研的孩子们。

每个忽然转型的人，都有着许多平静努力却无人问津的时光。他用空闲的时间做了喜欢的事情，他不是天才，只是个努力的人。

的确，人总喜欢把自己不理解的跨界行为分析成天才，却不知道，每个人都能成为天才，只要肯合理地利用空闲时间。

一个人如何使用空闲时间，决定了他的高度。

所以，去提前准备，一边卧薪尝胆，一边做好随时换轨道的准备，一边磨炼出一技之长。

这些空闲时光，才能打造出一个更好的自己。

"第一网红"Papi酱：做自己喜欢的事是制胜法宝

□ 张临军

考入中戏，演多部话剧却没红

Papi酱本名姜逸磊，1987年2月17日出生在上海。她自幼酷爱音乐，中学里靠女子吹奏乐团的萨克斯绝技，中考加20分进入上海市三女中。该校前身是教会学校圣玛利亚女中，知名校友包括宋氏三姐妹、张爱玲、顾圣婴、沈殿霞等。读高三时Papi酱非常崇拜大导演李安，有次在家中说要考导演，不料妈妈却笑着骂她是"妄想狂"，说这种专业可不是一般人能进的！因为曾听人说，导演系里的人一般都出身世家，家中有一定环境积淀。

当时Papi酱真有点儿灰心，虽然学习成绩不错，但她相貌平平，况且亲朋好友里也没有一个能和影视圈扯上关系的。不过当考试真来临时，小丫头最终还是偷偷报名了。

考完初试时她认为自己完了，想写的东西都忘了写。又看到其他考生都信心十足地走出来，心里一片荒凉。复试榜没敢看，公布时是老师帮她去看的。虽说当时不在现场，但Papi酱的心仍怦怦乱跳。她当时带着耳机躲在墙角，不忍心听到噩耗传来。片刻后，手机突然闪动，"过了"两个字出现在屏幕上。瞬间她拿着手机的双手颤抖个不停。中戏文化考试通知书如约而至。看着这张粉色的纸，Papi酱的眼泪夺眶而出。"爸爸笑了，妈妈哭了，我乐了！"

2005年，Papi酱进入中央戏剧学院导演系读本科。依托中戏的强劲动力，女孩终于驶上了艺术的大道。有趣的是，她并没有局限在某点上，而是多方面拓展，在很多角色上都积累经验。

2006年，Papi酱担任某娱乐网站网络主持人。同年，她成为北京电影学院导演系毕业作业胶片短片的副导演和女主角。还导演了一家著名保健品新闻发布会舞台剧广告。2007年，她负责上海电视台体育频道《健康时尚》栏目前期编导及配音。2009年，Papi酱是上海话剧艺术中心话剧《马路天使》导演助理。但那时她并没有"火起来"。

自创恶搞视频，一不小心成就"谐星"之路

因Papi酱性格活泼开朗，她始终活跃在众多内容和社交传播平台上，这位中戏美女很早就是豆瓣用户，2012年就开通了微博。去年10月，Papi酱迎面撞上短视频的大爆发。随后，有专业导演和表演功底的她，开始以变声的方式大量发布原创短视频。她第一个爆发的作品是《男性生存法则第一弹：当你女朋友说没事儿的时候》，这一段深谙女生心理的视频，真实解构了女生在谈恋爱时让男生百思不得其解的作，可爱俏皮，迅速赢得了微博的主要使用者90后甚至00后的欢迎。

随后，Papi酱又开始编辑自己的视频素材，以变声形式发布原创的视频内容。她的语言混搭系列十分出彩，"上海话+英语"系列短视频中，她饰演一个在电话中劝闺蜜与男友分手的女性，连珠炮似的把上海话、英语流畅地融合在一起："侬到底有没有understand（明白）现在这个situation（情况）是什么样啊？"尤其Papi酱发布的东北话、台湾腔、夹杂日语的段子，模仿大妈的语气惟妙惟肖，短短几十秒、几分钟，却让人捧腹。明明可以靠脸吃饭，Papi酱偏偏走上"谐星"的道路，这种"反差萌"也是她制胜的一大法宝。

那她到底有多火呢？有数据表明：Papi酱44个短视频的总播放量超过2.9亿次；目前她的微博粉丝已经超过800万，微信公众号的文章阅读量分分钟过10万；她在爱奇艺上有700多万的订阅；2016年的每个视频点击量几乎都在300万以上。这个成绩，已经足以秒杀一众网络红人了！

王小波说："趣味是感觉这个世界美好的前提。"

一个人若是被外界评价为"有趣的"，那已是一个极高的评价了。

许多评价语汇都有短板。比如，你被人评价为"勤奋的"，此词虽为褒义，但它并非让人满意，难免会觉得对方带有挖苦意味。

你心想："我明明是个天才型选手，你竟然说我勤奋？"

再比如，你被人评价为"善良"，同样的褒义，却也同样让人不舒服。你会觉得对方将你误认为傻白甜，浸在池子里的白莲花。

经对方这么一说，你心想："既然说我善良，那我偏要邪恶给你看看。"

有的词，太硬，像"勇敢""坚强""正直"。有的词，太软，像"可爱""活泼""美丽"。

正因为这样，我才日益觉得，"有趣"是对一个人的最高评价。

男女间恋爱，女的要是找了个有趣的男人，日子，那叫过得一个有滋有味。在他面前，世界有100种解读方式。有趣的男人，逗你开心。挑起你的笑点，激起你对世界的热爱。

跟他们相处，像是喝着一碗永远鲜美可口的甲鱼汤，从来不觉得腻歪。

和无趣的男人相处，像嚼着一块硬邦邦的过期腊肉，自己牙齿嚼得生疼，又无法丢弃。他们的约会方式十分陈旧，弄来弄去就这么几个花头。

一开口便是老掉牙的"恋爱套路用语"，没有过多的经历，没有过多的热情，始终持有一种保守而僵硬的态度。跟他们相处，能一眼望到生活的尽头。

亲人、朋友、爱人，不论是哪一种身份，只要那个人是有趣的，你就能永远笑得像十八岁那样天真。你从他们身上看到了光亮，看到了生活并非是索然无味的。

像是梦见一场春雨降临，清爽、微凉、舒适。

那么，如何成为一个有趣的人呢？

如何成为一个有趣的人
□ 个人的体验

NO.1
永远保持内心纯真的部分，解放自我的身份

杨绛曾经写过不少关于钱锺书的趣事，其中最有名的当数"钱锺书帮着自家猫咪打架"。夫妇俩养过猫，有一次，自家猫咪半夜和别家的猫打起来了，钱锺书怕自家猫咪吃亏，拿着根长竹竿，跑到院子里帮着自家猫咪打架。

邻居林徽因家里的猫，经常被钱家的猫打得屁滚尿流。

还有一次，他趁着杨绛熟睡时，拿墨水在她脸上画花脸。

钱锺书和钟韩住在无锡留芳声巷，那所房子有凶宅之称。杨绛是最怕鬼的，钟韩也怕，钱锺书吓唬他："鬼来了！"钟韩吓得又叫又逃。这事儿让钱锺书乐了好一阵子。

每个人生下来都是会傻笑的婴孩，尤其是儿时的童心，不受任何事物束缚。也许你小时候还会对猫狗打架这种事感兴趣，甚至还会蹲下来观战，但长大了就不会了，因为这对你而言，没有任何利益可言。

成年人的思维方式就是趋"功利化"，同时也是"去纯真化"的，他们只考虑利弊，而自愿放弃生活的趣味。

从这方面来说，想要成为一个有趣的人，要手握童心，胸怀赤诚。

另一点，便是解放自我的身份，即不要固守身份标签，要勇于做"出格"的事。

钱锺书这样的大家，无须多说。他的身份标签有"中国现代作家""文学研究者""教授"……数不清的光环在他头上，可他却陶醉于小孩子式的乐趣。

"这不是像钱锺书那样的大家该做的事吧？"你也许会这样想。

就像我曾经看见一个年近五十的刑法学教授，在讲台上说黄段子。曾经看见一个其貌不扬穿着格子衫、阿迪王的程序员，在众目睽睽之下表演街舞。也看见过一个颇有名气的中国作家，在讲座上聊一些"二次元"的梗。

这都是一种身份冲突所造成的美感，趣味由此发生。

NO.2
不要用常规的眼光看待事物，保持好奇

说白了，这就是摆脱一种思维定式，跳出旧有格局。

随着时间的推移，我们对许多事物的感知会钝化，对万物习以为常。

周耀辉是香港非常有名的一个词人，不像林夕那么出名，但我个人对他较为偏爱。他出过一本小书，叫《7749》，里面有很多充满创意和趣味的小练习。看完这本书，你会发现此人是如此有趣。

比如有一篇《感官世界的地震与海啸》，他说身体的使用，应当是没有限制的。也就是说，人类对于眼耳口鼻手脚发肤过于习以为常，所以局限了它们的功能。

"你试过一丝不挂地游泳吗？""你试过用舌尖舔十遍自己的掌心吗？""你试过被三十个手指头按摩头颅吗？"这些都是在他书中提

出的，关于感官的想象。

在《何苦推开石头呢》一篇中，他鼓励你看一些你不常见到的地方，比如床下、柜顶、墙角。

你是否有试过在黑得伸手不见五指的房间内，和一群陌生人吃晚餐？什么都看不到，重新体会所吃所喝。在《在黑暗里》这篇文章里，他提到了这个做法。消除日常的感官体验，进入全新的世界，更新对生活的认知。

里面的创意训练多得数不过来，周耀辉在传递一种信息：生活，的确是有无限可能的。

不要用常规眼光看待事物，是变有趣的前提。

除了摆脱思维定式，你也可以摆脱语言定式。

几乎每一天，我们针对每一个生活中会遇到的人，都形成了一种固定的、僵化的语言思路。你遇到同事就会说一些老套的话，比如"早上好""饭吃了吗"。打趣的话也是相当枯燥而乏味，你看见同事穿一身黑色西装上班，会对他说："你今天穿得真精神！"而不会说："你今天穿得像个黑衣警探！"或者"你是不是跑错片场了？"

改变僵化的语言，就会产生趣味性，也是在间接改善人与人之间的关系。

NO.3
拥有广泛的知识面

有些人误解了有趣，认为有趣就是没事儿讲讲糗事百科上面的笑话，或者荤味十足的黄段子。

不是的，一个有趣的人，肚子里得有墨水，要有广泛的知识。

你一定有过这样的体会，听一个有趣的人讲话，他说得滔滔不绝，你听得津津有味，就是这样的感觉。

拥有知识，不代表拥有趣味。但是拥有知识，就等于杜绝了无聊。

无聊无聊，无话可聊。一盘烧鸭摆在桌子上，除了知道它好吃，你对它一无所知，什么都说不出来。只好乖乖跟从动物性的本能，把烧鸭吃得干净，最后红光满面地走人。

有趣的人往往善于把话题引向一边，然后把你带入他所理解的世界。《雅舍谈吃》的第一篇文章讲的便是烧鸭，梁实秋从严辰的词讲起，谈及烧鸭的产地、运输、做法、哪哪哪的烧鸭做得好吃、吃它又有何讲究……仅是一盘烧鸭，就能讲出这么多门道，跟这样的人在一起吃饭，哪里会无聊呢。

同类的书不少，像汪曾祺的《食事》《人间滋味》、焦桐的《暴食江湖》、M.F.K.费雪的《如何煮狼》、大仲马的《大仲马美食词典》，他们写美食都写得特别好，而不仅仅是"好吃"这两个字。

有趣，一定要有料，那得靠一定量的知识储备，才能随时讲出有料的东西来。

听他们说话，会有一种扑面而来的新鲜感。

《浮生六记》里的陈芸被林语堂称为"中国文学史上最可爱的女人"。看《浮生六记》里的《闺房记乐》，感觉沈复和陈芸这对小夫妻太有意思，生活里那些点滴的趣味，读来使人发笑。

陈芸和传统意义上的古代女子，最为不同的一点便是，她是个知识女青年。自小聪明，学说话时，听讲一遍《琵琶行》，便能背诵，而后能识字。

沈复是文学家。在那个年代，她是个与沈复旗鼓相当的女人。两个人聊文学，依旧有来有回，相当精彩。沈复爱陈芸爱得痴迷，因为她是个有趣可爱的女人。

这种有趣，来自知识、涵养，还有超出同时代女子的格局。

NO.4
成为一个性情中人，拥有自嘲自黑的心态

什么叫性情中人？随性而动，率性而为。

自己本来是什么样的，表现出来就是什么样的。有什么小缺陷，也不必掖着藏着，大大方方地说出来。趁

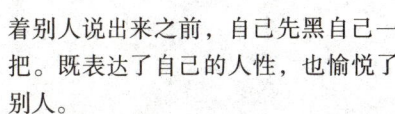

着别人说出来之前，自己先黑自己一把。既表达了自己的人性，也愉悦了别人。

性价比超高啊！

相反，刻意地表现出高大全的样子，恰好是最为惹人厌的。

自黑谁都比不过高晓松，微博上晒了一堆"对世界充满恶意"的自拍照。可这也没影响他的事业，反而吸来一堆脑残粉，评论栏里纷纷高呼男神，这就是自黑的力量。他自黑了之后，没招人讨厌，反而觉得：咦，这胖子原来还有这一面，他也蛮有趣的呀。

刘瑜也是个爱自黑的人，她写的随笔我喜欢放床头，没事儿睡觉前翻翻，有时候会笑得跟傻子一样。

因为这女人写得太真实了，全都是那些细腻的、真实的，甚至带有点小猥琐的心思。她黑自己虽然是个女博士，但看书也时常看后忘。黑自己的身材，说自己要胸没胸，要屁股没屁股。黑自己是大学宿舍楼里的居委会大妈，总之，黑自己黑得漂亮，也是门手艺。

你不妨在日后观察一下那些你认为"有趣"的人，他们说话时，从来是把说出的话当作标枪，投向自己。

在你和他交流的过程中，他不经意地黑自己一下，又黑自己一下……你不断地发现他的坦诚与缺陷，不断地靠近他，最后，好感自然而然地产生。

因为我们都是不完美的人类，我们喜欢和那些不完美的、真实的同类在一起。

青年励志馆 先有公主梦，再修女王心。

不当一生的灰姑娘

□ 吴淡如

古语总说：过犹不及。无论是对自己太狠，还是对自己太纵容，都不见好。我们都是普通人，不是圣人，不是超人，更不是什么侠。在为了生活，认真努力拼搏时，对自己温柔一点儿，对自己耐心一点儿又有何妨？要做自己的公主。

我记得青少年时期，我的脾气很暴躁，虽然不是外显性的。我常对自己生气，觉得自己怎么这么笨时，会打自己的头出气。

还不止如此，在我走路不小心跌倒时，我内心里第一个出现的OS（话外音）是："笨蛋，白痴，这样也会跌倒！"真是残忍苛刻不耐烦。

这世界上大概有两种极端的人，一种总纵容着自己，像百分之百慈母；另一种像晚娘。我属于后者。

从小自尊心很强，自我要求很高，或在原生家庭中遇到父母要求过高难以讨好时，自动养成了对付自己的"晚娘"性格。前者，慈母多败儿，把自己宠坏了没什么好处。

后者，拿鞭子逼使你前进，但也会把人生活成一个"苦"字。万一又眼高手低，我们很容易自暴自弃，暗自唾弃自己："你完蛋了，你死定了，你没有希望了！"

在内心里我其实听过这些声音很多回。内心藏着暴风雨的人，在处理很多人生困境时，不会理智到哪里去。

往往因为要挽回自尊，往往因为没有耐心，做错了选择，然后，花了很多时间和忏悔纠缠不休。

不耐烦乃蚀骨之毒，这是我中年之后才体会到的事。不只是对别人，对自己也是。《圣经》里说，"凡事包容，凡事相信，凡事盼望，凡事忍耐——爱是永不止息"，很美，对所爱的人应如此，对自己应该也是。太急，会看不到生活中微细的美好。耐烦，才能体会过程的美妙。

有人问当代一位智者："关于人性，你最觉得惊讶的是什么？"

智者说："人啊，为了钱，他牺牲健康；之后，为了修复健康，他又牺牲钱财；为了担心未来，他无法享受现在，活着时，忘了生命是短暂的，然后，死了，才发现他未曾好好地活着。"

为了好好地活着，我学会了对自己温柔一点儿。我不再骂自己了。比如，不小心在众人面前跌跤，在反射性地骂自己"傻"之后，我会对自己道歉，用温柔一点儿的话安慰自己一下："跌疼了吧？"因为做不好一件事而变得烦躁时，我心里也已有斯文亲切的声音，对自己说："慢慢来，你会懂的，会完成的，不要急。"说也奇妙，安慰自己挺有用的，急，确实是一层遮蔽眼睛的浓雾，当急躁冷却下来，许多事反而会平顺解决。

说也好笑，让我的情绪过不了关的，常常只是一些小事。我以前会嘲笑自己说："你有用没用啊，一件小事就卡关？"现在，我终于学会，让自己脆弱沮丧一下又何妨？

脆弱一下，不要老想扮演美国队长或无敌超人，我真的没有那么强。我需要有空间与时间，让我的脆弱好好歇息，就卡一下关，何必对自己不耐烦？我明白，任何心中有个晚娘的人，就算穿了金缕鞋也是一辈子的灰姑娘。

楼底与楼顶的风景，永远不同，谁也别羡慕谁。

深爱着生活,终将被生活所深爱

你的气质里,藏着你读过的书,走过的路和爱过的人。无论眼前的境遇怎样,不管理想还有多远,做一个忠于自己的生活家,微笑、平和地看待周边的纷纷扰扰。在书房中捧书阅读把岁月珍藏,在旅途行走。如果你经常读好书、沉思、欣赏艺术……拥有丰富的精神生活,你就一定会感觉到,生活是自己的。

青年励志馆 先有公主梦，再修女王心。

漂亮的女人惊艳世界，伟大的女人改变世界

□ 路人甲

生而为人，多数人都不是含着金钥匙出生在名门望族，也并非出身于三餐不饱的寒门之地。我们多是像她一样，生来就是平凡的普通人。

这个叫萨尔玛·贝娜妮的姑娘于1978年5月10日出生在北非国家摩洛哥。跟你我一样，她是一个再平凡不过的姑娘，但3岁那年母亲去世，让她比普通人更加可怜。年幼的姑娘离开她那当老师的父亲，跟随外婆长大。

人总要努力一些，珍惜生命中所有的机会，才能活出自己想要的样子。

在摩洛哥，女性的地位低得可怜，就连国家的第一夫人都不能在公众场合抛头露面。而又有谁知道，一个普通女孩能够成为这种婚姻制度的终结者。

好在萨尔玛·贝娜妮还可以上学，看来只有靠知识改变命运了。这个好好学习、天天向上的姑娘最终顺利考入了大学，选择了一个让人震惊的专业：计算机科学。这位理工妹的命运开始悄然改变。

教育，往往是改变一个人命运的强力因素，在中国是，在摩洛哥也是。

萨尔玛·贝娜妮拿到计算机科学学士学位后，凭借优异的成绩和教育背景，进入了摩洛哥最大的私营企业"北非投资集团"，做了一名信息系统工程师。

按说，一个跟外婆相依为命长大的理工妹，在毕业后到大企业里做白领已经是不错的结局了，但命运给这位姑娘的青睐还远没有结束。

话说萨尔玛·贝娜妮所在的企业，部分股权属于摩洛哥王室，1999年，工作勤勉出色的萨尔玛·贝娜妮，被推荐参加一个由王室成员和企业高管参加的私人聚会。

在聚会上，来自王室的王储穆罕默德被举止得体、气质不凡的萨尔玛·贝娜妮姑娘吸引了，只见她一头红发、笑容灿烂，像该国国花康乃馨一样，在聚会的人群中一枝独秀。

然而姑娘的婉拒，是令"官二代"穆罕默德始料不及的。

话说这位王储爱好阅读、游泳、赛艇，绝非游手好闲的纨绔子弟，但姑娘也不是见了"官二代"就低头的主儿。穆罕默德好好跟萨尔玛·贝娜妮谈了谈人生，姑娘沉默片刻后曰：若你许诺我一个条件，不用说谈人生，谈生人都可以。

穆罕默德虎躯一震：难道这是要开始跟本王谈彩礼了？

结果姑娘提出的条件让王储喜出望外，深觉自己追求对了人，就连提个条件都那么高大上：我忍一夫多妻制很久了，你若废了它，我便从了你。

王储有些犯难。理性告诉他：这么做会得罪很多男人；感性告诉他：这么做会取悦自己喜欢的姑娘和全国的姑娘。最终，感性战胜了理性。

1999年7月23日，穆罕默德登基，人称穆罕默德六世。

面对摩洛哥大好江山，想着巾帼不让须眉的萨尔玛·贝娜妮，看着这个国家束手束脚的女性同胞，新任国王毅然修改宪法，这个国家的一夫多妻制就此废止！不仅如此，妇女权益也得到前所未有的重视。

以前忍气吞声的女同胞们，如今一不高兴就闹游行了。

女人被激活了，男人很震惊！曾经天方夜谭般的男女平等，如今成了现实版的阿拉伯神话。多亏了这个姑娘，竟敢跟国王讲条件！

而那些习惯了一夫多妻的爷们儿，就这样被姑娘打败了。

但猛料还在后面：2002年3月21日，在摩洛哥首都拉巴特，萨尔玛·贝娜妮嫁给了穆罕默德，不，应该说是这个姑娘娶了穆罕默德，姑娘给国王的彩礼，就是这个国家史无前例的一夫一妻制。

谁说女子不如男？这姑娘顶起了阿拉伯半边天。在以往，摩洛哥王室的婚礼是从不公开的，因为国王不止有一个妻子，实在是没法跟外界交代。

但新国王不仅首次向国民公开秀恩爱，为进一步倡议一夫一妻制，还

在2002年7月12日从全国海选300对新婚夫妇，组织了一次为期三天的集体婚礼。

在这次轰动世界的婚礼上，前来随份子的有约旦王室、欧洲王室成员，还有美国前总统克林顿及其女儿。姑娘入住王室后被授予Lalla（拉拉）头衔，之后的身份就是尊贵的拉拉·萨尔玛了（在摩洛哥，Lalla相当于欧美国家对女性的尊称：Lady）。

我们知道，在很多外事活动中，国家元首都是要偕夫人出席的，但曾经的摩洛哥不是，因为人们都不知道谁是这个国家的第一夫人。但拉拉·萨尔玛之后，一切都变了，古典迷人的气质、修长的身材，让拉拉·萨尔玛成了这个国家的名片。

此前，阿拉伯国家的外事活动如同一部拖着白色长袍的冗长故事片，而有了摩洛哥王妃，就成了时尚片——传统与现代都轻松驾驭。

遇到花枝招展的其他国家的王妃，不管是最炫民族风，还是摩登女郎，拉拉·萨尔玛都是毫不谦虚地闪亮登场！

一开始还有人认为是姑娘高攀了王室，后来人们发现，迎娶这位平民王妃是摩洛哥王室捡了大便宜。

摩洛哥王室一改陈旧风气，整个国家也因为女性地位的空前提高而生机勃勃，在妻子的协助下，国王更是将国事处理得井井有条。

被国民寄予厚望的拉拉·萨尔玛深感责任之重，她花费大量时间推进该国的健康医疗事业，并在2005年成立了旨在防治癌症的拉拉·萨尔玛基金。

在其他贫穷的非洲国家，她像一个母亲一样，将瘦小的儿童抱在怀里……

摩洛哥王室发现，王妃出席国际活动比国王出面气场更强，很多活动就这样交给了拉拉·萨尔玛王妃。

漂亮的女人惊艳世界，伟大的女人改变世界。

儿女仍在成长，爱人陪在身边，

直布罗陀海峡的风依然吹着，还不到40岁的拉拉·萨尔玛，也在日复一日的忙碌中少了年轻容颜。

没关系，姑娘不必非要漂亮，此生美丽就够了。

学会放下

□ 林清玄

我打电话给妈妈，请她趁暑假，带孙子到台北来走走。

妈妈一面诉说台北的环境使她头昏，而且天气又是如此闷热，一出远门就不舒服。然后一面轻描淡写地对我说："而且，前几天闪到腰，刚刚你大哥才带我去针灸回来！"

"闪到腰？是不是又去搬粗重的东西？"我着急地问。

大概是听出我话里的焦虑，妈妈说："没什么要紧，可能是上次闪到腰的病母还在呀！"

"什么病母？"这是我首次听到的名词，一边问，一边想起一年前，母亲为了拉开铁门，由于铁门卡住，她太用力，腰就闪到了，数月以后才好。

"病母就是闪到腰以后，在脑子里时常会记住一个地方曾经闪过，然后就很容易在同一个地方闪到。"妈妈还告诉我，病母虽是无形的，但"看一个影，生一个子"，就会制造出有形的病痛来，总要很久才会连根拔除，到病母拔除的时候，就是"打断手骨颠倒勇"的时候。

在心理学上，有一种系数叫作"乐观系数"或"悲观系数"，这种系数的力量占实际现象的百分之二十。就是说，如果一个人有乐观的心，他比平常会多百分之二十的概率遇到开心的事；反之，如果一个人心情"郁卒"，也会比平常人多百分之二十的概率遇到痛苦的事。

要有欢喜心，一则不要太执着，对自己的习性要常放下，一个人如果老是放不下，那日子就会很难过。在人生的过程中，遇到不如意的事是正常的，但不要使那不如意成为我们生命中的"病根"，而应该成为我们生命中的"酵母"，增长我们的智慧，常养我们的悲心。

喝青蛙汁的穷游女孩

□孙建勇

每一次味蕾的挑战都伴随直击心灵的震撼，每一次未知的冒险都代表着人生又丰富了一些。住在南美洲玻利维亚和秘鲁两国交界处的的喀喀湖附近的一些部落居民，会把青蛙和秘鲁玛卡等材料混合在一起，榨成又苦又腥的绿色汁水。就是这么恐怖的一种奇葩饮品了，却被中国女孩邓深喝了。那时，她正在秘鲁攻读环境科学硕士学位，利用假期到的的喀喀湖旅游，深入居民家中做客，被当作贵宾招待，于是有幸品尝到这种"令她终生难忘"的青蛙汁。

岂止是青蛙汁，邓深尝过的恐怖食品还有很多很多，比如羊驼、豚鼠、鲨鱼肉、蚕蛹……其实，之前的邓深并不是一个像野外求生专家贝尔·格里尔斯那样，能够茹毛饮血的生猛"假小子"，而是地地道道的一个文弱乖乖女，从前别说生吃青蛙，就算手摸青蛙，她都会吓得哇哇大叫。

那么，是什么让邓深有了如此巨大的转变呢？答案是：穷游。

邓深从小非常温顺，学习成绩名列前茅。高中毕业后，她以优异成绩考入四川大学建筑学专业。在大学，她突然发现，从小学到高中她都在父母要求下，一切以升学考试为中心，整天埋头于繁重学业，就像被囚禁的鸟儿：拥有了金丝笼，却失去了整片天空。她想起了一位女同学，在12岁时就已经游历数国。相比之下自己简直弱爆了。于是，邓深决定展翅翱翔，去看一看外面的精彩世界。这一想法得到了父母的支持，当年暑假，邓深就只身去云南完成了一次快乐的旅行。

美丽的山水风光，迷人的物产人情，令从未出过远门的邓深无比沉醉。从此，她一发而不可收，大学四年把全国的省市走了个遍。

要是能够到国外走一走看一看该有多好！有一天，邓深有了新的渴望。机会出现在20岁那年，邓深有幸被派到德国学习。踏出国门，邓深无比兴奋，畅游世界的梦想触手可及。在接下来的岁月里，邓深不放过每一个假期，以德国为据点，先后游历了欧洲、中东；22岁起游历了非洲、南亚。24岁那年，她到秘鲁攻读环境科学硕士，又以秘鲁为大本营，游历了一个又一个拉美国家。从18岁到27岁，邓深先后游历了90多个国家和地区。如今，邓深仍然没有停止旅行的脚步，下一步，她计划环游亚非拉。

那么，并非富二代的邓深哪来资金保障完成一次又一次外出旅行呢？

说来更加令人钦佩。邓深周游列国的花费共计30多万元人民币，竟然全部是自己打工筹集的，没有向家里要过一分钱。每次出发前，她都会集中时间努力工作，攒足几千美元再启程，钱用光之前就继续打工存钱，从不透支。9年里，她做过餐厅服务员、导游、翻译，卖过秘鲁玛卡、写游记供稿……旅行中，她总是精打细算，完全是一种穷游，常常和女伴一起搭便车，做沙发客。

每一次的穷游绝不是漫无目的的"梦游"，更不是心血来潮的"囧游"，不是为了追赶时髦，也不是为了消磨时光，她是要让自己的生命在旅途中绽放出美丽的花朵。9年穷游，邓深收获丰硕：学会了14种外语，见识了各色各样的人，领略了千姿百态的风土人情，也品尝了奇奇怪怪的食物……她参与过死海和西亚湿地的保护工作；还曾作为海洋动物志愿者，照顾过受伤的小海狮。正如邓深自己所说："旅行给了我开阔的视野，让我变得独立、有主见，让我不断地找到本身的方向！"

脱下裙子，才知道她的美

□ 柯玉生

有时候，她抚着长腿，微笑地看着你，那时她身高一米七七。有时候，她在TED（环球会议名称）演讲台上风姿绰约，那时她身高一米八六……

她凭借这个"善变"的身高，在不同场合总能给人一个"满意"的表现。"随心所欲地创造，发掘全部潜质，把身上最美丽的东西展现出来！"这就是她的人生追求。

她是一个天生没有小腿腓骨的孩子，1岁多的时候，就做了膝盖以下全部截肢的手术。为了不让她的一生在轮椅上度过，将来能够像正常人一样生活，父母就尝试着给她换上了假肢。2岁的时候，学会了使用假肢独立行走。后来，她跟所有同龄的孩子一样，跑步爬树骑自行车带着球过人，疯得像个野孩子。

高中时，她是学校里的垒球运动员、滑雪小能手；大学时，参加了残疾人田径比赛，首次参赛就打破了国内纪录。当老师和同学们来向她表示祝贺的时候，她却不高兴地噘起了嘴巴："和坐在轮椅上的选手赛跑有什么意义呢！小时候，那些双腿健全的哥们儿也不曾跑赢我。和健全人比速度，才是我想要的结果。"

1996年，她20岁，参加了美国亚特兰大残奥会，她穿着仿猎豹后腿的碳纤维假肢，创下了两项世界纪录：女子100米跑和女子跳远。

这次，取得这样理想的成绩，她没了"异议"。因为参加比赛的来自世界各地的选手和她一样，用的都是假肢。她虽没有异议，但有些运动员"不服气"：她凭的是什么，是那双超一流最具弹性的仿猎豹后腿的碳纤维假肢！此时，她没有争辩，而是在思索着：用另一种方式，去赢取别人敬佩的目光！

喜欢运动，她只是向世人证明：我也能行！

至于拿不拿大奖，或世界冠军，对她来说，真的并不重要！重要的是，人生要活得精彩。她说："上帝既然给了我一双残缺的双腿，我就要通过我的努力给这双残腿注入新的活力。"

在乔治敦大学，她读的是外交事务，拿着系里最高的奖学金。节假日的时候，就在五角大楼实习当情报分析员，共249人的部门里，她是唯一一名女性。

外交事务，在这个不靠"腿值"的专业里，她一展风采。人们对她没有了"异议"，她也可以专心地做她的专业了。可她说："这地方没创新没个性，我想做点儿别的。"

"做点儿别的？"当人们还在猜测时，她却满不在乎地说："做靠腿吃饭的模特。从小到大，家里配备了整整一打的假肢，长的、短的，够我选择。我不能冷落了这些假肢，做模特正好能用上它们。"

假肢对她来说，甚至跟化妆品差不多，每一天出门之前，她都会挑选出最搭的一双。这些假肢赋予她超能力——速度、美丽和额外6英寸的增高效果，它们让她重新定义了身体的极限。

1999年亚历山大·麦昆（Alexander Mcqueen）时装秀上，当这个活得像美国梦的姑娘走上T台的时候，赢得了全场掌声。

走完秀回到后台，旁边的模特好奇地说："高跟鞋这么难穿，台步还走得这么好。"她掀起裙子，给她看那双手工雕刻的木质假腿。没有脸红，而是笑得花枝乱颤，她已习惯了身体上的残疾。在她的眼里，假肢不再是代替身体缺失的部分。

她叫艾米·穆林斯（Aimee Mullins），一个可以改变自己身高的大美女。就这样，她从一个用"残疾"来形容的人，变成了一个拥有无限潜能的人，甚至是有"超能力的人"。

这些年，她上了古怪的设计杂志《I-D》封面，事迹上了美国著名科技杂志《连线》，被《人物》评为全球最美的50人之一，甚至连时尚界那些眼高于顶的家伙们，都开始追捧她为新的缪斯。

艾米到底美在哪儿？为什么有那么多的时尚杂志大刊都使用艾米的照片做封面？为什么有那么多的高级私人定制都起用她为走秀模特？

粉丝们幽默地回答："只有等到她脱下裙子时，才知道她的美！"是啊！艾米的美就在于她的残腿，更在于她不把自己看作是一个残疾人，发掘身上的全部潜质，去实现人生的最美的那股勇气！

小时候觉得这个世界不公平，后来发现这个世界不公平是好事，它会让你更努力。

先有公主梦，再修女王心。

千万不要期望全世界的人都喜欢你

□张艾嘉

40岁生日的那天，我走进了眼镜店，很诚实地要求验光师替我验老花，原因来自当我捧起饭碗时，米粒失焦，必须要拿远才看得清楚。当眼镜配好戴上，在镜中看到的自己已经是一张严肃的面孔。不知曾几何时少女时代的神采已消失，圆面颊、圆眼睛开始下垂。有没有想过离开电影圈？有！但绝不是离开这份工作。大家形容这种态度为低调，其实对我来说，我只是真的没有时间和力气去应付电影圈的交际、假礼貌、真

义气……尤其在新闻媒体的大转变之下，更是令人分不出何谓尊严。此时我只能更严谨地把关，规律自己，审查自己。这个过程有时极为痛苦，自信心可以如股票指数般地起落。一时会一头冷汗，一身焦虑发出了热汗，一时又有强烈的行动去实现心中的念头。在跷跷板的两头来回上下，总是可以找到中间的平衡点，如果你愿意去找的话。一旦木板停顿下来，我发觉自己又跳上一端去摇动它。这个应该就是我！躲不掉的我！就算是我黑色瞳孔也已逐渐褪色，但我能够看得更深。好奇心越强，接受范围更无边。每一个阶段我都是这么告诉自己：此时此刻应该是最好的时刻吧！

从年轻开始就习惯无论走到哪里，皮包里总是会装着一本笔记本，以前是写下看到的想到的，现在是写下该做的，免得忘了。也因为如此，养成我另一个习惯就是到处买笔记本；大本小本，不同颜色、纸质、年份、图案。但随着琐事增多，写的次数反而减少，每一本都开个头，寥寥数句就不了了之，书架上越集越多这些没写完的小本子。今年终于下了决心不能让这状况泛滥下去，所以在2010年3月去印度宣明会探访之时，我在架子上抽了一本最旧的蓝皮笔记本随我上路；早就忘记曾拥有它多久。一直没扔是因为它是那种早期有洞、一张张可以夹起来的纸张，一些不太想留的相信早已扔了，却不见任何撕毁痕迹，所有留下的都必然是我想记得的文字。

在印度密集的四天探访的最后一天，我们一队人马在破旧的加尔各答的机场等着半夜飞往新加坡的飞机，我终于喝到四天以来第一杯真正的浓缩咖啡，然后翻开这本笔记本。

21年前的11月25日我写下："这是不寻常的一年，亲眼目睹世界上的大事件：东德和西德通行，拆墙，我由东柏林坐车进入西柏林，多少人摇着旗子欢迎着每一辆车子，有点惊奇见到我这个黑发黄肤的大姑娘兴奋地向他们招手。"（注：那时我还是大姑娘）感觉世界逐渐变小。哇！这真是一翻就是21年了，太神奇了！

想想这些日子经历的风风雨雨，也有风雨后得到的快乐满足，我少了份浪漫，添增了些世故，尚未到洒脱，却也开始懂得和自己平静相处。17年的宣明会义工身份带着我走向更宽阔的视野；从非洲的东部肯尼亚，到中非、西非、南非，回头到斯里兰卡、蒙古、韩国、越南、泰国、印度的清奈，再回到台湾本岛的中、南、东部山区。一次又一次的天灾救援后援工作，16年后回到埃塞俄比亚探访多年后的成果，一直到刚刚去过的加尔各答北部比哈省，那是印度最贫穷的省。再往南部开车一个钟头左右就到了穷中最穷的村庄Jamui（加木伊），在那里我资助了第八个儿童，男孩，七岁，他本来有七个兄弟姐妹，去年弟弟因为腹泻，家中贫困没有立即求医，等找到医生时又因药物不足，无法医治而死在回家的路上，那个孩子才一岁半。

在印度每一天就有5000个儿童活不过五岁，一年就有200万幼儿死于疟疾、腹泻、肺炎和营养不良。疟疾来自不卫生的居住环境，人与牲畜同住，动物粪便引起蚊蝇带来的病菌。腹泻来自饮取不干净的水；没有过滤的井水或是开放式的自挖井水，长期覆盖着尘土、风带来的各种细菌。幼儿没有强壮抵抗力，一旦中标又没有立刻就医，孩子泻到脱水，逐渐虚弱死亡。肺炎是因空气不干净，呼吸系统发炎，除了一家人和动物同挤在一狭小空间内产生问题，还有温差极大，夏天最热到52℃，我们在三月探访，早上11点之前达到42℃，高原地

慢慢让自己习惯接受别人的意见，并且思考，不带入自己的情绪和本能性的反驳，是成熟的标志。

区没有山，树木稀少，但一进入冬季，可以立刻降到5℃以下。因贫穷，并没有什么可以取暖的配备，燃烧牛粪是一方法，但也因此，在封闭的空间内，吸进去的都是粪便中的"精华"。营养不良是因粮食缺乏，这将是全世界面临的苦难，气候变暖，天灾越来越平常，干旱、洪水都令农作物遭殃，这种现象令食物价格高涨，粮食大量运往富裕的国家，贫穷国家就长期面临着缺粮。偏远地区被这个世界遗忘，地球转变太快，来不及追也追不上，贫穷令他们更贫穷，一张张认命的脸孔，不问为什么生下来，不知为何穷，不埋怨死亡，只有不停生孩子，至少保障家中有年轻人劳动下去。

当工作人员告诉我资助的孩子，我将会成为他遥远的家人时，他似懂非懂地看着我，想哭却又笑着的脸闪过了一丝希望的光彩，照暖了我和他的心。离开前，他快乐地抱着一本破旧的书本去上宣明会为他们开设的补习班，我远远望着他，想多看他一会儿，这一会儿可能是我们的永远，这一生我们只会见这一面，但一次就够了，一次我们就建立了两个人一生都不会忘记的关系。他转头看向我，我举起手向他挥别，七岁的他腼腆地低下头，但随即立刻抬起来冲我一笑，举起手大力地挥着。

最后一站我们来到了恒河，终于我站在石阶梯边，看着她静静流向孟加拉湾，一群群乌鸦围绕在河边，在脏乱的垃圾中寻找食物。到了傍晚，男女老少就带着食物往河里扔，有人拿着瓶子装入河水，可能拿回去治家中的病人，也可能将死去的家人洗涤。穿着艳丽的妇女一步步走入混浊的水中，慢慢将整个人浸入河水，鲜艳的纱裙漂浮在水面上，像一朵朵彩色的花朵。空气中充满了腐臭味。

但印度人深深地敬爱着恒河。我想了很久，想着她的起源是由喜马拉雅山的冰河融化，一滴一滴清澈地往下流，经过漫长的路途，分支再流向不同的地方，经过风吹雨打又结合了其他河流，变得更庞大地流向印度不同的城市。人们靠她生活，不断地向她取用，生老病死的洗礼，一切都是一个过程，当她已是如此污浊地进入大城市时，人们感激她的宽厚和她的包容，这时，她已经不再单单只是一条河，她就是人生，一个丰富美丽的人生。她早已不再问那么多为什么，只是无怨无悔地接受一切，没有怀疑或恐惧，就这么静静往前流，流入大海，进入汪洋，所有的恩怨情仇就这么洗净了。

在疗伤的过程当中我学会了独处，独立思考。我窝躲在那巨蟹座的硬壳里重建自信。我拒绝自恋，虽然我认为那是许多演员必有的特质，但我觉得那只是一种自我催眠的方式。那种自我膨胀的感觉是很飘飘然的，会让你不想走出来，或是会害怕走出去。天啊！我才不要一辈子躲在这蟹壳里呢！

千万不要期望全世界的人都喜欢你。

千万不要相信自己可以成为一个最完美的人。

当我接受了自己的缺点时，反而更轻松更坦然地去做我有能力做好的事。一直缺乏的专一竟然在此时悄悄地出现了。电影工作教育着我、锻炼着我，任何的褒贬都不做停留。

人生不该在小节上浪费工夫

□ 蔡澜

愈来愈不懂得客气是怎么一回事儿。

为了礼貌，有时向人说："有空去饮茶。"这一说不得了了，天天闲着，却又没时间，有空时想想："值不值得去？"最后，还是勉强去应酬。所以，"有空去饮茶"这句话，如果没有心的话，说来干什么？自己找辛苦。吃完饭大家抢着付账，要付就让人家去付好了，已经学会接受这种方式。最糟糕的是，想请客，先把信用卡交上柜台，但对方坚持要付，把你的卡退回给你。应付这种情形，唯有让他们去结账，再买一份重礼他日送上。

一切顺其自然好了，人生不应该在这种小节上浪费工夫。

一个圆桌，主人家叫你坐在什么地方，乖乖地听。

"不，我怎么可以坐主位？"这种废话，说了无益。对方要是不尊敬你，想坐在一角都难。但是没等主人说话，自己就大大咧咧地坐在主位，也是禁忌。

尽量别做自己不想做的事，就算得罪对方也值得。如果他们是那么小气，不做朋友也罢了。

中国人有很多礼貌上的迂腐之处，但也并非人人如此。诗中有句"我醉欲眠卿且去"，实在可圈可点，这是最高的人生境界。

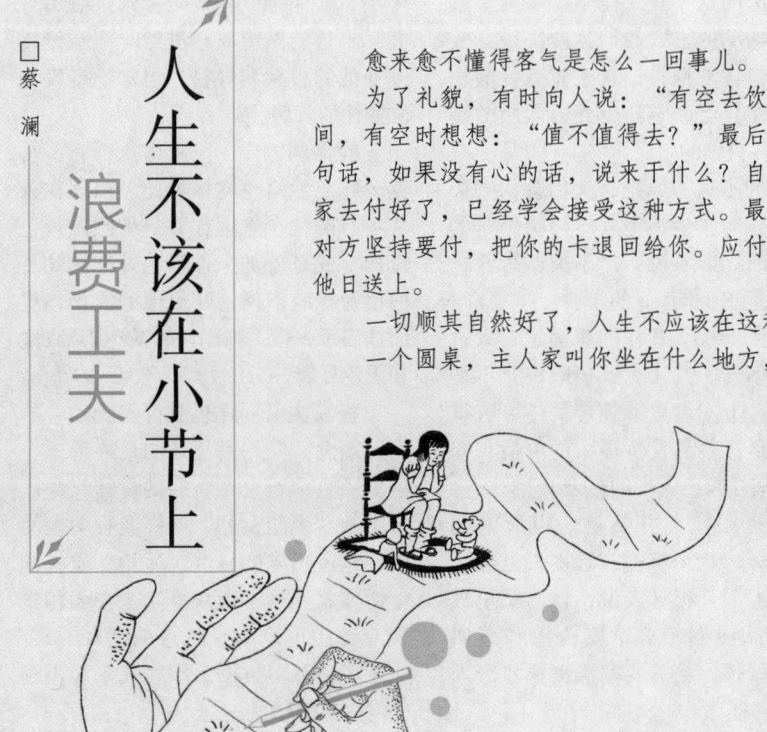

极限民：生活的主角不是物品

□马 峥

一床、一桌、一椅、窗户一尘不染，各种物品井井有条地都在各自应该的位置上，不多不少，刚好够用。这就是麻衣的家。

近日，一部热播日剧《我的家里空无一物》讲述的就是日本主妇麻衣的极简生活，她总是把各种物品缩减控制在最低需要程度，暂时无用的物品就果断扔掉。电视剧里的情节虽有些夸张，但这种"极简"的生活方式正步入日本的寻常百姓家。

麻衣就是日本时下流行的"极限民"中的一员，英文称之为Minimalist。"极限民"们有自己的生活之道，即舍弃一切可有可无的东西，只保留极小限的生活物品。他们的生活理念是"最小限的物品，最大限的幸福"。

有人称麻衣为收纳"狂魔"，她不喜欢家里有任何多余没用的东西，并会根据物品的价值，判断是否要扔。比如地垫，扔掉的理由是容易脏且不好清洗，漱口杯扔掉的理由是可以用手捧水，浴巾扔掉的理由是可以用两条毛巾代替等。总之，不是必要的东西最后统统被扔掉，她甚至在有了结婚戒指后，把丈夫送的订婚戒指也扔掉了。在麻衣的眼中，与其让物品尝孤独，不如丢弃掉，让更适合它的人得到。而一旦和某个物品保持距离，就到了该结束的时候。

"极限民"就是抱着这种极简的生活态度处理自己的日常，在他们的生活中，主角永远是自己而不是物品，考虑的是"我"需不需要它。这种对待物品的方式看似冰冷决绝，实际上则饱含浓情，让真正充满爱的物品包围住自己，不让废弃、无用的物品来消耗自己的生命。

掌握了这一原则，人们会从"买买买"的加法生活走入"扔扔扔"的减法生活。麻衣说："不买新东西，所以就会更珍惜现有的东西。"

有人会说，这样的生活是否太过穷酸、小气。其实，"极限民"不是让自己过上"勒紧裤腰带"的穷苦日子，而是让物品发挥最大的价值，卸下无端消耗自己人生的包袱。

"极限民"并不是一蹴而就的生活理念，几十年前，日本人也经历过"爆买"，很多人说，自己家里被各种物品包围才有"安全感和踏实感"，就像冰箱总要塞满食物才令人最安心一样。

经过几次经济危机和自然灾害，日本很多人开始反思自己的生活。一位名叫近藤麻理惠的姑娘提出了"房间整理术"，它如同美术、音乐、瑜伽等成为人们的一项才艺，甚至成为生活中不可或缺的一部分。但是问题来了，再整洁的房间如果不经常"排毒"，去除无用的物品，房间也会变得越来越"臃肿"，显得杂乱无章。

其后，佐佐木典士提出了"极小限主义"生活观念，有人称之为"断舍离"的终极版。他认为"少，就是幸福"——身边物品愈少，人生愈幸福，因为我们再也不需要物品填满我们的人生。

如果你认为"极限民"只存在于普通百姓之中就大错特错了，许多商业精英、成功人士同样推崇极简生活。

苹果公司的创始人史蒂夫·乔布斯就是一位奉行"极小限主义"的"极限民"。以服装为例，他在二十多年一直保持一套搭配：永远的牛仔裤，永远的黑上衣。虽然时间在慢慢改变他的容颜和身材，但却丝毫没有改变他的着装。

脸谱网的CEO（首席执行官）马克·扎克伯格也同样如此。出现在公共场合的他，永远穿着一件圆领灰色短袖，或是外加一件黑色外套。扎克伯格曾在脸谱网上晒出他的衣柜，里面挂满了一模一样的圆领灰色短袖T恤和黑色外套。

极简主义同样也是许多大品牌的设计理念。简约是复杂的最终形式，苹果一直奉行着乔布斯的设计哲学。日本的"无印良品"同样践行着极简风，它所倡导的自然、简约、质朴的生活方式受到了大众推崇。在无印良品专卖店里，除了红色的"MUJI"（无印良品）方框，顾客几乎看不到任何鲜艳的颜色。

化繁就简，抛弃对物品的执念，也许我们会活得更加轻松、自在。

最坏的结局，不过是大器晚成

□ 王宇昆

我第一次看见夏姐喝醉，大概是在记录了去年最后一声蝉鸣的半夜。子夜一点的厦门安安静静，这一夜之后的下午两点，这个听了好几年BBC广播的女人，终于要飞去英国了。

2015年，我进入实习公司的第二周，夏姐调到我们部门，工位就在我前面。以爱好加班著称的她，每天穿着黑色制服工装，吃自己带的沙县小吃便当，做PPT从不下载现成的模板，对工资精确到分，在这家小公司已经工作快四年了。

严格贯彻"工作与生活井水不犯河水"这项原则的我，在雅思英语班里看到别着枚Hello Kitty发卡的夏姐，还是没忍住上前去打了个招呼。

后来才知道，她大学毕业那年就想出国读书，但因为没钱，英语也不好，所以只能搁置这个梦想，进入职场。

考试报名费很贵，一次考试就要花去她小半个月的工资；去英国留学的费用也很贵，她每个月必须从工资里匀出一大块攒学费。但每次看到她连吃个沙县小吃都斤斤计较说"又涨价了"的时候，总感觉她身后是有光芒的。

"为什么一定要出国呢？"我问她。

"大四毕业那年，学院里有出国读研究生的名额，那时候我就算成绩排在第一名，又有什么用呢？我连最基本的在国外生活的费用都付不起。后来那个唯一的名额，就给了第二名。毕业之后，看到那个女生在空间里发的照片，我真的很羡慕啊！所以就想着，无论如何一定要靠自己的努力，去把这个遗憾补上。"

她的手机发出振动声，是日程

提醒——到背单词的时间了。

"你想啊，人生接下来半辈子的时间都要用来工作，如果现在不出去看看，去经历一把，将来，或许就真的没有机会了。他们有的人说出国就是为了镀金，在我看来，或许这是我在同跌落俗套的命运做最后的抗争。

"你会学着一个人应对自己的命运，学着在完全陌生的世界里发现许多种可能。我们几乎每一个人都要找到一个栖身之所、一份养活自己的工作。但在这之前，我更想问清楚自己到底想要什么。"

这些年来，她一笔一笔攒出了留学英国的学费，跌跌跄跄边工作边学英语，也把雅思过了。去年她终于收到了剑桥大学的offer。与其说她是弥补遗憾，不如说是寻找一种可能。

或许夏姐的光芒恰恰就源自这样一份对于人生笃定的信念吧。夏姐喜欢说"凡是钱能解决的事，都是小事"。你可能没有钱，但你拥有时间；你可以不出类拔萃，但你必须努力。后来想想，的确是这样。有时候生活中的一些事情，我们之所以觉得遗憾，不是因为错过的事情本身，而是因为错过了由之而来的更多可能性。

复旦女神严幼韵：每天都是好日子

□ 津田

她是第一个将别克轿车开进复旦大学校园的复旦校花,她是上海滩有名的"84号小姐",她的夫君是年轻有为的外交官,她后来的再嫁爱人是"民国第一外交家"顾维钧,她出身于富贵之家,家境优渥,她历经战乱流离坎坷,她晚年时开始习惯了平安喜乐。她就是严幼韵。不久前,在美国纽约公园大道附近的家中,已经109岁的顾严幼韵提起笔来,为自己的口述史作序。她一笔一画地写下:"每天都是好日子。"

开车上学的复旦女神

严幼韵,出生在一个富贵家庭,祖父严信厚是中国"实业之父"盛宣怀支持下的中国第一家银行中国东商银行的首任董事长。严幼韵是复旦大学第一届女生,也是第一个将小轿车开进大学的复旦校花。

复旦大学当时的舍监是一个美国人,每个学生的一举一动都在她的监控之下:晚上禁止外出,任何时候都不能有男性来访,每个月只允许回家一次。出身名门的严幼韵显然是得到了特殊照顾。她被允许保留家中女仆和汽车,随汽车一起"标配"的还有一名私人司机和一个坐在副驾驶座上负责跑腿的"副驾驶员"。1980年,当严幼韵的小女儿杨雪兰出现在上海一处老街弄堂里时,一个素不相识的老先生问她:"你就是'84号小姐'的女儿?"

"84号小姐"是当年大学男生对严幼韵的"昵称"——因为不知道她的名字,他们就以她的汽车牌照号"84号"称呼她。一些男生还故意将英语eighty-four(84)念成上海话"爱的花"。这位老先生看着杨雪兰两眼放光,拼命扇着扇子,激动地说:"你母亲当年是上海大学生的偶像。我们天天站在沪江大学门口,只为了看'84号'一眼。看到的话,会兴奋一天。"

少女时代的优渥生活造就了严幼韵不一般的气质和追求。南京西路的大豪宅住着严家一家四代80口人,而严幼韵上大学后并没有住在学校里,也没有长住在和朋友合租的公寓里,而是留在她的豪宅里,每到周末看电影、喝茶、游泳、骑自行车,每天上课穿的衣服从来都不带重样的。这样的环境熏陶,让严幼韵给自己定出了不一般的择偶标准:"未来的丈夫不仅要让我爱慕,还要获得我的尊敬。"若是能嫁给自己心爱的人,自己出去养家都可以。

从这个角度来看,严幼韵和杨光泩的结合就颇有一些浪漫和传奇的色彩了。杨光泩,16岁考入清华学堂,后在普林斯顿大学获得国际公法哲学博士学位。那时的杨光泩被公认为前途无量的青年才俊。而两人也正是在跳舞中结缘。1929年9月26日,严幼韵与时任清华大学教授、外交部顾问的杨光泩在上海大华饭店举行了婚礼,并开始了周游列国的外交官家庭生涯。

"不要想过去的事情"

然而抗战爆发,打破了这种平静。由于沿海地区沦陷,中国战前占90%以上的财政税源丧失。1938年11月,杨光泩在时任财政部长孔祥熙的建议下,出任中国驻马尼拉总领事,在富商云集的10万多华侨商人中筹集资金,严幼韵则成为菲律宾中国妇女慰劳自卫抗战将士会名誉主席。此前,菲律宾妇慰会曾给八路军汇币1万元国币,朱德、彭德怀致电感谢。

1941年12月8日,珍珠港事件爆发后,日军开始轰炸马尼拉,当时中国委托美国印刷的一批钞票也滞留在了菲律宾。为了不让这笔钱落入日本人手中,杨光泩下令销毁这一船钞票。杨光泩的邻居麦克阿瑟曾邀请杨光泩一起撤离,但是杨光泩婉言谢绝:"身为外交官员,应负保侨重责,未奉国内命令,绝不擅离职守!"

1942年1月2日,日本占领马尼拉;两天后,日本不顾《日内瓦公约》,逮捕了杨光泩和其他7名住在宾馆里的中国外交官。此时,过惯了富贵生活的严幼韵带着三个女儿,独自面对变故。其他七名外交官的妻儿亲

自由是枷锁中最粗的一条

□ 吴淡如

忙碌的人，对忙碌的感觉总是爱恨交加。一边怨着自己太忙，但真要他们闲下来，他们又会找很多理由让自己不要闲下来。比如："唉，习惯了！"可一旦真的闲了下来，他们反倒浑身不自在，又开始问自己："现在该做什么才好？"

我一直在思考一个问题：企图让自己保持忙碌的人，是不是因为害怕孤独，才让自己忙得没有任何空当？可害怕孤独，就意味着害怕面对自己，害怕真正的自由。我有这样的问题吗？是的，我有！

有一天，我忽然想放自己一天假，不写稿、不看书，可巨大的孤独感竟然海潮般向我袭来，我手足无措，觉得自己像一叶没有锚的孤舟。我开始问自己，我一个人时选择读书、写作，是在享受自由，还是变相地借读书、写作来让自己忙碌呢？这时的惶恐使我体会到，原来一直以来我是借着读书和写作让自己回避孤独，拒绝面对自己。不然我为什么会感到不安呢？

"什么都不做"却又保持清醒而宁静，原来是最困难的。因为害怕自由，所以我们沉浸在自己并不喜欢的习惯里，被自己憎恶的关系肆意捆绑。

纪伯伦说，自由是人类枷锁中最粗的一条。很多人过完一辈子，一生中真正自由的时间，却少得可怜。我试着在行程表里清出一些空当，让自己有时间体会无所事事的乐趣——我也不想一直与自由为敌，抗拒它的亲善访问！

属也都到她家来避难。

而他们不知道的是，日本宪兵司令太田清一要求杨光泩交出华侨领袖名单和大笔捐款，杨光泩毫不屈服，严守秘密。直到两个月后，太田才知道钞票船已经销毁，捐款也已汇往中国。他又要求杨光泩归顺汪伪政府，并制订一个在3个月内筹集资金的计划。杨光泩明确表示：决不当汉奸！

1942年4月27日，恼羞成怒的日军将杨光泩等8名中国外交官枪杀于菲律宾古代王城的圣地亚哥城堡。当时行刑之时，日军的子弹没有打中杨光泩的要害，杨光泩用右手指着心脏部位，说："往这里打！"慷慨就义，时年43岁。日军将8名英勇就义的中国外交官草草掩埋在华侨公墓。墓地看守人吴天赐偷偷在埋葬的地点做了记号。

战后，杀害杨光泩的凶手、"马尼拉恶棍"太田清一在战犯营里一度悠然自得。1946年，太田等人经盟军军事法庭审判后被处死。公然违反国际公法，杀害外交官，还只是日军暴行的一部分。从1942年日军占领菲律宾起，直到1945年，日军一直有计划地屠杀平民。1945年2月，日本进行了骇人听闻的"马尼拉大屠杀"。

英国桑德赫斯特皇家军事学院战争系主任约翰·平洛特在《马尼拉之战》一书中记载，日军指挥官太田清一曾下令，杀死菲律宾人时，尽可能集中在一个地方，采用节省弹药和人力的方式进行，换言之，最终这些平民都是死在日本刀和火刑之下。菲律宾的马尼拉大屠杀、中国南京大屠杀、新加坡的肃清大屠杀被并列为日军二战屠杀平民的三大惨案。

1947年，杨光泩的遗骸回归祖国，埋葬在菊花台九烈士墓。而在这两年前，也就是1945年，杨光泩的遗孀严幼韵带着三个女儿来到了纽约，之后立即送三个孩子就读全美最贵的私立高中之一比尔克马腾学校，并开始找工作。有个美国朋友推荐她去美国国际保险公司工作，但她没有接受，"感觉会涉及销售，我是个买家，不是卖家。"又有一个在联合国工作的朋友带给她一份"礼宾官"的空缺岗位说明，她决心试试。礼宾司司长让·德努在听她讲述了自己的外交官妻子经历后，立即问她："你可以周一来上班吗？"自此，这个"从不早起"的大小姐每天早起，从不迟到。

严幼韵后来嫁给了比自己大20岁的著名外交官顾维钧，并一直陪伴在他左右，直到其98岁终老。

如今111岁的严幼韵快乐地在纽约生活，对于她长寿的秘诀，女儿杨雪兰介绍说："母亲总是说不要讲过去的事情，过去的事情你不能改变，不要多想过去的问题，你要走到前面去。每周都跟人打麻将，对于她来讲，每一天都是好的一天。"

当经历了一个世纪的风云，把快乐地活着作为始终如一的目标，并由此度过了111个春天的时候，严幼韵的人生让人不由得惊叹生命的顽强。

带67本书去隐居

□ 翁家研

像许多年轻人一样，法国作家西尔万·泰松也有自己"一生中必须做的10件事"清单，比如，40岁之前去森林深处隐居半年。

38岁那年，他在清单上"40岁之前去森林深处隐居半年"的计划旁，画上了钩。

选择隐居的理由

隐居在西伯利亚森林，是许多因素的合力作用。

31岁时，泰松在贝加尔湖畔暂住。雪松树林深处，零星分布着一些小木屋，居住其中的隐者与世隔绝却异常快乐。

他没向任何人解释他隐居的理由，非要解释一两句时，他就回答："因为有些书我还没来得及读。"他随身带了67本书、足量的伏特加以及许多种类的雪茄。他还去超市买了可吃6个月的意大利面和辣椒酱。整理行李时，他在日记中感叹："可笑的是，决定到木屋生活时，我想象自己在蓝天下抽着雪茄，迷失在沉思中，最后却发现自己在后勤记录簿上的食品清单前打着钩。生活，就是柴米油盐。"

北纬54°26′，东经108°32′，寒风塞满了天空与冰面之间的所有缝隙，举目皆是惨白的冰雪，仿佛裹尸布的颜色。用GPS（全球定位系统）定位到泰松将要居住的小木屋——雪松北岬。这个名字听上去像养老院的小屋，它位于狭长的贝加尔湖北部，背靠2000米高的山峰，在20世纪80年代是地质学家的简易住所。如果想要找个同伴一起喝一杯、下一盘棋，得往南走一天，或者往北走5个小时。

泰松花了两天时间改造这间小屋。小屋的面积只有9平方米，放下火炉、书桌、木床后，就再也塞不进更多东西。泰松扯下覆盖墙面的油毡、漆布、聚酯纤维防雨布和塑料纸，撬掉镶板，直到原木墙壁显露出如凡·高的油画《阿尔勒的房间》那样的色调。泰松在床架上方钉了一块松木板，整齐地码上他从巴黎带来的67本书。朋友建议泰松带上红衣主教莱兹的《回忆录》和毛杭的《富凯》，泰松却觉得旅行时不能带与目的地有关的书，他说："在威尼斯可以读莱蒙托夫，但到了贝加尔湖则应读拜伦。"

隐居数月后，泰松看上去像海明威和鲁滨孙的混合体。在一张照片中，他穿着蓝白相间的海魂衫，须发浓密，正划亮火柴点一根手指粗的雪茄。窗前的酒精灯摇晃着暗淡的光束，一排空酒瓶齐齐码开。

泰松在日记中写道："生平第一次，我将一口气读完一本小说。我将终于知道，我是否拥有内心生活。"

一个孤独漫步者的困顿

最初的满足感过去后，泰松受到了无聊的折磨。

午夜在湖边散步，他再也找不到7年前第一次抵达湖岸看着深灰色的冰面时，那种骤然惊觉灵魂满溢幸福的感觉。木屋热气氤氲的安逸，让他的感知有些迟钝。15天里，他像熟悉巴黎街区的酒馆一样，熟悉了林中的每一棵枞树，这让他感到焦躁不安。他不停地说服自己，隐居生活是有意义的，那段时间里，他在日记中这样写道："对一个地方感到熟悉，这是死亡的开端。"

他重新整理了书箱，在晦涩艰深的哲学读物里插入了肉感的劳伦斯、冷冽的三岛由纪夫、神秘的丹尼尔·笛福，还有专为刺激情绪的萨德和卡萨诺瓦。人们常常对自己的隐居状态抱有极大的期待，以为精神能够时刻处于一种如海绵吸水般的状态，然而，泰松的经验却是："如果在飘雪的午后只有黑格尔的书相伴的话，时间将会极其漫长。"正像卡波特指出的那样，换一种牌子的香烟也好，搬到另一个街区住也好，陷入爱河又脱身出来也好，我们总以或深沉或肤浅的方式，对抗生活中无法消解的乏味成分。可是镜子总是跟人作对，不管我们如何冒险，镜子只是从不同角度反映着同一张得不到满足的脸。

泰松有时走一天的雪路拜访邻居，或者自己跟自己下象棋。夜晚蔓延得太快，还来不及看几行字，就什么都看不见了。他打开一瓶标有"西伯利亚规格"的3升装啤酒，多年来他一直梦想着这种生活，他说："现如今我品尝着它，感觉却像在完成一项普通的任务。我们的梦想实现了，却只是在不可避免的宿命中爆裂的肥皂泡而已。"

书籍拯救了他

隐居生活第5个半月，泰松在卫星电话上收到了恋人发来的分手通知。在当天的日记中，他用简短的几行字记录了这个变故："我所爱的女人通知我分手。我因我的逃避、我的退缩和这座小木屋犯下了罪孽。一旦停止阅读，这些想法便在我的脑中尖叫。"

但生活仍在继续，泰松像往常一样劈柴、喂狗、钓鱼、读书。在隐居的最后一个月里，他读《道德经》和中国古诗，在日记中写下对于他而言相当生僻的东方字符，望着被积雪覆盖的银白色树木，想象声喧乱石、风吹竹林，体味着"无为"的意味。

好在书籍拯救了他。在隐居的最后半个月里，泰松觉得自己开始变得无欲无求，获得了内心的平静："神秘的是，在获得最大限度自由的那一刻，我也被剥夺了一切欲望。我感到湖泊的景色在心中展开。我唤醒了身体里那个古老的中国人。"

在日记的最后，泰松承认隐居在西伯利亚森林只是一种难以言明的情怀所系："我们都是流浪的灵魂，用尽一切方法，企图重温生命中的那些感动的时刻。"

也许，较之把自由本身搞到手，把自由的象征搞到手更为幸福。

八年学会一堂课

□ 杨梅

台湾艺人倪子钧曾是命运的宠儿。当别人绞尽脑汁想扎进演艺圈，圆明星梦时，他却在高中因一次无心插柳的歌唱比赛，被吴宗宪发现而成为艺人。之后，他与吴宗宪、小钟、刘畊宏组成"咻比嘟哗"歌唱组合，刚一出道，就凭着周杰伦作词的一首《世界末日》火遍中国台湾。

一天，老板吴宗宪对他们说："我对你们每个人的未来，都有一些安排。小马，你唱歌有天分，以后呢，宪哥帮你发个人专辑。""哇，个人专辑。"吴宗宪的话让倪子钧如坐云端，飘飘欲仙。从那时起，他觉得自己在团体的分量真是举足轻重、无可替代。久而久之，他开始瞧不起其他几位团员。

有一次在录音室，他和小钟因为音乐见解上的分歧起了一些争执。愤怒的他失去理智，说了一句让自己后悔终生的话："哎，我说你真傻啊！你说你是音乐人，你弄的什么烂音乐。"小钟听完，一言不发地走了。他永远忘不了小钟离去时那漠然而哀怨的眼神。

唱片业越来越不景气，唱片公司决定再帮他们发行最后一张专辑，但每个人会有一首单曲，放在专辑里面。"太好了，终于有机会让别人听到我独唱。"倪子钧似乎看到了聚光灯下那个风光无限、被鲜花和掌声簇拥的自己。这时，师弟周杰伦拿一首歌给他："马哥，这是我专门为你写的歌。"当时周杰伦还只是个没出道的艺人，但是以他帮"咻比嘟哗"写《世界末日》时的不俗成绩，倪子钧应该照单全收，欣然接受。自以为是的他没有，他对周杰伦说："杰伦，歌我可以自己写。这首歌，你就留着自己唱吧。加油哦！"

索福克勒斯说："傲慢者的狂言妄语会招惹严重的惩罚。"诚哉斯言！倪子钧连做梦都没想到，就是当年被他不屑一顾的《黑色幽默》，后来竟成为周杰伦的成名曲。

后来，团体的最后一张专辑，也没有取得好成绩，唱片公司决定不再帮他们发行了，连他的个人专辑梦想，也随之化为泡影。他为自己愤愤不平，一气之下离开了吴宗宪的唱片公司。

他原以为凭借前期积攒的人气和实力，自己的星途会从此一帆风顺。可退去了歌手的光环，他工作的邀约越来越少。为了生计，他不得不去签一些校园演唱会主持人的工作。整整一年多，他几乎消失在荧幕前。面对被冷落和遗忘，他突然慌了。"为什么没有人关心我？难道是自己做人太失败了？"他想起了小钟，很后悔昔日对小钟的毒舌挪揄。于是，他拨通了小钟的电话向他道歉，可没想到，电话那头冷冷地回了他一句"小马，不用了，冰冻三尺非一日之寒，你不要再打给我了"。这句话，让他的心仿佛坠入冰窖，寒气逼得他心口生疼。他蓦然惊觉："天哪，正是自己的不可一世将自己变成了一个令自己最讨厌的家伙！"

"不行，我不能再这样下去，我要改。"他决定从工作改起。以前不屑于上的节目，现在来者不拒。他甚至可以在大卖场里扮女扮丑、搞笑；在综艺节目里，被人用剩菜剩饭砸脸；在外景节目里，往牛粪坑里跳。

工作之余，他始终没有放弃向小钟道歉的机会。他通过上各式各样的节目来请求小钟的原谅，希望有一天小钟在电视机前可以感受到他的诚意。八年后，老天爷终于赐给他一个与小钟同台演出的机会，他们在台上的互动十分尴尬，小钟对他还是那样冷漠无睹，可倪子钧并不灰心。他来到后台，鼓起勇气走到小钟面前对他说："钟哥，我们喝杯咖啡吧。"小钟迟疑片刻，回了一句："好啊！"那一刻，他如释重负，泪如泉涌。是的，这两个字他足足等了八年。

如今的倪子钧创办了"爱无限"环保公益团体，还担任元鼎娱乐有限公司总经理。

在《超级演说家》的舞台上，面对镜头的他说："我曾经因为傲慢，亲手将自己从云端推到了谷底。我花了八年时间才学会谦卑这堂课的意义。真正的谦卑，不是懦弱，而是一种胸怀，它让你能够不轻易地向别人炫耀自己的优点，让你更清楚地知道，你要真心地尊重别人之后，才能够获得别人的尊重。"

翠竹因低头而坚忍不拔，稻穗因弯腰而丰稔厚重，人也只有低头才能长大。

鲁迅、老舍、金庸凭什么是大师

□ 孔庆东

鲁迅、老舍、金庸这些人，为什么可以成为大师呢？

热爱生活

第一个重要的东西我觉得就是"热爱生活"。这是我在研究、阅读许多大师后得出的一个结论。

"热爱生活"就是要落实到生活的每一个细节中，生命的基本快乐就在于占有别人的生命，它是人类的本能！

我在北大开的鲁迅课，重点不是讲鲁迅有多么伟大，我对学生讲鲁迅为什么会成为一个伟大的人，他的"骨头是最硬的"品格是怎么来的。

鲁迅是一个很会生活、生活得好的人。在20世纪20年代，鲁迅的月薪是300大洋，而当时北京普通市民的生活标准是两块大洋，他是生活在当时社会消费能力最强的层面上的人，有丰富的生活情趣和内容。老舍在生活中也有许多的爱好，如爱养花、爱小动物，小麻雀、小猫等，还有他在作品中表达的对旗人生活的深深眷顾。金庸从小就行侠仗义，爱管闲事，对生活充满乐趣，是香港著名的"玩家"。他在中学时就因为打抱不平两次被开除，还学过芭蕾舞，所以看金庸小说里的武打，没有血腥气，那简直就是跳舞，是一种美的享受！

这些文学大师，他们的成就，他们的素养，首先是建立在热爱生活这一点上的，遇到再大的困难都不会动摇。如鲁迅，他的人生多次失望，经历过小时候的家道中落、对革命的失望、自己的婚姻悲剧、兄弟失和的重大打击、文化启蒙的落空，特别是在"五四"运动落潮的时候，他的整个人都绝望了，这是他人生的最低点，所以这个时候他写了《彷徨》和《野草》。但正是他对人生的热爱，才最后确立了终生的人生策略，就是首先对人生绝望，然后在黑暗中找出幸福和快乐来，以绝望为起点走向光明！

现在的青少年生活得特别好，但这是表面的，骨子里他不热爱生活，不热爱东西，不热爱人，也不热爱饭，不热爱书，也不热爱文字，这就是他们生活空虚的一个最基本的根源！

博览群书会让你成为一个灵魂博大的人

我们现在的教育体制是从西方移植过来的，是一种分科式教育。这种模式其实就是一种监狱模式，一种流水线模式，不再管人，而是把人当成一个工具来培养，好处是效率高，但是它忽略了人的灵魂问题。我们怎么来弥补这个缺陷？读书，博览群书！鲁迅和他的兄弟周作人都多次讲过，要"乱读书"，特别要读一些常识类的书。

书这么多，怎么博览？从经典开始读起。在所有的书中，书是有家族的，书和书之间是不平等的。今天摆在书店和书摊上的，大多数不是书，只是印刷品，能够称之为书的主要是指经典著作。什么是"经典"？就是头大尾小的书。那些"头大"的是书的爷爷。把"爷爷"读了，后面的那些"孙子书"就不用读了。

经典还有一个特点是跨学科。每个学科有自己的基本读物、基础教材，但是经典是不论专业的，像《论语》《老子》，你说它们是什么学科的？我们今天把古人放在一个小框框里，称他是什么什么家，其实什么家也概括不了他，他就是一个大写的"人"！

古代的人都是打通型的人才，因为他不用一科一科地去学习。科举教育，经年累月，学的就是经典，像四书五经。就是这样一套教育和用人机制，使我们国家伟大了两千多年，这就是经典的威力！我们不能否定今天的专科教育，但是不要因此就放弃了经典教育，放弃了成为大写的人的教育！要使学生除了成为打工者之外，还要成为一个灵魂博大的人！

有悲天悯人的情怀

最后你用什么样的情怀来看待社会，看待他人，这个很重要。不管是鲁迅、老舍还是金庸，他们都怀一颗悲悯之心，关照所有人的成长，他们怀有一颗悲悯之心，用爱与付出推动社会变革的车轮，碾出开阔崭新的新生活。作为知识分子有"悲天悯人的情怀"，他们对中国人多一份柔情与耐心，他们肩起重重的责任，多一份唤醒国民的激情与坚韧。

深爱着生活，终将被生活所深爱

隔天的"谢谢"

□ [日]松浦弥太郎

鲁迅也好，老舍也好，金庸也好，他们都没有因为自己的优秀而蔑视不如自己的人。我们来看看鲁迅怎样对待阿Q。对阿Q表面是在调侃，背后却有着很大的同情。当阿Q被枪毙的时候，阿Q看到周围是一片"狼的眼睛"，周围没有一个人同情他！在阿Q看来，这个世界是很冰冷的。所以鲁迅对他是"哀其不幸，怒其不争"，而且为自己无法解决这些人的问题而感到愧疚！鲁迅对敌手也只是表示轻蔑，从来不在生活中轻易地伤害别人。有人以鲁迅临终前的一句话"我一个也不宽恕"来攻击他，其实这只是他不能释怀人家对他的祸害。在实际生活中，都是人家在祸害他，在他所生活的那个时代，他在精神领域其实是一个弱者。

老舍更是这样，他写的是中国的老市民落后的、愚昧的一面，但是他对所描写的生活充满了感情，那些充满了缺点的人物都很可爱。祥子，这个愚昧的农村青年是可爱的，《四世同堂》里的齐老太是可爱的，《正红旗下》那些走向绝望道路的旗人们是可爱的。《猫城记》里用猫城象征中国，从中可以看到他深深的爱。

金庸的小说之所以超越其他武侠小说，他是以出世的态度来写入世。最能代表这点的就是《天龙八部》。在作者看来，所有的人都是可怜的，整个世界都是一个让你想去抚摸的世界。萧峰这样顶天立地的英雄，那样气壮山河地死去，是一个不幸的人；段誉这样一个风流才子，也是一个不幸的人，他每爱上一个女子，最后发现都是自己的妹妹……每个人都不能顺利地达到自己的目标，最后剩下的只有超越性的悲！

今天，在我们中国，不要说青少年，大多数人都缺乏悲天悯人的情怀，胆子太大了，什么也不怕，举国上下都不尊重生命，没有对天的敬畏，对生命的敬畏！所以，我觉得人文首先是精神，更重要的是在课堂外，把整个人生、整个生活当作一个大课堂，这样我们才能真正谈得上提高自己的人文素质！

一起用餐是人际关系的基本元素之一。

饭局可以说是建立关系不可或缺的方式。如果是很多人聚餐则另当别论，但如果人数控制在六个以内，那就是一种亲密的私人空间。

为了让别人更了解自己，我们一起用餐。

为了更深入地认识对方，我们一起用餐。

这不是一件很令人愉快的事吗？我一直认为"快乐地用餐"是吃饭的基本原则。再怎么精心烹调的美食，如果是一边吵架一边享用，想必也会食不知味。既然要吃饭，和有趣的人一起吃当然更好。

用餐的时候，就尽可能分享些快乐的事情，表示出"很高兴和你一起吃饭"的态度。

用完餐之后，我也会留心，让大家能感受到"啊，真开心，希望能再一起吃饭"的情绪。

我总是很在意这两件事。

还有一件事我也会很留意，那就是确保在第二天传达"昨天一起吃饭很开心"的心情给对方。除了在道别时说"谢谢"，隔天我也会再说一次"谢谢"。

刚满二十岁的时候，我常有机会被长辈请客，但当时的我还年轻，什么都不懂。虽然被人请吃饭的时候会道谢，但隔天什么也不会表示。

某天和某位长辈谈事情的时候，他突然聊起"被人请吃饭，隔天打通电话道谢是理所当然的"，当时我听了真是大为震惊。我想起自己虽然常常被人请吃饭，隔天却从不曾向对方道谢，为此我感到十分羞愧。当时的狼狈，我还记得很清楚。

在那之后，我开始寄简单的感谢函。

"昨晚真谢谢招待。能享用美食，度过开心的时刻，我很满足。"

虽然只是只言片语，但这样做能让对方接收到我的心意。

我习惯写信，但如果是传电子邮件或打电话，我想也没关系。表达自己的感谢只要一句话就行了。如果坚持做这件小事，与人的关系便能变得更紧密。

重要的是能"坚持不懈"。

很多人在刚踏入社会的时候，或是面对第一次餐叙的对象，都能做到在隔天道谢。受人招待时要写道谢信，或是打通电话表示感谢，坊间大部分的礼仪参考书都会这么提醒。

然而，大部分人都无法坚持下去。

工作数年之后，或是和相同的对象吃过好几次饭之后，便自动省略了"隔天道谢"这个步骤。

然而，隔天的"谢谢"却是让彼此感情更深刻、更长久的绝好方式。

两个人可以一起回想那些欢乐的时刻，也可以说是为了兴起"再一起去吃饭"的念头的小小仪式。"谢谢"这句话说再多次都不嫌多，也不会让人觉得讨厌。

能够善待不太喜欢的人，并不代表你虚伪，而意味着你内心成熟到可以容纳这些不喜欢。

青年励志馆 先有公主梦，再修女王心。

一世得体

□ 刘若英

每年秋天一到，祖母总是提醒我"该上山看祖父了"。祖父的生日是祖母最重视的日子，即使祖父离开我们已经有十二年了。我自两岁父母离异之后便与祖父母同住，我当他们是我的父母，老人家也更甚疼爱儿女般地照护着我。

上山的路七回八转，祖母和我在这路途中总会说说这一年的事，也掺杂些祖父的小趣事或我小时的糗事。她通常记忆力惊人，说起细节令人如历历在目。但今年情况有异，同一句话她竟反反复复说了八次。老人家走到这一处也是自然规律，不能怨天尤人，她这辈子已经够顺心的了。我惆怅的不只是她的身体，更多是我想到，她一定不愿意自己有失态的一天。

祖母十八岁结的婚，当时她是校花，祖父是校长。这种结合，即便现在看来也颇为先进。当时有人不看好这段乱世姻缘，觉得男方身为中正学校的校长又在前线打仗，变数太大。但一晃眼他们一起过了六十年。

很多人以为将军夫人茶来伸手饭来张口。祖母这辈子吃饭喝茶的确无忧，但是并没少干活。她干的不是体力活，而是得拼命做到"得体"二字。

祖父是军职，家里帮忙的人都是服役或退役的"男丁"。可能也因此，祖母在家中永远形象端正。只要出了卧房门，她永远一身齐整旗袍丝袜。这规矩不只适用于她自己，一家人都得遵从。我听说母亲怀孕期间，身子一天天臃肿，旗袍领口却不敢宽松，最后干脆躲进厕所假装拉肚子，只为可以坐在马桶上将领子松开，好好地看本武侠小说。

祖母对祖父的照顾也是有讲究的。祖父长期在书房写作，祖母有事只以纸条传进门缝。祖父爱吃葡萄，祖母总亲手剥好皮，用牙签将籽仔细挑出，然后装进水晶碗放冰箱十分钟，再端给祖父。她说这样葡萄外凉内软最具风味。祖父偶有应酬，祖母总在出门前备一小碗鸡汤面，以抵挡酒对胃的伤害。而祖父回家，稀饭也已就位，这是以防万一应酬让人食不知味，祖父可以果腹。亲友婚丧喜庆，祖父需致上书法匾额，祖母会在幛子上用铅笔画好下笔的间距。这工作听起来不难，但有次祖母出国，我吵着要承包这工作，结果祖父写完之后怒不可遏，因为我的叉叉画得不均称，祖父的字也就忽大忽小。

得体不只需要教养与决心，有时且是细致的操作。家里常要请客吃饭。客人一上桌，会先上热毛巾净手，免得大家来回去洗手间。吃到第四道菜上个冷毛巾，喝完汤再上个热毛巾去油。这时该完了吧？不！上个热茶再来一条冷毛巾，让人清爽，准备吃水果与甜品。光从这冷热毛巾的讲究，可想而知其他的待客细节。她说朋友来家里吃饭是对我们的认同与尊重，我们应报以全心。

厨子我们家有，但女主人通常坚持自己下厨做几样招牌菜，这是对客人的敬意。她的本事是一切进行得有条不紊，算好时间，出了厨房还能梳洗一番再上桌，菜没凉，头发也没散。这一点是我至今都学不会的。

这些说的是内政工作，还有外交国防方面的礼数。一次某位长辈的丧礼，祖母先到了。进门恰巧听见祖父一同学跟人说起"则之"（祖父的字）的脾气太强。祖母听见，立刻在说者的身后拍了拍他的肩膀，那人傻了。祖母不疾不徐，"我们家先生的确有缺点，但身为同学，您该当面提醒而不是背后议论"。

这不算惊心动魄。家中的电话一般在晚上十点半后就无声息了。有天半夜一点多电话竟响了起来，祖母在她床头接起，我也同时在我的卧房接起。那一头是女人的声音，提了祖父的名字说三道四，摆明是破坏家庭来的。祖母听完只客气地说："刘家有刘家的规矩，现在时间太晚，有什么事请您明天再打来。"我直觉不妙，摸黑进了祖母的房间，钻进她的被窝。她却一点儿没事，如往常一样，就着床头昏黄的灯光，看着她最爱的翻译小说对我说："回房睡去，别影响了明天上学……"据说这女子再也没打来，家中继续着平静的生活。

但这样的祖母会不会得体得太像打仗了？可能有点，但更多的是优雅，优雅之中还有幽默。

小时候，一有什么事不顺，我总爱嚷着："啊啊啊！我要死了……"

祖母就叫一句："英英啊！"

我本能回："什么事？"

她就笑着说："你不是死了吗？怎么还会说话啊？"

常常晚饭后她牵着我散步，我们会一起唱歌。她唱英文老歌我唱儿歌，祖父有时也凑一脚，但唱来唱去只有一首《黄埔军校校歌》，祖母还是百听不厌。这种生活情趣其实伴随

限量感动

□ 子沫

一位德国女士陪朋友看展览,那位朋友被这场展览深深地打动了,女士说:"既然这样,我们再去看一场。"不承想,那位朋友摆摆手说:"这样就好了,我想把这份感动延长些。"我由衷地欣赏那位聪明的朋友,限量感动,不贪心。

记得一本书里有这么一段话:生病也好,不开心也好,都源于一个字——浓。你浓于情就会生出痴,浓于利就会生出贪,浓于名就会生出嗔,痴、贪、嗔是最可怕的。不开心的事情闷在心里就会郁结成气,气结不化就会生出病,病则不通,不通则痛。对付"浓"最好的办法是"淡",这个"淡"不是说你什么都不在意,而是不贪。人的贪欲是不知不觉的、方方面面的,只能不断地自我提醒。

很久以前,看过一部电影《八月照相馆》,片中老太太一家人去照相馆拍照片。晚上下着大雨,她重返照相馆,对摄影师说:"能让我重拍一张吗?上午的衣服没穿对,我想拍张更好的照片,将来留给后辈。"她在镜头前微笑端坐。

想起木心先生说的一句话:"我好久没有以小步紧跑去迎接一个人的那种快乐了。"这种快乐因为稀少而让人期待,也正因如此而更显得弥足珍贵。

着一种坚定信念。她说自己一辈子能为这个男人付出一切是种骄傲。

祖父临终,祖母用自己满是皱纹的手,摸着祖父的白发说:"安心去吧,家里交给我了!"祖父闭上眼的刹那,儿孙全都哭着跪下,祖母却依然挺着,"别吵他啊!要让他安静安心地走啊……"淡淡一句,就像她在他男人书房门缝里,又轻轻塞进了最后一张字条。

祖父走后,祖母八十岁生日,我们决定替她好好庆贺一下,也希望减轻她痛失伴侣的伤。我问她要什么生日礼物。她说:"我与你祖父一起书画了一辈子,可否结集成书分赠亲友留念?"之后一整个月,她无数次往返出版印刷厂亲自校稿、选纸、看打样。这大概是一种自我治疗,也是升华。

祖父离世不到几年,政府将宿舍收回,旧木头大宅子换成了一间小公寓。祖母决定一人搬进去,家中帮手一个都不带了。她说"独身女人家跟男人同住一屋不方便"。我安慰跟她说,你一辈子出房门都得穿戴整齐,这下你可有机会穿睡衣坐坐客厅了吧!两个星期后她打电话给我说:"一个人住真不错,以前吃饭时间不想吃,但总想着我不吃其他人怎么办?现在可好,早饭可以九点吃,午饭可以三点吃。昨天我竟然在沙发上看电视看到睡着,可真惬意。"

但今年突然之间她就老了,得体和教养是管不住年龄的。几次跟我打电话,她重复话题的间距越来越短。一日我开车带她去吃下午茶,十五分钟的车程,她说她身上的新衣服在哪儿买的,说了五次。吃完下午茶时,她抱怨我没替她点冰淇淋,但是她刚吃完的空碗正放在她面前。

我带她去做各项检查,最后发现她的大脑已开始萎缩,也就是所谓阿尔茨海默症。医生说这对一个年近九十的人也算正常,只不过因身体行为能力太好,她自己意识不到有问题,会自主行动,这反而增加了意外危险。我当时正在做演唱会巡回,分身乏术,我多次与她商量一定要找一看护,最终她答应,说是为了让我安心。

即使记忆力大幅衰退,还是她提醒了我该上山探望祖父了。她如常上完香跟祖父寒暄几句,请祖父多多保佑晚辈,之后开始得体地跟隔壁的"墓地主人"上香,嘴里念念有词"我家先生有你们这些同学当邻居,想必不孤单,他脾气不好你们多担待,有劳大家了"。

偶尔,我见她衬衫上的纽扣扣错了,见她穿了两只不同的鞋子出门,我会笑她:"哈哈!你也有这一天啊!"她会回我句:"你也会有这么一天的……看看那时谁帮你……"我知道她是为我独身担心,还是非常尖锐,得体的尖锐。我当没听见,替她整好衣物。我想起曾有一个漫画这样简单描绘着——"当我们小的时候,父母替我们穿鞋穿衣,喂我们吃饭,带我们去公园,都是满脸笑容。终于有一天,他们年纪大了,该是我们替他们穿衣穿鞋,带他们去公园的时候了……"我尚且会提醒自己脸上总要带上笑容,心中满是欢喜。这很重要,因为唯有如此,才是一切得体皆宜,这是祖母教给我的。

我们不快乐的原因,是不知如何安静地待在房间里心平气和地和自己相处。

出身不好，可以通往高贵，还有一条路

□ 沐儿

1

莎士比亚说："三代培养不出一个贵族。"前不久在天涯论坛上读到一篇长文《寒门再难出贵子》。不得不承认，出身，在很大程度上限制了我们的发展，这是不争的事实。

不过，即使家世不好，我们一样可以高贵。对于出身寒门的年轻人来说，有一条路，是通往高贵最低的门槛。这条路，无论贫富贵贱，公平地摆在你面前，那就是：读书。多读书，自然胸中有丘壑，可以开阔眼界，沉淀思想，提升涵养和气质，让灵魂充满香气。

我这里说的读书，不是上大学，而是阅读。上大学的好处，在于你走出了小地方，拓宽了视野；遇到一群正当好年纪的人，与他们交流理想与未来。而阅读的好处，却是从里往外改变你的心性和气质。

2

曾国藩说："人之气质，由于天生，本难改变，惟读书则可以变其气质。"

三毛也说："读书多了，容颜自然改变，许多时候，自己可能以为许多看过的书籍都成过眼烟云，不复记忆，其实它们仍是潜在气质里、在谈吐上、在胸襟的无涯，当然也可能显露在生活和文字中。"

我曾在洛杉矶，遇到过一位华裔老太太。她看起来60多岁的样子，水蓝色的线衫配一条白色过膝裙。她的气质，让你觉得一眼能看到她纯净的内心。即使是在影视剧里，也很少见到这么优雅的老太太。

我忍不住不看她，因为她是那样美好。她的穿着打扮、她的神情面容，让我不由自主地被吸引。第一次，我主动跟人寒暄套近乎。

一杯咖啡的工夫，我了解到，她是剧作家。她说，活到现在，她的工作是读书写文，她的兴趣也是读书写文。她语调平缓，字字珠玑。我问她是不是大户人家出身，比如民国才女的后裔啊，或是国民党旧部的子女之类。她笑了："我出生在辽宁一个贫困的村子里。"

这个老太太，言行举止和气质不输给任何一个贵族。她的美好，是来自内里的淡泊宁静，来自身体和精神的双重保养。

3

讲到高贵，我第一个想到的是傅雷。

"1966年9月3日凌晨，由于不堪侮辱，傅雷夫妇于上海江苏路的家中双双自缢。为了防止自缢之后自己的尸身将上吊的凳子踢倒而吵醒深睡的邻居，这对决心自尽的夫妇事先在地上铺了一床棉被。"

读到这个细节时带给我的震撼，让我的心绪久久不能平息。

什么是高贵？高贵不是住得起别墅，开得起保时捷，不是坐得起飞机的头等舱，也不是出门前呼后拥镁光灯齐齐聚焦。高贵，是即使身处险难，依旧替别人着想；高贵，是不苟且，不出卖自己的灵魂。

傅雷出身普通，但他是高贵的。遗书上，他还不忘请求妻兄替他们交房租53元人民币，并把他们仅有的600元存款给保姆周菊娣。在赴死之际，还会想着在凳子下铺一床棉被，怕影响邻居。在傅雷这里，高贵，是一床棉被的厚度！他的高贵，源于他的学富五车。

4

清代学者金缨《格言联璧·学问》有言："古今来许多世家，无非积德；天地间第一人品，还是读书。读书即未成名，究竟人高品雅，修德不期获报，自然梦稳心安，为善最乐。读书便佳。"

"读书便佳"，简简单单的四个字，给我们指出一条明道。抱怨出身没有用，有怨天尤人的时间，还不如拿来读书。

苏轼被贬黄州时，仍能写出"竹杖芒鞋轻胜马，谁怕？一蓑烟雨任平生"这样的诗句来，得益于他的满腹经纶，因为饱读史书的东坡先生，本就以"达则兼济天下，穷则独善其身"为信条。陶渊明隐居后的"采菊东篱下，悠然见南山"，又何尝不是

一种达观的人生态度。

读书少，不是差在赚钱的能力上，而是差在境界上。有学识的人，能够把苦日子过得精致；读书少的人，却以为有钱才可以活得精彩。

我有个初中同学，毕业就去工厂里上班。去年，在我辞职的前后，她也离开了工厂，决定安心在家相夫教子。

我给她打电话的时候，她嚷嚷着郁闷。她问我："你在家都干吗啊？我无聊死了，你不觉得在家无所事事吗？"我说我忙得很啊，哪有时间无聊，即使不上班，也觉得每天有做不完的事。她特别好奇："你都干什么啊？"我说我读读唐诗宋词，写写文章，总觉得时间不够用。她恍然大悟："我看到你朋友圈发的那些文章了。你写一篇文章，能赚多少钱啊？"

当她知道我一分钱不赚的时候，十分不理解："不赚钱你还写什么啊。"我忽然觉得跟她聊不下去了。于她来说，钱是衡量一切的杠杆。可在她眼里毫无意义的事，在我这儿却是一种幸福：能有自己的时间，做自己喜欢的事情，夫复何求？

南怀瑾先生说，一个人为什么要读书？传统中最正确的答案，便是"读书明理"四个字。

读书多了，就可以多角度看待事物。宽以待人，不钻牛角尖，也不跟自己过不去。

在这边的一个台湾姐姐，每次聚会她都打扮得美美的。她的车里，总是放着一本书，坐在车里等人的时候，约会去得太早的时候，她就翻几页。

她坚持一周两次跳舞，一周一次给几个孩子义务教中文。我一直以为，她是有闲有钱一族。后来大家熟了，我们才知道，她的先生脾气相当古怪，她在婚姻里完全不幸福。她的母亲有严重的风湿性关节炎，生活不能自理。她给在台湾的母亲请了个菲佣，每个月薪资一半要付给母亲那边。

我们夸她心态好，面对感情的不顺和经济的负担，还能如此积极乐观。她坦然一笑："有什么办法？我以泪洗面也于事无补。倒不如想开一些，开开心心地过好每一天。身体是我自己的，跳舞锻炼是对自己负责，何况舞蹈是我的爱好。教中文，是让我心灵有个寄托，能让我找到自己的价值。"

读书这件事，就像时间一样公平。再富有的人也要变老变丑，再贫穷的人也可以阅读。当你腹有诗书、胸有成竹，你就不会去羡慕别人的生活，你会懂得"你站在桥上看风景，看风景的人在楼上看你"的深层寓意；当你饱览群书、看尽人间百态的时候，你会明白，生活有很多种方式、很多种可能。不管境遇如何，都能泰然处之。

多读书吧。

愿你看到落日下的美景，想到的是"落霞与孤鹜齐飞，秋水共长天一色"，而不是"哎呀，妈呀，太美了"。

愿你看到长城，想到的不是"长城真长啊"，而是"雄关万里、固若金汤"这些词。

电影里欧洲的贵族，壁炉前一张镶金的椅子，手握一本书，就是一下午。让我们也来做精神的贵族吧：一张木桌，一杯茶，一本书。如此简单，却那么惬意。

一个人成熟的标志是什么

□ 周国平

世界上有一些东西，是你自己支配不了的，比如运气和机会、舆论和毁誉，那就不去管它们，顺其自然吧。世界上有一些东西，是你自己可以支配的，比如你的兴趣和志向、处世和做人，那就在这些方面好好地努力，至于努力的结果是什么，也顺其自然吧。

我们不妨去追求最好——最好的生活、最好的职业、最好的婚姻、最好的友谊等。但是，能否得到最好，取决于许多因素，不是光靠努力就能成功的。因此，如果我们尽了力，结果得到的不是最好，而是次好、次次好，我们也应该坦然地接受。人生原本就是有缺憾的，在人生中需要妥协。不肯妥协，和自己过不去，其实是一种痴愚，是对人生的无知。

我已经厌倦那种永远深刻的灵魂，它是狭窄的无底洞，里面没有光亮，没有新鲜的空气，也没有玩笑和游戏。

博大的深刻，不避肤浅。走出深刻，这也是一种智慧。

青年励志馆 先有公主梦，再修女王心。

英国首相怎么跟人吵架

□ 安光系

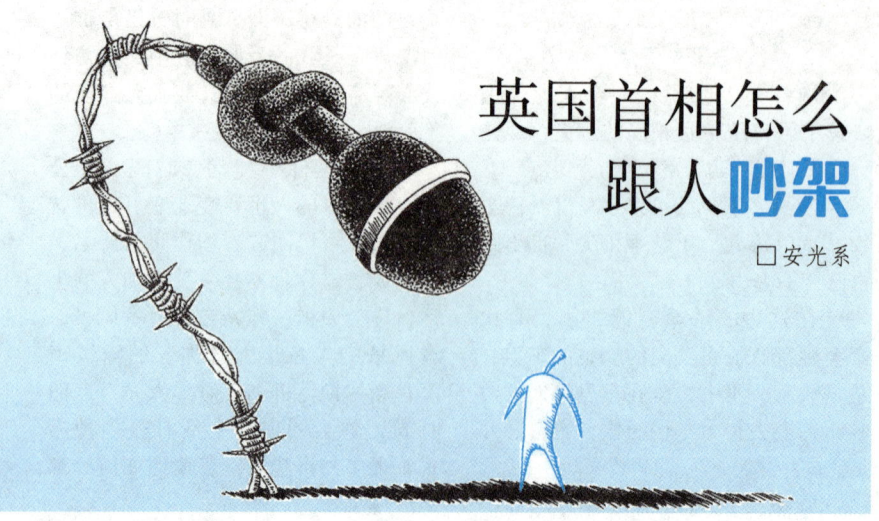

差不多每隔一周的时间，我都要上BBC（英国广播公司）的网站去看一个栏目——《首相问答》。在大约半个小时的时间里，英国前首相卡梅伦像吵架似的跟会议室的议员们解释、争辩。多数议员提议的问题，大的有关国家走向、民主民生，小的有关首相本人及家庭对某些事件的态度。大多数时间，这个并不太大的会议室里所发生的，简直令人不可思议：起哄、嘲笑、站起来反对，甚至主持会议的人员要多次提醒大家："安静！安静！首相的回答必须要让大家听到！"

应付反对党和其他议员的质疑，不是个好差使。即使是在当年竞选时说过的某句话没有兑现，也会被他们当众翻出来，拿腔捏调地念上一通。念完之后，反对党领导人通常还要加上一个轻蔑的眼神，再加上一句质问："首相先生，这是不是你说的？要不要再念一遍？"

我最开始看这个节目时，觉得英国人简直不可救药。一个首相，贵为一国政府之首，每隔一段时间前来议会，就大家关心的问题作一些解答，怎么也不至于在这个闹哄哄的会议室里红着脸，一次次解释、沟通甚至反击，至少大家应该很有礼貌地听他讲完。但现场却往往不是这样。节目里，每当首相回答一些问题时，总有人起哄、嘲笑以及愤怒地跺着脚，甚至退出会场以示抗议。

最初，反对党质疑首相，我总是站在首相的对立面。反对党领导人每周提出的问题，大多来自工薪阶层甚至弱势群体的邮件，都是具体涉及实际的民生问题。对此，我至少是同情的。比如，某个建筑公司的员工要失业了，面临着诸多生存困难。再比如，某个家庭妇女，挣的钱不足以抚养孩子。这些群体，都是有可能被政府忽略的部分。

但看的时间长了，我的态度慢慢有了一些改变：一个国家，太多太多的事情需要处理。而卡梅伦强调：没有好的经济基础，你即使答应民众再多的福利，最终都不可能持久。所以，你可以经常听到他说不。作为一个在伦敦居住多年的局外人，我也慢慢从一个跟反对党一样痛恨、反感现任首相的人，变成了同情者、理解者和支持者。

每周闲下来的时候，我也会去附近的教会里喝茶，同那些社区里的英国老人聊天。有一次谈论工党和保守党谁优谁劣时，几位老人表达了相同的观点：工党一味给穷人争取利益，看起来是为人民着想，但实际上，很多利益都超出了这个国家的承受能力。最后，受伤的还是这个国家。而保守党扎扎实实地进行经济建设，表面上并没有工党那么照顾穷人，却可以让这个国家走得更远，让穷人能享有更多的福利。"解决他们的就业，比直接给他们钱有效。"卡梅伦曾在辩论中强调。

"他们执政的时候，就把这个国家弄得乱七八糟。"一位老人跟我说。

我一个外人，常常有些以看笑话的心态来观看这个栏目。但看的时间长了，却也慢慢理解了这个国家的一些运作体系。比如，即使有议员提出某个项目需要增加拨款，首相提议，相关财政预算也需要大多数议员审批。再者，遇有一些更大的事情，如英国是否还留在欧盟，首相的任务只是把条件谈好，最终的决定权还是交给英国民众。在这样的事情上，首相当不了家，当家的是议会，是民众。

媒体成了政府和民众之间的重要桥梁。在英国境内没有任何广告，主要靠收取家庭的有线电视费来维持运作的英国广播电视公司BBC，无疑起到了最重要的作用。它在教育民众，也在监督政府。

再后来发现，不光是首相每隔一段时间会回答这些问题。BBC的栏目里，有内阁这样一个频道；英国的每一个地方，像英格兰、苏格兰、伦敦市等，都有这样的栏目，由相关负责人来接受议员的询问和解答。

这是我理解中英政府跟民众之间沟通的一个重要渠道。这个渠道，至少把政府领导人的一些治国理念和对一些热点事件的思考与回应，都通过这个媒介，及时地反馈给民众。

不仅是电视，报纸也会做相关的工作。比如，我就在英国当地的报纸上，看到过刊登反对党领导人的日记。日记里讲述了他们每天做的事情，以及自己对政治和生活的见解。

在英国看报纸，也会看到一些相关部门的广告。比如，希思罗机场会整版整版地刊登一个故事，告诉你如果现在不及时扩建机场跑道，几十年后的英国，将会落后于欧洲其他国家。他们用讲故事的方式，预设英国下一代有可能会受到的影响，从而让民众理解增加跑道的意义所在。

而现实中的报道是，机场扩建遇到了很大的阻力，因为它的噪声会影响周边居民的生活质量，民众要求增加由此带来伤害的补偿费。

我家附近的地铁线，即将朝南延

喜欢的东西就努力去争取，因为能喜欢的事本来就不多。

伸。地铁里可以看到相关部门的广告：规划之前，请各界民众参与他们的规划，表达你的意见。你可以写邮件、留言、打电话或参加讨论会。如果有了这些讨论，至少不会出现一些低级的错误。

前年，我曾在国内坐高铁，带着一岁左右的儿子进站时，竟然找不到一个可以给孩子换尿片的专门空间。蹲在厕所里当着众人给孩子换尿片，怎么都不会有尊严。新建的高铁站气派、宏大，跟国外相比，但的确少了这些人性化的东西。如果，我是说如果，当初这些设计者在设计时，能够像英国这样公开向民众征求意见，恐怕就会好很多。

除了政府，英国女王也会不停地会见各界人群，甚至包括小学生。几年前，我女儿在读小学时，有一次愤愤不平地跟我倾诉：英国女王要到我们的小镇上来，学校里只有一个代表名额。按照公平的原则，所有的学生就会抽签，结果，一个只有三四岁、正在读幼儿园或学前班的孩子抽到了。女儿有些不甘地说："他去干什么？他连话都说不清楚！还不如让我去呢！"我听了大笑。

在英国的学校，也会有政府官员参与一些事情。比如，我女儿小学的毕业典礼以及中学年度颁奖典礼，也能看到不同的官员的影子。

去年夏天回到中国时，也听到周边的朋友热议当地的电视问政栏目。如果能将这些沟通方式经常化和制度化，也许能起到和英国一样的效果。这个社会，不信任的成本最高。有了沟通，就会减少成本，让人看到更多的希望。

而在英国看卡梅伦吵架，成了我生活中的必修课。它让我能更清醒地认识英国，理解英国。

我已经习惯了节目上的争吵，那是每个人捍卫自己权利的争吵。一个国家处理一件大事或者一件微不足道的小事的方式，都能体现这个国家的民主。争吵反而比沉默更好。

什么是民国范儿

□ 许纪霖

在我看来，"民国范儿"的第一个特点是"纯真"。近代中国历史当中有一所独一无二的大学，就是只有八年多历史的西南联合大学，但是它创造了世界教育史上的奇迹，造就了两个诺贝尔奖获得者、100多位两院院士，以及众多的学者、大师。西南联大如今已经成为神话，也可以说是绝唱。那个时代的西南联大，无论是老师还是学生，都有非常纯真的东西。战争年代，前方在打仗，他们就在后方读书，日本鬼子的飞机来轰炸，他们经常要"跑警报"，躲到防空洞里去，但是他们的心态非常安宁。"将军决战岂止在战场"，他们的战场就在学术岗位上。在战争环境里面，这些学术大师写了很多经典著作。

"民国范儿"的第二个特点，我称之为"趣味"。民国的知识分子，无论是从事人文社会科学的，还是从事自然科学的，都有很好的文学修养和文化品位。他们继承了传统文化中对流品的追求。比如诺贝尔奖获得者杨振宁教授的古典文学修养，连王元化先生都非常称赞。著名哲学家汤用彤先生在北大开的课，既有古希腊哲学，也有印度哲学和佛教，还有中国的宋明理学与魏晋玄学。

"民国范儿"的第三个特点是"尊严"。知识分子守护的最核心价值，乃人文精神，人文精神的核心是把人视作目的，而不是工具。人最可贵的一是生命，二是尊严，这是最重要的。一个文明社会，首先要尊重人的生命，但更重要的是尊重人的精神尊严。民国知识分子留下的最重要的精神遗产，是人的尊严和士的气节。

当我这样称颂民国知识分子的时候，有人不以为然，说："难道民国没有品性不好的人吗？你看钱锺书写的《围城》，那个三闾大学就是他曾经任教过的蓝田师范学院，不是有好多庸俗的人吗？"民国时期的确有很多庸人，但是那个时代有一批卓越之士，不是一两个，而是一群。最重要的是，这些"民国范儿"主导了士林的风气，有真君子在那儿，有好风气在那里，所以学界比较正派。

青年励志馆 先有公主梦，再修女王心

真正的优雅，能抵抗世间所有的不安

□慕容素衣

昨天开了一个盘口，让大家讨论一下什么是真正的优雅，心目中有没有哪个女子能够称得上优雅。

有两个答案给了我较深的印象，一个说是林青霞，老到那个岁数也不矫情地想要掩饰；另一个说是邓丽君，她的歌没有怨气，即便唱的是"证明你一切都是在骗我"，她不给听歌人的情绪染色，不让忧郁更忧郁，绝望更绝望。给别人的情绪染色，是赢得喜爱的快捷方式，在情绪的深渊边推人一把，准保让人一辈子记得你。但她下不了手。到了一定年纪，终于觉得，这是一种道德。

什么才是真正的优雅呢？感觉这两个答案有点儿接触优雅的本质了，一是不矫情，二是没有怨气。

身为女人，都想活得优雅。如果要拎出一群女子作为优雅的典范，很多人都会联想到民国时期那群女子。那是一个群芳荟萃的年代，拥有一群芳华绝代的女神标本：林徽因、陆小曼、张充和、孟小冬、阮玲玉、胡蝶……一个个名字缀在一起，才成就了那个时代的满天星光。这些女子身份迥异，出身悬殊，如果说她们有什么共性的话，那么最大的共性还是"优雅"这种特质。

这样一来，肯定会有人说，什么优雅啊，还不就是有钱的标签？不可否认，有钱有闲阶级更容易出产优雅名媛，但这并没有构成滋养优雅品质的必要条件。

民国其实是一个极其动荡的年代，新旧碰撞、政权更迭，远远没有后人想象的那么浪漫美丽。

在重庆满城的警报声中，张充和仍然坚持练书法，防空洞就在桌子旁边，她端立于桌前，一笔一画地练习小楷，警报声一响，就可以迅速钻进洞中躲避。我觉得，这样的充和尽管看上去有些狼狈，但骨子里仍是优雅的。

当日本军队发动侵略时，林徽因指着门前那条河，淡淡地说："要是他们真的打过来，我就跳下去。"年幼的孩子惊恐地拉着母亲的手说："那我怎么办呢？"林徽因一字一句地回答："国之不存，怎顾得你！"这个时刻的林徽因，铁骨铮铮，露出了少有的峥嵘，同样是优雅的。

当意识到胡兰成的花心无可挽回时，张爱玲去信给他说："我已经不喜欢你了，你是早已经不喜欢我的了。你不要来寻我，抑或写信来，我亦是不看的了。"即使做不到一别两宽，各生欢喜，至少也不出恶言。后来张爱玲提起胡兰成来，从来没有当众谴责过。这样的分手方式，也担得起"优雅"两个字吧。

在人心惶惶的"文革"期间，杨绛被剃了阴阳头，她拿起女儿剪下的辫子，细细织了一顶假发戴上。被发配去打扫女厕所后，她发现这里反而是一个安乐窝，可以在这读读随身携带的旧诗词卡片。这样的心境，更是"优雅"的最佳注脚。

回到文章开头的那个问题，到底什么才是真正的优雅呢？我想，真正的优雅，就是我们通常所说的"随遇而安"，无论处于什么样的境遇，都能够从容面对。但光有随遇而安的恬淡还不够，还得有内心的笃定和坚守，守得住底线，熬得过艰辛，这样才能做到由内而外的优雅。

《大学》中说："知止而后有定，定而后能静，静而后能安。"知道自己要什么，在一生悬命的追求上从未放弃过，内心才能够安定。不管是张充和还是林徽因，她们恰恰做到了这一点。从古至今，世界从来不安，时局多半动乱，有了安定的内心，才可以做到在不安的世界里安静地活，才能够活得优雅。

那群时光深处的民国女子，给我的印象，就是那一道含蕴着光和热的金边，哪怕漫天乌云，只要抬头看见有这么一道金边，也能给人无限慰藉，让人看到活着的尊严和希望。

你过得不开心，是因为还没有过滤掉他人的意见以及评价。

深爱着生活,终将被生活所深爱

我身边那些伟大的人

□ 闫红

那时,我还在另外一家报社做娱乐编辑,有一日,部门来了个实习生,个子很矮,其貌不扬,不太爱说话,沉默寡言这种情况发生在一个帅哥身上,也许会很酷,在他的身上,只会显得不懂事。

他不在的时候,别的部门的人跑过来,说:"你们怎么要了这么个实习生,怎么去采访明星啊。"主任说:"他挺有才的。"我大概是用鼻子笑了一声吧,我记不大清楚了,那种否定的态度,印象却是深刻。

后来,我换了家报社,巧的是,他毕业也分到这里。然后就不停地听到看到他的消息。他的发稿量总是名列前茅,他的好稿数常常名列三甲,领导总是在表扬他表彰他,如果这都说明不了什么,有一次,我的版面上做了个策划,他跟策划内容有所关联,我请他帮我写一篇应景的小稿,自然不可能写得才华横溢,但布局与文字,都可见他的用心,确实,非一般人能比。

而这个时候,我也因自己的处境经历等,衡量人的标准渐渐改变,我不再那样绝对地以貌取人,开始觉得才华、性情、向上的信念更为重要。我跟他们部门的一个女孩子交流过,那女孩说,有个细节让她对他很有好感,在餐桌上,他给人敬酒,一边站起来一边笑道:"本来就不高,站起来也还是不高。"

我后来也亲耳听见他类似的自嘲,有次,单位组织体检,第一项是量身高,他笑道:"才来就碰上我的强项。"

自嘲,是强大的表现,一个农村出来的,相貌平平个子矮小的男孩,要穿越多少黑暗酸楚,才能达到这光明自信的彼岸。就算现在,我也不相信他完全克服了,有次,一个同事当着他的面笑道,他已经把自卑转化为狂傲了。有时,他还免不了暴躁,但这些,都不足以掩饰他进取者的光辉,甚至于,使那光辉更加立体,而不是光荣榜上的一个渺远头像。

认识一个男的,经常吹嘘自

己高大英俊,当然他确实有几分姿色,但是这有什么好吹嘘的呢?美貌这东西,确实很像遗产,对一些人,它是锦上添花,对另外一些人,可能是雪上加霜。且说后面这种,像这个自以为美的男子,若是他没有这么搔首弄姿,若是他能够沉下心来,修炼自己的性情与智慧,那么,他也许就不会像现在这样浮躁,成为他人的笑柄。

就算是锦上添花吧,像我们知道的那样,相貌出众的人,更容易获得他人好感,因此更容易成功,无论是求职、求偶、晋升,都能省些力气。可是,正因如此,除了极少数的特例,相貌出众者的人生都太顺风顺水了,没有老人与海似的与命运的搏斗,也就少了几分张力与快感,无法体现那种意志力的极美——像朱光潜所言,向着抵抗力最大的方向走去。

而我的同事,他自然没有那么顺利,他曾说,他追老婆追了九年,他老婆一开始不喜欢他。我又曾在一个类似于点名提问的东西里看到他说,他会选择他爱的,而不是爱他的。这种也许为貌美者不敢或是不屑的回答里,体现着一种力量感,我的同事之所以让我怀有敬意,还因为他从来不在自己的人生里粉饰太平。

我不知道是什么使他保持这样的意志力,没有扭曲,没有误入歧途,除了智力优势以外,我想,大约也是因为他爱学习吧。他曾说自己每月要买多少钱的书来着,我忘了,但我经常碰到他从书店回来,或是要到书店去,有次因为顺路,我还开车载他去过爱知书店。不断地学习,做一个有境界的人,突破命运带给自身的各种局限性,这真是一件很了不起的事儿啊。

所以,虽然说貌似人之初生,有美丑妍媸,有贫穷富有,甚至还有先天不足者,有残疾人,很不公平,但事实上,对于人最终极的考量,还是看这个人的性情与智慧。是会有一些轻浮如我之当初的人,以貌取人,但这是我们自己的错,当我们以这些不能恒久的事物做尺子来量别人时,我们也会陷入被别人量的境地,谁没有一些局限性呢?那么挫败感是早晚的事,一个聪明人,不要为这种愚蠢陪绑。

活在这世间,我常常焦灼,感到自己人生的不如意,又想到命运会不会关照我的小孩,想到这个同事,则使我心情平静,我看到了人类战胜命运的可能,和这战斗中体现的美与力。因此,我的小孩,如果有一天,你觉得自己不够漂亮,不够聪明,也不用为这些苦恼,更无须在这些方面折腾,更应该做的事,是修炼你的智慧,超越这些魔障,说到底,美貌会老,审美会疲劳,聪明会反被聪明误,而一个人的智慧,会让自己处之泰然,让别人观之神爽。

读一本好书,更重要的是读到一个你从未发现过的自己。

做更好的自己

□ 李筱懿

我曾经觉得演员是个神奇物种，他们天生多才多艺，一个会演戏的人，似乎唱歌、跳舞、曲艺、小品、乐器、相声，十八般武艺样样都行，随便搁在哪种镁光灯下，站着不动都起范儿。

直到听到王珞丹说起自己学舞蹈的经历，我才发现，除了那些生下来就为了气我们的"别人家的孩子"，实际上，各行各业中更多的都是缺少天赋的"笨人"。

她说："我6岁时第一次站在舞蹈室中央，我妈送我进门，很用力地看了我一眼，这一眼信息非常庞大，包括——孩子啊，你从小到大撒野撒得我本来都麻木了，但很快要上小学了，还是希望你最后一搏，做个知书达理、跳舞棒棒的好姑娘，妈妈爱你，懂了吗？

"我懂了，所以脚步特别沉重。老师教我们平转，所有小朋友都能按照轨迹旋转，只有我转得跟没头苍蝇一样。"

她说："可我克服不了对舞蹈的渴望，虽然没有天赋，但是又去了舞蹈排练厅，再试。果然还是不行，比想象中更难。我坚持跳了一个月，动作依旧不标准，协调性差，还经常跟不上节奏，我确认自己永远没有机会达到专业舞蹈演员的标准，但是，我和队友一起笑，在舞群里一起秀，这是最大的快乐。

"我确实没有天赋，但是，我也能更好呀，我就是这么个笨笨的很努力的自己。甚至，每一个人，都不可能成为优秀的别人，但是可以成为更好的自己。"

最后这句话很戳我。

我们当下的流行文化特别容不得"笨笨的自己"和"优秀的别人"，特别不待见一个活得不怎么出众还挺开心的人。

自古以来，我们的价值取向都是："有志者事竟成，破釜沉舟，百二秦关终属楚；苦心人天不负，卧薪尝胆，三千越甲可吞吴。"

我们的生存哲学里，带有太多强者思维，甚至，在成功学的思考模式中，连"努力"这个词的意义也被曲解了——努力并不意味着竭尽全力做最好的自己，而代表着超越他人，成为某个领域中最拔尖的强人，把别人都比下去。

所以，我们信奉"不为失败找借口，只为成功找方法""没有干不成的事，只有干不成事的人"，我们的"努力"，胜负心和输赢欲都太强。

可是，并不是每个人的理想都是成为卓越的人，更不是每个人都有机会成为强者——天才和优秀的家伙，永远是生活的限量版，绝大多数时候，我们拼尽全力也只能做个"爱因斯坦的第三只小板凳"——那个虽然难看却比前两个好一些的手工作品。

这个脑容量最大的智者，也没有全方位天赋异禀，他还是有短板，而他的可爱之处并不是铆足了劲儿弥补弱点，活成全身无痛点的完人，而是，他依旧保持着自己的稚拙，想做出个稍微好看点儿的小板凳，比前面两个都强点儿。

这才是努力真正的意义。

哪怕一朵最不起眼的牵牛花，开放的时候也有独特的美，它永远不会成为众人瞩目的牡丹，却依旧享受盛开的过程。

那些尽力却并不耀眼，拼力却并不成功的人，仍然值得拥有掌声。

一匹名叫"春丽"的从来没有跑赢过的赛马，是日本人的偶像。

春丽从1998年11月在高知赛马场首次出场比赛后便每战必败，6年来它一直拼命地跑，却从来没有拿过第一，2003年年底，春丽创下100次连败纪录之后，NHK（日本放送协会）电视台在晚间新闻播出了一个"连败巨星"的专辑，春丽瞬间成为家喻户晓的明星。

一匹常败的马为什么让人如此痴迷？或许很多人从它身上看到了自己人生的缩影——虽然一直失败，却依然不断地在跑，"赢"是本事，明知"赢"不了，还愿意不放弃为自己争取好一点儿的结果，是豁达，更是"努力"这个词真正的意义。

生活就是这样，我们可以努力的就是让自己变得更好，就像我们每一个人，都不可能成为优秀的别人，却可以做更好的自己。

> 深爱着生活，终将被生活所深爱

从战痘开始聊起

□ 辛晓阳

读书时因缘际会，有一阵子住在台北。不知为何，从到那儿的第一周起，一向令人难堪的皮肤好像火山喷发似的，每天清晨起床都能看到几颗新的痘痘在脸颊各处耀武扬威地肆虐。

朋友提醒，或许是过敏了呢！北回归线附近的气候，对于一个土生土长的北方糙妹子来说，好像有点过于湿润了。我深以为然，拒绝了所有的保湿品，然而，一脸大痘小疤，无论如何都不见好转。

挣扎得久了，也就懒得再操心。我放弃了自我拯救，每天早晨上课之前瞅着一脸红肿的痘痘，只能自我催眠，让自己视而不见。

谁知放任自流了一个多月后，那些可爱的小家伙竟然偃旗息鼓，慢慢不见踪影了。恰逢那几日放春假，我在花莲玩得不亦乐乎，而后高烧倒下，进了诊所。那位认真负责的大夫帮我开好了处方，突然无意地问了一句："你脸上之前长痘痘？"

我点点头，答道："长得满脸都是，怎么都消不下来。"

他笑着摇了摇头，满脸温和："你在北方读书？"

尽管问题跨度稍大，我一时怔然，但还是很快地点了点头。

"哈哈，那就对啦。"他耐心地核对了一遍处方上写得工工整整的药名，转而微笑着解答了我的疑惑，"因为空气质量不太好，久了留在毛孔里的脏东西散不出去。而一旦环境改变，你的皮肤自然而然地就开始排毒了。"

"所以我的这些痘痘都是之前储存在皮脂下的脏东西啊？"我的天啊，如果真的是这样，那我脸上得存了多少污染物啊？

不过是短暂地变换了生活环境而已，脸上就出现了这样明显的反应，令我始料未及。不禁想，环境之于人的改变，真是一个神奇的过程。这种感觉，似乎早就有之，似乎早有体验。

大概是高二的时候，我经历了学涯中最浮躁痛苦的一个时期。那时候作文比赛刚刚得了大奖，又机缘巧合上了电视，瞬间成为学校里的风云人物。但是，随着掌声和关注一起到来的不只有为人歆羡的欢喜，还有更多被无限放大的症结。

比如我那不甚理想的成绩，便成为大家课间午后的谈资。在这之前，并没有人关心我名次如何，分数多少；但是现在，所有人都对我蹩脚的数学成绩和不及格的作文分数议论纷纷，认为我配不上作文大赛带给我的高考加分优势，认为我是一个只会写些矫揉造作文章的白痴笨蛋。

在这个高考制胜的时代，特长能让你出众，却很难让你出色，甚至有时会带来一些副作用，比如让人讪笑，令人尴尬。由此，我陷入了深深的自我怀疑甚至自我厌弃之中，觉得自己正如他们所说，是一个除了写作什么都不会的笨蛋。

终究选择了暂时离开。我去了香港。那是我第一次出境，第一次见识到和自己生活的小城迥然不同的"外面的世界"。

完全陌生的环境，一窍不通的粤语，鳞次栉比的高楼大厦，都让之前那种茫然和空虚变得越发熟悉。

就像那些脸上的痘痘一样，到了一个陌生的地方，跳脱出原来的环境，反而猖狂得不得了，简直是耀武扬威了。可是它，它们，终究要偃旗息鼓的，不是吗？

经历了短暂却又漫长的"排毒期"后，我几乎忘记了曾经那种真空一样被人非议的经历，调适了心态和想法，重新回到了久违的校园。"痘痘"后遗症早就消却，没有人再关注我这样一个有特长没成绩的"异类"，没有人会堂而皇之地对我的数学成绩指指点点，没有人会让我觉得活在众人的眼光里是一件如此痛苦的事。可是回想起来，那段在香港街头揣着烦躁的心情漫无目的地奔走的时光，既是痛苦，又是良药。

人这一生，是不是总要经历这样"排毒"和"释放"的过程？这被很多人当成逃避和懦弱的过程，其实根本就是身体代谢和精神代谢无比迫切的需要。跳脱出原本的环境，纾解压抑的心境，自然会逼得那些隐藏在皮脂之后的"痘痘"无处遁形。

皮肤如此，心态亦然。

越努力的时候，越不要让自己变难看

□ 杨熹文

朋友在一家珠宝店做经理，年底是最忙的季节，作为经理的她压力尤其大，周末加班是常事。

但她坐在我面前，分明让人感觉不到她的疲态，她的头发是新染的，妆容是一丝不苟的，指甲保养有佳，那大戒指闪足光芒，和高级定制职业装很配。

她相信一个哲理，越努力的时候，越不要让自己变难看。

当你好看，生命才会好看。

有读者曾对我说过备战考研时的辛苦，花十几个小时泡在自习室里面。她为此做了个郑重的仪式：

收起化妆品，退掉健身卡，从此每天素颜出门，扎起高中生式的马尾，穿宽大的卫衣配校服裤子，背承重二十公斤的高三书包在身后。

读者说，这绝对是自己颜值下降最迅速的一年，因为压力太大，脸上突然爆痘，运动量几乎为零，整个人充气式胖起来，但好在最后考上了心仪的学校，也算对得起这份变丑的经历。

我最努力的一段时期，大概也是最丑的时期。

一两年没剪的头发，乱蓬蓬地扎在脑后，胡乱护理的皮肤，晒得油黑锃亮，我打三份工，体力耗损严重，把漏了个洞的裤子穿过了整个春夏秋冬。

那时的照片，令现在的我不忍直视，我胖得丑得理直气壮地呐喊着，"我在努力赚钱啊，我哪里有时间美！"

很快我发现，努力和美丑之间，并没有什么联系。

那些同我一样为生活谋出路的同龄女孩，依旧能够保持美丽，出门前化个淡妆，下班后去健身房跑步，就算忙于赚钱也要体贴身体，就算被生活亏待，也绝不让自己亏待自己。

我反省着，即便我在很努力的状态下，我也总是会找到一些时间去微博上吃娱乐圈的瓜，会漫无目的刷朋友圈，却为什么不肯花点精力在自己的身上？

美是不会耽误一个人努力的。它是一把杠杆，是向上的基本，为外在

做出努力，便让一切努力有了更好的开始和继续。

所有的女作家中，我最敬佩严歌苓的生活方式，她很努力，也很美丽。

与她交往多年的闺蜜陈冲说，从没见过严歌苓不化妆的样子。

严歌苓的努力，是多年来雷打不动每日写六个小时，是每一年就有一部高质量的作品出现在畅销书书架或被搬上荧幕。她对美亦是执着的，每天要化淡妆，控制饮食，每隔一天要去游泳1000米。

这样的习惯，从开始到现在，从没有变过。我谨记这样的美，是一个女人的自律。

如今在家办公，可以穿睡衣写稿，没人在意我的体重，没人关注我的皮肤。

但早上还是会化好妆，穿戴整齐才到写字桌前读书写字，控制食量，保持运动，不是给别人看，是为自己好看。有时压力比过去还要大，绝不给自己找借口，晚上跳进浴缸，敷一张面膜，睡前点上香薰蜡烛，做一节瑜伽。

越努力的时候，就越不能松懈，善待外在，才更有动力向前。

保持好看，是一个人向外的体面，是向内的尊重，是不认输，是不会输。

网上流行这样的段子：不想努力时，就请你看看自己的长相和身材，查查银行卡和支付宝余额。

多年后想辩驳，其实最好的状态是：你照照镜子，看到自己护肤和健身的努力没有白费，你燃起斗志，我这么好看，配得上更好的生活和更优秀的人。

品位到底是什么

□ 张嘉玮

巴尔扎克是个俗气的死胖子，每当拿到一笔预付稿费，他便迫不及待地去搞些花里胡哨的装饰，勾搭贵妇人。同时代的人都觉得他没品位，甚至对他推崇不已的毛姆，也觉得他虽然故事讲得好，但文笔差。不过这并不妨碍如今你在书架上放着一本他的书，客人会跷起大拇指对你说："有品位！"

勃拉姆斯从小生活穷苦，不得不去卖酒的地方弹钢琴以养活自己，沾染了一身市井气息，第一次去李斯特家拜访，听他弹琴，居然睡着了。到他成名后，大家依然觉得他没什么教养，他自己也承认。然而这不妨碍他的曲子如今成为古典乐有品位的象征。

贝多芬的《第九交响曲》当年首演时，门德尔松的父亲（一位颇有品位的银行家）去听了，觉得像乌鸦在叫，毫无品位。那个年代，维也纳人觉得听罗西尼的歌剧才叫有品位，而贝多芬的音乐不够优雅，但现在贝多芬的曲子的品位搁那儿呢。

梅尔维尔的《白鲸》刚出版时，卖得极差，美国人觉得，这玩意儿就是一部土里土气的航海捕鲸小说；100年后，这玩意儿被认为是名著，品位绝高。有一段时间，英国还有人把读《白鲸》与读《尤利西斯》并列，有品位得没边了。这些曾经被认为很没品位的家伙，创作出一些后来世人觉得特有品位的作品。那么问题来了：这几位爷，到底算有品位还是没有品位呢？

彼得·梅尔先生写过一本书——《有关品位》，里面大谈鱼子酱的吃法、雪茄的抽法、西服的定做，诸如此类。若要总结，无非两点：一、不要造作摆谱；二、砸钱在最高级的东西上——说来说去，"若无其事地砸钱"，就是他老人家的品位了。

话不太好听，但咱们可能接近真相了。法国大师丹纳认为，路易十四到路易十五那段时期，宫廷里的法国人最有品位。诸位爵爷与夫人谈吐优雅，书信简洁幽默，善于揶揄，用瓷器，观绘画，生活精细典雅。19世纪大革命之后，大家还时常回忆18世纪，觉得那样田园牧歌的仪态和打扮算是有品位。但其实早在18世纪，"百科全书大神"狄德罗已经对此不爽了。在狄德罗看来，所谓品位大概是：在一大群受了类似教育的人中，亦步亦趋，不要做过度的事，在他们的许可范围内表现一种仪态上的温和与政治上的正确，就是有品位。

为什么这种品位会被认为是至高无上的？因为其代表人等出自宫廷，有话语权。事实是：品位是一个浮动的东西，是一个有话语权的圈子里默认的、中庸平衡的政治上的正确。但品位作为一个没有可度量标准的玩意儿，还是会改变的。

《泰坦尼克号》里有一个经典的细节，露丝收藏毕加索的画，她的未婚夫说："相信我，这个家伙不会成名的。"真是一个微妙的讽刺。

巴尔扎克很早就描写过如何提高品位：去贵妇人的宅子与舞会里多多历练，在衣食住行每个方面都有阅历与见识，背下天鹅绒、葡萄酒、烟草、家具、历史等方面的知识，自然便显出品位来。大仲马更恶毒一些，在《基度山伯爵》里，基度山伯爵这个水手出身的人，只要显得"我来自东方"，对奢侈品、航海、银行业务都格外在行，又显示出有钱，自然就被认为品位超凡了。所以，品位是会变化的，而掌握品位标准的，通常是最有话语权的人——不是有钱、有势，便是有才华。

所以，如果你志在融入一个圈子，那只要稍微跟随着大家亦步亦趋，适当地微笑缄默，便会显出有品位来。

如果真够硬气，就会成为一个具有品位话语权的人，到时候，哪怕你一辈子没品位，到最后大家都会追随你，觉得你才是品位的标准——比如巴尔扎克和勃拉姆斯等人。

高贵，缘于羞涩

□ 菡苬

这世界，对高贵的判定因人而异，人们可以随着自己心灵的尺度，任意拉伸这个概念。是显赫的出身，尊贵的地位，抑或是敌国的财富，倾城的美貌，乃至于一身烫金的衣服，一头古典的盘发，外加满身的珠光。这些都不是，因为一旦剥下，你就和别人一样，赤裸裸一无所有。

这世界唯一偷不走换不掉的是思维，这也是人和人的差距。所以有些人就说了，高贵是高蹈的品质，洁白的精神。都对！但这些抽象的词汇，又是如此缥缈，要等到提炼后才能拨云见日。

那就看下宋庆龄吧！一身素服，不需要成千上百套衣服换着，也不需要保持苗条的身材，更不需要说话，静静地往那一坐，就是岁月风云里，一抹永恒的高贵了。你想象不出，她如果穿着制服，扎着皮带，挥舞着语录，台前幕后趾高气扬的，会是个什么样子。因为有些事是她不做的，有些衣服是她不穿的。

所以说高贵是根深蒂固的，长在血脉里的东西，制约着你的行为，限制你的思维。

一个父亲这样对他的女儿说："你只需做一件事，那就是像花蕾一样把自己严严地包裹起来。"高贵就是如此简单，在平凡的生活里，仅仅只是"羞涩"二字。也正因为这层层包裹，有些话你说不出口，有些事你做不出来，这就是你高于别人的地方。但这个差距要来自内心的笃定和良好的教养。

人之所以比动物高贵，那是因为人在一开始就给自己穿上了一件外衣，这件衣服不只为了御寒，更多是遮羞。后来人类发明了厕所，又用挡板一格一格隔了起来，不是怕臭，也是怕羞。因为人不可能毫无隐私，开放地活着。所以说羞耻之心是决定你是不是一个精神贵族的最重要因素。

为什么有些人始终高贵不起来？那是因为潜意识里还有动物的思维。弱肉强食，攀比争夺，不仅包括物质还有感情。羞涩的文明之花，离他太远了。海明威在《真实的高贵》中说："优于别人，并不高贵，真正的高贵应该是优于过去的自己。"

泰坦尼克号沉没时，世界第二巨富斯特劳斯的太太罗莎莉，把自己的位置让给了她的女佣，并潇洒地脱下毛皮大衣甩给女佣："我用不到它了！"

这就是高贵，她不需要争夺什么，哪怕是最昂贵的生命！因为她的双腿受到了思想的限制，迈不开逃生的那一步，因为她的生还将意味着另一个人的死亡。这种羞涩是自律是自爱是自然，更是对自己灵魂的盘点。

不是你出身贵族你就高贵了。王熙凤一直貂皮加身，雍容至极。我们读小说时，可以喜欢这个角色，也可以觉得她聪明机智风趣可爱有能力，但就是从没觉得她高贵。因为她每一天都在演戏，都在算计，骨子里就是一个小市民，所以贾母称她"泼皮破落户"。宝钗也是一样，虽端庄淑雅，号称国色天香。但当你看到，滴翠亭杨妃戏彩蝶一节时，就会在心里大打折扣，她可以刹住脚步细听，也可以机变做戏。当被看见时，又故意放重脚步，一边喊着颦儿一边东张西望，一边又假作询问。这些人前背后的事也就罢了，因为她的高贵从来都不纯正。

与高贵对立的词语，不是低贱也不是平庸。因为大部分人都过着平庸的人生，但这并不妨碍我们做自己的贵族。这个世界不要求每个人都去感动中国，但同样可以羞涩自我。

生活不是一帘风月，半阕清词。不是素衣棉麻，就有出尘之美；也不是非得要家近青山，门垂松柏，才有云水之志。我倒是怀念郑念，在20世纪70年代满大街蓝黑灰里，她依旧衣着华丽，风姿绰约。因为高贵不需要别人来下定义，只是做最忠诚的自己，羞涩而骄傲地开在自己的春天里。

最近和对面宿舍的一个女生相约早起，我们两个坐在食堂里面吃早餐的时候互相感叹。

她说坚持吃早餐是她大学里面做得最好的小事，我一惊：我好久没有见过像今天这样热腾腾的早餐食堂了，你能坚持四年早起吃早饭，真的非常了不起。

这个时代，我们都在追求完成那些很宏大的事情，例如，有没有赢得一场比赛，有没有考上一所顶尖大学，有没有挣到很多钱，却从来没有人坚持完成一件小事，而复杂的生活是由无数件小事组成的。

作家连岳说过："你有没有改造世界的蓝图，我不在乎，我更愿意相信从小事得出的观察结果：你有没有耐心读完一本书，能不能控制自己的体重，敢不敢坚持跑步……小事做得好，此人就不会太差劲。"

《玫瑰的故事》里说，两个人在一起生活，岂止是一项艺术，简直是修万里长城一样艰苦的工程。

放假回家，我心疼父母的辛苦便一个人主动包揽所有家务。一开始觉得自己可厉害了，维持一个家庭的正常运转。坚持了几天后自己再也不想做了，总觉得做一顿饭看似简单，前前后后却要花费大量的时间，自己便主动败下阵来，向琐碎的日常生活低下了曾经高傲的头颅。

每每这时老妈不会说我什么，相反只是在那里笑着教导我：你想得太简单了，做饭这件小事谁都可以，但是连续做二十多年不是所有人都可以的。

想一想自己，喜欢画画，买来的画笔用了没几次便束之高阁，直到上面落满了灰尘被我抛之脑后；想要早起学英语，计划一而再再而三不实施，如今已经和单词成了最熟悉的陌生人。

如果自己能把这些小事坚持下来，当下一定不会是现在这样焦虑又迷茫的模样。

把小事做好的人，生活总不会亏待他

□ 洋气杂货店

在网上看到这样一则真实故事：一名员工去公司的冷冻库检查食品，却被同事不小心锁在里面，手机不在身上的他传达不出去救命的信号，被困在里面在死亡边缘挣扎了五个小时。

直到公司保安打开门，在冷冻库里找到了失去知觉的他。有人问保安为什么会想起打开这扇门，他说：我在这家企业工作了35年，每天数以百计的工人从我面前进进出出，他是唯一一个每天早上向我问好并且下午跟我道别的人。而今天他进门时跟我说过"早上好"，却一直没有听见他说"明天见"，我想他应该还在这栋建筑的某个地方。

在人与人冷漠的时代里，这个员工用日复一日的礼貌给门卫带来了温暖，而就是这每天看似不起眼的打招呼的小事救了他一条命。

张晓风说：爱一个人就是喜欢两人一起收尽桌上的残肴，并且听他在水槽里刷碗的声音，事后再偷偷地把他不曾洗干净的地方重洗一遍。

控制情绪这件事在别人看来不值一提，却比能拿下一座城池的人更伟大。

生活最奇妙的地方在于，我们很难看出当下某个时刻在自己一生中的意义，也不知道坚持一件不起眼的小事以后会发生什么，而最终的结果之所以叫惊喜，就在于它处于意料之外。

未来很远，我们无法一下到达，而我们唯一能创造未来的方式，就是脚踏实地地完成生活中的每一件小事。把这些小事做好的人，生活总不会亏待他。

内在的洁净

□ 毕淑敏

现在的女子，对于服装的要求越来越多了。每年都有流行色，如果你还穿着去年的流行色，那就是落伍，就是老土，就是搁浅在时代潮流沙滩上的孤独苦蚌。

有一次，我得到一个邀请，担当某服装委员会的顾问。会上，坐在邻座的是一位对服装颇有研究的先生，我和他聊起来，问："你们每年的权威发布都依照什么原则呢？"

那位先生一笑，说："毕作家，你太认真了，流行色并没有你想象的那样复杂，不过就是一个概念。你想啊，服装这个东西是要提前做准备的，不能天气已经很热了，才做薄薄夏装，也不能寒风刺骨了，才张罗棉袄，特别是面料，更要有提前量。那么，大家根据什么来制订计划呢？简单地说，就要开一个会，大家坐在一起，讨论一番，定一个主色调，然后还有一些辅助的色系，最后就按这个原则去生产。到了那个季节，街上都是这种色系的衣服，流行色就开始流行了。"

我听得似懂非懂，说那如果这个色彩今年流行不起来怎么办呢？那位先生可能觉得我顽固不化，蔼然教导说："这怎么可能呢？只要所有的厂家都齐心合力，都出产这个颜色的衣服，当然就会流行起来啊！再有，我们既然制订了这个策略，就会大张旗鼓地宣传，比如说环保啦、沙漠啦、海洋啦、太空啦……找概念啊，开动一切机器来轰炸。另外还有一个法宝，就是让偶像代言。年轻人喜欢从众，一看他们心仪的艺人都穿上这衣服了，当然会趋之若鹜……"

听到这里，我只有拼命点头的份儿了。我就是再愚笨，也明白在这样强大的攻势之下，流行色当然生命力蓬勃。那位先生看我茅塞顿开的样子，表示满意，说："如果你是生产厂家，你会怎样想？"

我说："那还用问，当然是希望买我衣服的人能多越好。"

那位先生说："对啊，人心同理。要是谁都新三年旧三年，缝缝补补又三年，服装厂还不得关门？所以，每年的流行色一定要和上一年的有所不同，让你不能以旧充新，鱼目混珠。再有就是造舆论，让你觉得自己穿的不是流行色就有一种自卑感，不入流，被社会抛弃……这样的舆论氛围一旦形成，从众心理浓厚的人就会被裹挟而进，成了流行色的俘虏，厂家就会微笑。"

我说："如果我硬是不买流行色，你们能怎么样呢？"

那位先生和气地笑起来，说："那我们一点儿办法也没有。不跟着流行色走的人通常分两种，一种是特别贫穷，他们原本就没有能力不停地置换服装，所以也不是服装行业的消费者，基本可以忽略不计。再有一种，就是特别有品位的人，他们不在乎流行什么，只在乎什么东西对自己是最适合的。对后一种人，我们也是鞭长莫及、无可奈何啊。"

那一天的会议，对我这样一个服装盲来说，的确醍醐灌顶。我想，我似乎不能算作买不起衣服的人，但也绝对不是有独立见解、能孤傲地挺立于潮流之外的人。对于我们普通人来说，如何在光怪陆离的现代服装海洋中，安然自得地驾着自己的小船吟唱渔歌呢？

我想最好的方式就是保持衣物的洁净，不追赶时髦。因为流行色的实质，多是商人的利益，它铁定了主意让你总是气喘吁吁、手忙脚乱地追赶潮流。我不需要那么多的衣服。如果你的衣服有污渍，无论它多么华贵，在没有清洗干净之前，不要穿着它出门。华贵表达着你的财富，而洁净证明着你的品质。

衣服只是外包装，内在的精神洁净才是最重要的。

人活两个"我"

□ 米丽宏

一位作家说过，一个人的生命中有两个"我"，一个是行走坐卧的"我"，一个是能够欣赏行走坐卧的"我"。两个我，前为客，后为主。后者对前者，是审视，是监督，是把持，而最高的境界，是欣赏。

有人无人处，时时让暗处的"我"，静静打量一下明处那个说着、做着、悲欢着的"我"，不是随意地、可有可无地，而是带着审视意味地凝视，这种凝视的力量或许极其薄弱，但那些刹那间的审视、观照、反省、觉悟，慢慢集中起来，会将一颗心打磨得玲珑别透、熠熠生辉。

比如日本作家村上春树，他一直坚持每天长跑一小时，拿独处的时间，得一份安静和沉默。长跑对他的精神健康具有重要的意义。在长跑时凝视自己，这是他极为宝贵的时刻。

一个人，多情又敏锐地对待自我与万物，对这个世界来说，总归是一种幸运。

满脸胡须的姑娘也很美

□ 方湘玲

哈娜姆出生于苏格兰的一个小镇子。她从小冰雪聪明,是个人见人爱的小姑娘。

11岁的时候,有一天,突然有一群同学莫名其妙地对着哈娜姆指指点点,仿佛是在讥笑她。还没等她反应过来,一位要好的同学对她说:"你长胡子了。"哈娜姆以为他在开玩笑,没有理他。可是,他却认真地告诉她,她的胡子甚至比一些男同学的还要明显,哈娜姆立刻被难为情和恐慌所笼罩。放学后,她一路奔跑着回家,迫不及待地去照镜子。结果,她完全被镜子中的自己吓蒙了,她的嘴唇上方居然真的长出了淡淡的胡须。虽然不是很明显,但是,长在一个漂亮的女孩的脸上,实在是太刺眼、太难看了!

小哈娜姆惊慌失措,她甚至连妈妈也不敢告诉,就偷偷地找来爸爸的剃须刀剃光了胡子。可是第二天,胡子又"顽强"地长了出来,而且更加浓密。哈娜姆不禁失声痛哭。父母知道后,赶紧带她到医院去查看,在经过一系列的检查后,医生一脸沉重地告诉他们,哈娜姆患有一种极为罕见的疑难病症——多囊卵巢综合征,正是这种病导致她内分泌严重失调,最恐怖的是,从此,她会像男人一样不断地长出胡须。

小哈娜姆觉得自己的天快塌了,所有的美好与欢笑从这一刻起戛然而止。由于害怕同学们异样的目光,她不敢去上学,只好整天躲在家里。可是,她的胡须却并未因此停止生长,尽管哈娜姆每周都不停止剃须,但仍然无法阻止它们不断扩大"领地",直至完全占领了她的脸颊。哈娜姆绝望了,她开始绝食,还一次又一次地拿针扎自己的脸庞。父母心疼不已,妈妈流着眼泪求她要乐观积极,她伤心地哭着说道:"一个脸上长满胡子的女孩,走到哪里都被人们当成怪物,还有什么值得开心的呢?"

爸爸从网络上找到一段视频给她看,那是一位加拿大的女孩,她因病失去了四肢,却坚强地成为健身达人。爸爸还告诉她:"身体的一切都是上帝给的,这才是你真正的样子,别对自己太严厉了,你连自残的勇气都有,难道还缺乏面对现实的勇气吗?"受到视频正能量的鼓舞,哈娜姆终于鼓起勇气走出了家门。

然而,胡子彻底改变了哈娜姆的生活,好奇、嘲讽甚至是被人欺

负,这些都成了她的家常便饭,幸好在父母和老师的鼓励下,哈娜姆逐渐地学会了坚强和承受。考上大学后,她逐渐明白,世界上没有人是完美的,每个人都有自己的独特性。她不再忌讳自己的胡须,甚至觉得这是上帝对自己的恩赐,她自己开始留起了大胡子。

从此,大胡子哈娜姆走进了人们的视野,虽然还经常有人不礼貌地盯着她看,但她总是微笑着面对。像其他女孩一样,她喜欢化妆,喜欢穿上漂亮的衣服自拍,并在社交网络上大大方方地秀出自己的大胡子。渐渐地,人们发现,虽然哈娜姆满脸胡须,却依旧是个漂亮的女孩。

英国著名的摄影师路易莎看到哈娜姆的照片后,被她满脸的自信和乐观深深打动,决定为她拍摄一组婚纱照。朋友劝哈娜姆婉拒,她却说道:"这是一个难得的机会,我一定要好好展示自己的美丽,让更多的人看到我最独特的美!"她还请路易莎用漂亮的花朵来打扮自己的胡须,使照片的效果无与伦比。随着这组盛装照片在路易莎个人官网上的传播,人们不仅认识了哈娜姆,更感受到了她的美丽与坚强。

2016年初,世界著名的珠宝品牌卡地亚找到哈娜姆,请她做代言。2016年4月,哈娜姆创造了历史,成为全世界第一个走上T台的大胡子女孩,她用自己的美丽与自信充分地诠释了卡地亚的荣耀和优雅,得到了珠宝商的高度认可和观众的一致好评。

走秀的巨大成功,让哈娜姆受到了全世界的关注,许多大品牌纷纷找到她,不惜高薪请她做代言。时至今日,哈娜姆终于摆脱了昔日的阴霾,找到了只属于她的万里晴空!

青年励志馆 先有公主梦，再修女王心

从汪涵给我开门说起

□ 冯小风

算一算，这事还要追溯到八年之前。

2007年，我正在上大学，是一个忧心着马上要进行的混凝土设计原理这门课的考试，而眼睛却不断斜瞟路过妹子的学渣。那时的我沉迷于真三，对于观看节目现场录制并没有多大的兴致，但是后来一想，好多人都从遥远的北方跑到湖南卫视就为看一场节目录制，而我不珍惜这个机会就太傻了，何况这也能成为以后与妹子聊天时的谈资啊。于是乎，录制当天，我就兴致勃勃地拿着那张别人给我的门票早早来到了湖南广电的大楼。

我要看的节目名叫《超级英雄电力网》（早已消亡，现在记得的人都不多了），类似于前段时间的《百万秒问答》，只是主持不是蔡康永，而是汪涵。说实话，那时汪涵的名气还不如现在这般大，虽然那时的他在我们三湘四水之地算得上是响当当的人物，但是置于全国来说，还只能说初出茅庐吧。

我站在大楼前左顾右盼，看了五分钟，也没见有其他如我一般的观众将这里占满。我便拿着门票前去询问，不问不知道，一问，顿时就萎了，我来错地方了。

我天真地以为湖南台所有的节目都是在湖南广电录的，其实不然，他们还有其他的地方，我要去的节目录制现场就是一个偏得连老鼠都不见得找得到路的地方。

我最终还是找到了，不过已经距离观众进场时间足足晚了半个小时。

也不知道我是不是走错了门，感觉又像大门，又像侧门，反正目之所及，十分冷清。正当我站在围墙门口远远地看着那扇有着保安守着的玻璃门，担心保安会不会放我进去的时候，一辆越野车就"呼"的一声从我身边驶过。

那辆车大约在我前面十米处停了下来，我下意识地偏一下头，瞬间就惊呆了，从车上下来之人正是汪涵。他一个人，穿着十分随意，一边打着电话，一边朝我这边走过来。

我呆了几秒，然后贸然叫了他一声，他微笑着点头示意了一下，然后继续朝前走。此时的我就像一个小跟班，走在他的身后，由于他一直在打电话，所以我也未曾跟他再说一句话。保安或许没有发现他走了过来，依旧站在大厅里傻傻地看着里面。

前面是一道玻璃推门，那时的我一点儿都不懂应该要去表现一下，给汪涵开个门什么的，只是觉得谁走前面谁就开门。果然，他匆匆挂掉电话，拉开门，不过让我很是意外的是，他并没有走进去，而是十分恭敬地侧身在一边，用一种十分沉稳的语气跟我说："快进去吧，节目快要开始录制了。"

待我走了进去，他才进来，礼貌之至，让人惊叹。如果放在现在，很多喷子可能就要喷是不是作秀了，可是，要知道，当时还没有作秀一说，汪涵也没有必要在一个普通观众面前作秀。

我能看得出，那一次，他那种随和谦恭是从骨子里体现出来的，绝不流于表面，那是属于他的修养。

提到开门，我又不由得想起了另一件事情。

两年前，我在一家施工单位上班，上司是一个对上极度谄媚，对下则喜欢摆谱的中年男人，永远留着地中海式发型，一副大腹便便的模样。

那是一个傍晚，我们刚从工地回来，已到饭点，一个同事便提议说先吃完饭再走，上司也同意了。下了车后，我和另外两个年纪相仿的男生走在上司的后面，一路窸窸窣窣地聊着天。

走了一段距离后，突然感觉到前面的人突然停住了，我们抬头一看，原来是上司停在了前面，眼睛正随意地左看右看，却不肯进店。我们仔细一瞧，原来玻璃门是关着的，而上司就站在离玻璃门仅有两步之遥的地方，却一动不动。

我们呆了两秒，突然有一个同事像是醍醐灌顶一般，小碎步跑上前，为上司拉开了玻璃门，这时上司才一脸高傲地走进去。

席上，上司还一本正经地跟我们说，有些事自己干有失身份，该定在那里等着的时候就应该等着。在他的眼里，我们是他的下属，开门这种事情本来就该我们干，所以他只是站在那里等着，对他来说，那仿佛就是一场关于尊严，关于身份的等待。不过他在等待着这些虚的东西的同时，也丢掉了修养和节操。

真正的身份从来不是通过别人对你做了什么而体现出来的，而是通过你为别人做了什么，以及你有什么样的修养而自然而然散发出来的。那些看似低下的小事也从来不会折损你的身份，践踏你的尊严，而只会让你尊严愈上，形象愈高。

想当年，季羡林曾为一个新生看守行李，一守就是几个小时，他需要这么做吗？他不需要的。他身为北大副校长，国学大家，早已盛名之至，看守行李这样的小事对他来说可以说是侮辱，可是他却守得甘之如饴。为何？因为他的修养告诉他，与人帮助，也是莫大的欢乐。他看住的是一份身为大师的修养。

不过，身份和修养从来不是对等的，有身份而没修养的人比比皆是，他们的身份是建立在金钱、威权之上，人们依附于他，谄媚于他，或许会羡慕他，却从来不会崇拜他。而有

只有自己足够"怪",生活才会够滋味

□ 石顺江

松浦弥太郎小时候就不时做出一些"另类"的事情来。直到读了高中,爸妈本以为他会改掉这个"劣根",认真读书。哪知刚读高二,他又一次不走寻常路。

当爸妈看到儿子压在桌角的那封信时,松浦已经踏上了美国之旅。他在信中称自己对束缚个性的学习失去了兴趣,辍学逃离日本,去寻找独特的风景,过一种不一样的生活。可是一个人孤单地行走在异国,他有点失望,甚至觉得比在日本还要煎熬。

那天,他晃荡在旧金山街头,一家书店吸引了他。这是一家专卖旧杂志的书店,里面全是二十世纪六七十年代的《Life》杂志、具有历史感的写真集、艺术绘本等,那些古书籍在灯光的照射下泛着淡黄色的光芒。他立刻喜欢上这种徜徉在文字、线条与像素之间的感觉。他觉得这才是人生大幕的一针一线,一个人只有注重生活的小细节,珍惜眼前的每一段美好时光,才是生活的本真。

回国后,他带回了大量的杂志和写真集等,并一页页地撕开,按照自己的理解对图片和写真进行分类。分类后进行重新组装,然后拿出去摆地摊卖,他要用自己对生活的理解去感染人们,让人们学会品味生活。同时,他用笔抒写自己对生活的感悟。

很快,他开了一家书店,不同的是,这里的书都是经过他特别挑选,具有文化意涵的绝版书和具有特殊价值的古董书。更怪的是,他坚持只卖2000本书,是正常书店的一半储量。

有一天,他接到了一个电话,对方邀他去参加一个会议。到了才知道,《生活手帖》杂志想让他出任总编。这是日本有名的杂志,创办于1948年,最鼎盛时期曾单期卖过100万册。然而进入新世纪,随着读者层年龄增长和阅读媒体多样化,它发行量锐减,公司运营艰难。松浦临危受命,出任新总编。

上任后,人们以为他会对杂志进行大换血般的改变。然而在第一次员工会议上他就宣布:将继续坚持60年不接广告,注重读者纯粹的阅读体验,还要保留创刊以来的插画封面。大家议论纷纷,奇怪,不接广告,这不是等死的节奏吗?

"怪怪"的新规实施后,员工们好像比以前更会享受生活了。每天3点的下午茶时间,所有人拿出自制的点心、果酱,边吃边闲聊最近好玩的事儿。其实,这是每天的"选题会",大家在喝茶的工夫,选题就诞生了。选题内容不是那些新奇古怪的东西,而是教你如何料理一份可口的便当,或编织一双经典又温暖的长筒袜等。

这些生活的情趣和理念给了编辑们以无限的创作灵感,使得杂志缓慢温和地新陈代谢。3年之后,杂志单期销量上升到16万册。他也因此被人们称为日本最懂生活的男人。每当有人问及成功的经验时,他会反问道:"教人们如何生活的杂志,如果你是编辑,你都不懂得生活,怎么让读者懂得生活?"

如今的松浦,依然保持"一周买一次花""享受当季美食";每天早上5点起床跑步、下午5点半结束工作、7点和家人用餐、10点睡觉的习惯。在他的世界里,所有细微的事物都有其美感。他一直坚持着自己的"怪",因为他始终觉得,世界是丰富多彩的,人不应该被同化,只有保持个性,做到足够"怪",生活才会够滋味。

身份又有修养之人,他们的言行如同春风化雨,能从最根本处滋润一群人的心灵。

修养最基本的要素就是尊重,人在社会中,身份有不同,阶级有不同,或为达官贵人,或为平头百姓,但是他们的人格绝无不同。同是生而为人,就应该互相尊重。尊重他人是磨炼修养的基石,而待人随和谦恭,乐于助人只是在修养上锦上添花,更进一步,兼济天下,那就是大智慧、大修养了。一般人不求达到那个层次,但是最基本的人生修养却是必不可少的。

要知道,你的身份从来不是你自己想拔多高就拔多高,而是通过别人的敬仰和崇拜愈来愈高。而正心修身,努力使自己成为一个有修养的人,才是走上人生巅峰的正道。

季老看守行李,看住的是一份品格,汪涵开门旁候,候出的是一份修养。

我们羡慕汪涵四通八达的人脉关系,那是在羡慕他的身份,可是与其羡慕这些一时间遥不可及的东西,还不如好好去研究研究他的为人处世的方式。学了那份才识,懂了那份修养,虽然不一定能让你大富大贵,但是一定能让你在社会之中获得更多的尊重。

要知道,修养既达,身份自贵。

青年励志馆　先有公主梦，再修女王心。

我可以接受失败，但不能接受不去尝试

□ 杨 澜

我的女儿先是在本地的一所公立小学读书，之后在北京的国际学校上中学。有一次，我在餐桌上问她两所学校的教育方式有什么不同，她想了想后回答说："在本地的学校，老师总是让我们别犯错误；在国际学校，老师鼓励我们不要怕犯错误。"

这两种教育方式的差异给孩子造成的心理影响显而易见。2015年10月，在电视真人秀节目《最强大脑》中出现了这样的情景：一个12岁的中国男孩与一个同龄的意大利男孩展开比赛，看谁能用最短的时间记住102位新郎、新娘的排列顺序，然后用人偶复位。按照比赛规则，由意大利男孩先报出自己的排序，结果是完全正确。就在同时，中国男孩开始低声啜泣，继而号啕大哭，主持人蒋昌建问他为什么哭，他懊恼地哭喊道："我记对了，可是排错了！"他太伤心了，几乎瘫倒在座椅上。在家长和现场嘉宾的百般劝慰下，他终于鼓起勇气，带着哭腔报出自己的排序，结果却是完全正确！他甚至因为用时较短，成为最终获胜者。

这时，主持人发现那个意大利男孩也在落泪，就关切地问他怎么了。意大利男孩答道："我看他哭得这么伤心，也觉得很难过。"原来，他是因为同情中国男孩才哭的！两个孩子都是真情流露，作为观众的我却不由感慨："中国孩子的压力太大了，输不起啊！"

在我采访过的人中，特斯拉电动汽车的发明人伊隆·马斯克曾说过："谁喜欢失败呢？失败是可怕的。但如果毫无风险，就意味着你不过在做一件稀松平常的事！失败也是一种选项。如果你没有失败，那就意味着你的创新精神不够。"

1995年，马斯克用自己和兄弟们凑的1万多美元创办了软件公司。为了节省开支，他把办公室和公寓二合一，晚上就睡在办公室的沙发上。31岁时，他把一家公司成功地卖给了康柏，把另一家公司卖给了eBay（易贝），赚了2000万美元！他的选择却不是从此过上舒服的日子，而是把所有的资金投入新公司，再度创业。电动汽车和运载火箭在实验过程中失败率很高，马斯克的情绪也随之大起大落，甚至在一个圣诞节前的周日彻夜难眠，几近崩溃！近乎奇迹的是，就在第二天早晨，他接到美国国家航空航天局打来的电话，给了他一个14亿美元的订单。他激动得忘乎所以，对那个打来电话的人大声说："我爱你！"

让他能够不断面对风险和失败的是这样的信念："我希望有一天，当我回顾过去时我可以说，我对这个世界有过好的影响！"这句话在"全民创业，万众创新"的热潮中，能给人带来一份激励和警醒。凡创办企业者，95%以失败告终，"我输得起吗"是创业者应该问自己的问题。

曾几何时，我们用"赢家"或"输家"来评判别人、评判自己。但失败者是否有资格要求被尊重？1865年，美国南北战争南方联盟总司令罗伯特·李将军，在弹尽粮绝的情况下，向北方联邦军队统帅格兰特将军投降，从而结束内战。在此之前，由于他出色的军事才能，南军曾在公牛溪战役等较量中以少胜多，创下卓越战绩。他本人并非奴隶制的捍卫者，他曾说，如果美国400万的奴隶都归他所有，为了避免战争，他也会欣然给他们自由。1862年他释放了家中所有的黑奴，允许他们越过防线加入北方军队。他是为自己的家乡而战的。但当他看到自己的士兵只能用野菜、烂土豆充饥时，他认识到继续流血只会导致无谓的牺牲，于是下令举了白旗。他对手下说："我可能要成为格兰特的阶下囚了，我想我必须使自己的仪表尽可能好一些。"

在签署投降协议时他提出，败军也不能受辱，请格兰特允许他的士兵保留他们的马匹，因为没有马匹，他们就很难收获下一季庄稼。而格兰特深知李将军在南方军队中的威望，也决定给予对手体面的待遇。后来他表示，宁可辞去总司令之职，也不愿逮捕李将军并把他交给法庭审判。

在人生的最后几年里，李将军致力于教育事业，1870年长眠于华盛顿学院的教堂。南北战争造成数十万人丧生，但战争结束后，林肯总统与格兰特将军的决定，使国家得以统一。如果他们当时决定清算南方所有参与战争的人的罪行，会产生什么样的结果呢？

人们常常只看得到自己愿意看到的事实，喜欢聚焦于某些人物的成功并将之神化，而不太在意其许多失败的经历。

2015年10月，我采访了被誉为"飞人"的运动员迈克尔·乔丹。他曾不可思议地带领芝加哥公牛队获得6次NBA（美国职业篮球联赛）总冠军，带领美国队获得两次奥运会冠军，他自己则获得5次常规赛"最有价值球员"、6次总决赛"最有价值球员"称号。他的传奇经历连同他扣篮时的吐舌动作，都被球迷们津津乐道，他们称他为"披着23号球衣的神"。他的名字成为最成功的个人体育品牌，而

每一种怒气都有一致的本质

□吴淡如

对目前的我来说，出国并不只是旅行，还是自我反省。

这一天，我一个人从日本大阪关西机场回来，心情很好。

关西机场四楼是出入境大厅，三楼是一个巨大的购物商场，里头有各种日式土产店。

我买了一盒相当昂贵的神户布丁礼盒塞进电脑包，打算带给我的小宝贝吃。但我的电脑包在过X光时过了三次，都无法通过。

"我可以打开它吗？"瘦小、戴着深度近视眼镜的海关人员十分有礼貌地说。

"请便。"我心想，不过是电脑和布丁嘛！怎么检查都可以。

我以为是电脑的问题，他该不会以为我的电脑里藏着什么会引爆炸弹的程序吧！

他详细地检查每一样东西。最后，他很遗憾地拿出了布丁："这个不能带，很抱歉，我必须没收它。"

"为什么？"

"这是水。"

"这不是水，是布丁。"我说。我当然明白依据法规，不可以带水过海关。

"其他的东西都可以，就是这个不可以。"

"这是在机场买的，我连包装盒都没拆开。"我说，"你们不认识这个神户布丁吗？"

"我知道，但是不能带。"

"好吧！"我无奈地摊开手，耸耸肩。他也做了同样的动作。其实，我不只摊手耸肩，我还瞪了他一眼，心里骂了一句脏话。

过了海关，我发现自己在生气，气得东西南北都分不清。有3秒钟的时间，我很冲动地认为，我美好的旅行给这个败笔破坏了。哼！我为了你们赈灾努力捐款，而你们竟然没收我的布丁。

等我深吸了三口气之后，我开始问自己："这件事有这么严重吗？"

其实不过是布丁。

我生气，只是气到自己。那个迂腐的海关人员又感受不到！

我为什么要为布丁生气？我开始问自己，我怎样才不生气？

有几个想法在一分钟内出笼了：

一、布丁代表卡路里，少吃一个，我可以少胖一点儿。

二、发生倒霉的小事，其实是来消灾解难的。小损失是上天为我消灾，小损失赚大钱（自我催眠）。

然后，我幻想着那个戴深度近视眼镜的海关人员，偷偷藏了我的布丁，在夜深人静时，津津有味地吃着我的炸弹布丁的样子。我"扑哧"一声笑了，此时，我的怒气消了八成。

回国后，我跟朋友说了这件事。在航空公司工作的朋友说："水和胶状物本来就不能带上飞机的。"

"那他们机场就不要卖布丁啊！"我说，他没有同情心的回答又让我生气。

"那机场也不能卖水哦？"

当发现这件事其实是我的错时，我得到了最大的释放。好吧！本来就是我的错，不是他们故意为难我。

许多难以化解的仇恨，其实都起因于我们认为他们故意为难我们。

如果这个地雷可以排除，那社会上凶杀案可以少很多，朋友也不会起纷争，亲人也不会有误解。

其实，所有怒气都有一致的本质。

在收购山猫队（现名黄蜂队）之后，他成为历史上首位职业球员出身的球队大股东，其年收入超过他作为职业球员时那几年收入的总和。但是他说："我起码有9000次投球不中，我输过不下300场比赛，有26次人们期待我投入制胜一球时我失误了。在我的一生中失败一个接着一个，这就是我之所以能够成功的原因。我从未害怕过失败，我可以接受失败，但我不能接受不去尝试。"

在采访中，他回顾了伤病给他的肉体带来的痛苦：他伸开双手，我能清清楚楚地看到他右手变形的关节；他为了圆儿时的梦想，曾中途离开NBA去打棒球，在场上被嘘的尴尬经历，让他知道自己不是全能的，但也不会为尝试而懊恼；父亲被枪杀给他带来的精神痛苦则更让他刻骨铭心，在这之后，他带领球队获得了那个赛季的NBA总冠军，夺冠后他趴在休息室的地板上痛哭不已；还有在华盛顿奇才队被质疑、被踢出局的困惑与挣扎……面对这一切，他的法宝就是父母从小教育他的那句话："谁都会遇到倒霉事，你的任务是想办法把坏事变成好事。"

人生如此丰富，岂能用输和赢简单概括？除了赢家和输家，难道我们不能做个玩家，在对梦想的追逐中体验一把挑战自我的惊喜与刺激吗？万一成功了呢？

孤独的人养着一只精神的孔雀

□ 谢海云

我有一个仕途上的朋友，因为受贿被判了刑，在狱中感到无聊就看书写文章，后来竟写上了瘾，不断有佳作发表，出狱后竟成了一个小有名气的作家。所有人都以为他会借此东山再起，他却看淡名利，卖了城里的房子，到偏僻的乡下定居，种点小菜，养点小鸡小鸭，然后专心写作。面对人们的疑惑，他说，他爱上了孤独。

他说在监狱里他感受到了失去自由的痛苦，但同时获得了一份心灵的宁静。在那段忏悔的时光里，他的思想得以净化。最初的孤独是可怕的，可是时间久了，他发现，孤独是他自己给自己酿的美酒。

法国的萨米耶·德梅斯特写过一本书——《在自己房间里的旅行》，他在写这本书时还是一位年轻的贵族军官，因为年少气盛去私斗，被判禁足42天。军令、屋墙虽然可以禁锢身体的移动，却无法禁止心灵的旅行。他把这段日子看作是一次美妙的旅行，在为期42天的禁足生活里，他写下了42篇随感。在小小的房间里，凡目所能及便心有所动，每一天对他来说都是一次极有意义的心灵旅行，他在文学、艺术、哲学、医学、生命意义等诸多领域进行了广泛的探索，那些在孤独中产生的智慧，被记录成文字后，竟弥足珍贵。这次小小的旅行，让他原本麻木的思想变得敏锐，让原本狂妄自大的他变得谦卑自抑，让原本郁闷不堪的禁足，脱胎成了一场轻松而富有哲理的心灵探索。

由此可见，人都有一个更好的"自我"，那个"自我"要在独处时才能被自己窥见，才能被自己寻找回来。对于有时机发现"自我"的人，在孤独中行走，在孤独中思索将是人生中非常美妙的一种体验。

可是我们大多数人面对被禁足这样的郁闷事，十有八九都会感到烦躁不安，一心想逃离出去。其实倘若能换种心情去对待，像那个监狱里的朋友和萨米耶·德梅斯特一样，能渐渐习惯孤独，安心在里面读书、思考、写作或者借用别的有意义的事情来驱赶寂寞烦闷，可能最后也会像他们一样在孤独中品出一份诗意和禅意来。其实细细想来，有时孤独寂寞不一定是坏事，极有可能是创造另一种全新生活的契机，会让你静下心去思考更多深层次的问题。

蒙田、梭罗、法顶禅师……古今中外，一个个思想巨匠，哪一个不是把孤独当作亲密伴侣？

近日闲读《丰子恺文集》，文集里收集了他大量的日记书信，有一段文字读后久久萦绕心间：

"上午有课，下午无事。与三儿到圩买冬笋煮之，复加以蛋，甚美。饮三花酒二杯，吃饭三碗。"

大概可算文集里最短的一篇。虽短，但我欢喜这一篇。私下猜想，那日丰子恺先生心情一定甚好，只冬笋，加些蛋，便成美食。有美食，添酒小酌，酒后，饭三碗。虽已无法追寻当年他因何事而欣喜，但能料想彼时的他心境纯美，超然万物，兴许那日并无闲事挂心头，亦无病痛缠于身吧！

日记书信里有诸多细碎的家长里短、生老病死等记录，从中可窥见丰子恺那几年的生活并不轻松。那几年刚好遇战事频发，工作忙碌，加之足病牙病、感冒肺病屡屡光顾于他，妻子儿女又多病多灾，再加经济窘迫，需时常向友人借钱聊以度日……如若跟我们这个和平年代出生的人相比，实不能相提并论。

在那样的烽火年代，尽管物质匮乏、身体欠佳，可丰子恺先生终日能达观面对，几乎日日不忘记录生活点滴，工作之余还坚持看书、画画、写散文，想来，已是相当不易。他在《病中作》一诗中记到："岁晚命运恶，病肺又病足。日夜卧病榻，食面或食粥。切勿诉苦闷，寂寞便是福。"在他眼里，寂寞是上天赐予人的清福，若是一个人能守得住寂寞，寂寞便会开花，这是寂寞予人最大的回报。

雪小禅说："更多时候，孤独的人都养着一只精神的孔雀，独自在自己的精神花园里散步。"

那些身陷孤独而不感寂寞和无聊的人，他们一定有着强大的精神在支撑着自己，才使自己在最孤寂的时候也不凋落，在身处绝境时内心依然坚定着一份执着的信念。因为他们向往在孤独中完成一次涅槃，变成那只最美的孔雀。

一个人和三个人称

□ 周国平

我,你,他,这是人人皆知的三个人称代词。在一定的语境中,它们被用在不同的人身上。有的作家喜欢用不同的人称来叙述同一个主人公,不断变换视角,使得人物的形象富有立体感。我觉得,我们每一个人也可以用这种方式来看自己。

涉及自己,使用第一人称是习惯成自然的事情了,好像无须多说。我是谁,我要什么,我做了什么,我爱某某,我恨某某,如此等等,似乎一目了然。然而,真正做自己,行己胸臆,表里一致,敢做敢当,并不是容易的事。正因如此,许多哲人把"成为你自己"看作一个很高的人生目标。另一方面呢,一个人如果只是我行我素,从来不跳出来从别的角度看一看自己,他又是活得很盲目的。所以,其他两个人称的视角也是不可缺少的。

先说第三人称。在别人的眼里,我是一个"他"(或"她")。因此,用第三人称看自己,实际上就是用别人的或者说社会的眼光看自己,审视一下自己在别人眼里是什么样子,在社会上扮演着什么角色。人不能脱离社会而生活,所以这个视角是必要的。做自己的一个冷眼旁观者和批评者,这是一种修养,它可以使我们保持某种清醒,避免落入自命不凡或者顾影自怜的可笑复可悲的境地。当然,别人的意见只能做参考,为人处世还得自己拿主意。据我观察,在不少人身上,这个视角是过于强大了,以至于他们只是在依据别人的意见生活,陷入了另一种盲目。

如果说第一人称是做自己,第三人称是做自己的旁观者,那么,第二人称就是做自己的朋友。把一个人当作"你"对待,就意味着和这个人面对面,像朋友一样敞开心怀,诚恳交流。如果不是这样,心里仍偷偷地打量着和提防着面前的这个人,那就不是把这个人当作一个"你",而是当作一个"他"了。

与此相类似,当我们把自己看作一个"他"的时候,那眼光往往是冷静的,有时候还是很功利的,衡量的是自己在社会上的表现、作用、地位、名声之类的东西。相反,对自己以"你"相待,就需要一种既超脱又体贴的眼光,所关心的是人生中更本质的方面。这时候,我们就好像把那个在人世间活动着、快乐着、痛苦着的自己迎回家中,怀着关切和理解之情和他促膝谈心。

人在世上都离不开朋友,但是,最忠实的朋友还是自己,就看你是否善于做自己的朋友了。要能够做自己的朋友,你就必须比那个外在的自己站得更高,看得更远,从而能够从人生的全景出发给他以提醒、鼓励和指导。

事实上,在我们每个人身上,除了外在的自我以外,都还有着一个内在的精神性的自我。可惜的是,许多人的这个内在自我始终是昏睡着的,甚至是发育不良的。

为了使内在自我能够健康生长,你必须给它以充足的营养。如果你经常读好书、沉思、欣赏艺术等,拥有丰富的精神生活,你就一定会感觉到,在你身上确实还有一个更高的自我,这个自我是你的人生路上的坚贞不渝的精神密友。

留白

□ 问远

有一个彩陶盆,名叫留白。一进彩陶艺术博物馆,留白就被摆放在一隅。不大,宽边,折口,腹上圆而下敛,好像一顶安全帽。留白腹内是旋涡纹图案。旋涡纹在盆腹部的下方,一个旋涡,慢慢旋转,向左右上方扩散发展,变成两个旋涡。两个旋涡,继续扩散,形成三个旋涡。没有出现第四排旋涡,就戛然而止,留下了一半空白,给人无限的遐想空间。

收藏家讲究品相,器形完整、画工精美的物品才是首选,怎么会将一个只画了一半的彩陶盆看在眼中?但这件彩陶盆的价值,最终还是被有识之士发现了。

其实,留白是一种智慧。水满则溢,月盈则亏,即为此意。世间懂得留白的人多,识得留白的人少,会用者更是寥寥。周一早上,同事驾车上班路上发生剧蹭,烦恼好几日,都是距离太近惹的祸。在我看来,保持距离便是为生活留白。有距离,则产生美。

人的一生中有两个生日,一个是自己诞生的日子,一个是真正理解自己的日子。